站在巨人的肩上

Standing on the Shoulders of Giants

U0262189

站在巨人的肩上
Standing on the Shoulders of Giants

TURING 图灵新知

超重 SUPERHEAVY

重塑元素周期表

[英] 基特·查普曼 著

龚 瑞 译

人民邮电出版社

北 京

图书在版编目（CIP）数据

超重：重塑元素周期表 /（英）基特·查普曼
（Kit Chapman）著；龚瑞译. -- 北京：人民邮电出版
社，2020.10
（图灵新知）
ISBN 978-7-115-54830-6

Ⅰ. ①超… Ⅱ. ①基… ②龚… Ⅲ. ①化学元素周期
表—普及读物 Ⅳ. ①O6-64

中国版本图书馆CIP数据核字(2020)第171019号

内 容 提 要

本书讲述了元素周期表中的"超重"元素是如何被发现的。本书以清晰、易懂的术语解释了简单的原子结构理论，回顾了发现新元素的精彩而复杂的科学历程，讲述了科学家们的逸闻趣事和围绕新元素展开的学界甚至政治纷争，揭示了新元素对人类认知、历史和社会进程的重大影响。本书适合对化学、物理学、科学史和近代史感兴趣的读者阅读。

◆ 著　　　　[英] 基特·查普曼
　　译　　　　龚　瑞
　　责任编辑　戴　童
　　责任印制　周昇亮
◆ 人民邮电出版社出版发行　　北京市丰台区成寿寺路11号
　　邮编　100164　　电子邮件　315@ptpress.com.cn
　　网址　https://www.ptpress.com.cn
　　北京天宇星印刷厂印刷
◆ 开本：720×960　1/16
　　印张：14.75
　　字数：240千字　　　　　　　2020年10月第1版
　　印数：1–2 500册　　　　　　2020年10月北京第1次印刷
　　著作权合同登记号　图字：01-2019-5181号

定价：79.00元
读者服务热线：(010)51095183转600　印装质量热线：(010)81055316
反盗版热线：(010)81055315
广告经营许可证：京东市监广登字20170147号

序

2016年1月，我跟一位电台主持人辩论了一番。几周前，我正在收听一档节目，这时有人问英国广播公司的西蒙·梅奥世界上有多少种元素。"118种。"他脱口而出。

我不禁皱起了眉头。尽管身为一名科学记者，但我对于元素周期表在哪儿结束所知甚少——表中最后区域里的元素转瞬即逝，似乎算不上真正的元素。但我可以确定的是只有114种元素：周期表上有112种连续编号的元素，而114号和116号元素是单独存在的。我准备回家确认一下。

答案就是114种，梅奥错了。

一周后，发现4种新元素的消息得到了确认——这让元素总数变成了118种。我闲来无事，便在推特上说梅奥有未卜先知的能力。"这件事已经传了好一阵子了！"他反唇相讥道。我气不过，便开始研究这几种新元素——好像这样做我以后就能给电台主持人发更多言辞傲慢的邮件似的。几小时后，我意识到自己错过了一个未被讲述的伟大的科学历险。对于整整三代人来说，现代元素发现史见证了英雄、恶棍、原子弹、自然灾害、深夜飙车、紧急迫降以及巨型粒子炮。它给我们带来了核能、核武器、癌症的治疗方法、烟雾探测器和肯德基（我没开玩笑）。它使各国团结起来，还让冷战中的敌人握手言和。

超重元素（104号及以上的元素）或许只能存在几秒，但这正是它们令人着迷的原因。当某种超重元素的原子被制造出来时，它很有可能是那种元素在宇宙中唯一存在的原子。超重元素属于开拓者和梦想家。

超重元素也不仅仅跟元素本身有关。以前很多时候，科学被视为白人老先生们的地盘。我希望你能在阅读这本书的过程中意识到这种认识是错误的。超重元素发现人的年龄、国籍、种族和性别各不相同。很多人并不知道，1952年，一位28岁名叫吉米·罗宾逊的飞行员在执行一项任务时牺牲了，而这项任务促成了两种元素的发现；也没有多少人知道，一位名叫詹姆斯·哈里斯的非裔美国人是发现 104 号元素的关键成员；人们也甚少知道，一位名叫达琳·霍夫曼的女性带领团队发现了地球上有史以来最为稀有的天然元素矿床。科学不关心你的相貌和出身。

这是一个全球性的故事。为了把它讲好，我访问了 4 个大洲的 8 个国家。我遇见的人绝非只是科学家，他们还是探索者。对于他们来说，发现一种新元素带给他们的兴奋和登上一块未被标记的陆地是一样的。超重元素已经开始重写原子结构的法则，它们使元素周期表在某种程度上失去了意义，它们或许会很快终结我们熟知的化学。

在 20 世纪，科学家们制造元素并拓展元素周期表。到了 21 世纪，他们将制造重塑元素周期表的元素。

这是关于他们的故事。

目录

引言

    肯尼斯·班布里奇做着一份历史上最糟糕的工作。作为世界上首次核试验的负责人，假如说出了什么问题，他的责任就是走到炸弹跟前进行检查。班布里奇并非武器测试员或军官，他只是一名科学家，而他的研究十分有趣。

    1945 年 7 月 16 日破晓时分，班布里奇站在美国新墨西哥州沙漠深处一间局促的掩体里，这个简易的藏身之处被混凝土和泥土保护起来。美国空军利用这块贫瘠的荒野来训练轰炸机的机组成员，这些征服者把这片广阔的荒原称为 the Jornada del Muerto——意为"死亡之旅"。这个名字名副其实：在你到达里奥格兰德河之前，神秘莫测的奥斯库拉山那一侧滴水难寻。

    在班布里奇的碉堡前方约 9 千米处有一座电缆塔，塔顶安放着"瘦子"：它是曼哈顿计划研制的三枚原子弹中的第一枚，盟军想用一件超级武器来结束第二次世界大战。跟班布里奇一起待在沙漠里的是该计划的重要人物：科研带头人罗伯特·奥本海默、军方负责人莱斯利·格罗夫斯将军，"中子之父"詹姆斯·查德威克作为英国的代表也来到这里。沙漠中散布着类似的为其他科学家和将军准备的碉堡——大多位于西南部 10 英里 [①] 处，被小树林环绕，或是像查德威克那样，待在 20 英里以外的小山丘上。他们都在焦急地等待着目睹这场试验。这次核试验的代号为"三位一体"。

    倒计时于早上 5 点 10 分开始。"这是我的噩梦，"30 年后，班布里奇在《原子科学家公报》上回忆倒计时的情景时写道，"我知道，如果炸弹没有爆炸或着哑火的话，我必须第一个上塔。"自从参与这个计划以来，他并非第一次经历这样的恐怖事件。就在那之前几周，他已经做过类似的事情了。当时他正在检查一枚未引爆的装有烈性炸药的炸弹，想看看如果日本的防空体系被击中的话会发生什么。那枚炸弹开始冒烟，吓得班布里奇赶紧跑回掩体，否则他就会被炸成碎片。

---

①   1 英里约合 1.6093 千米。——译者注

　　此外，如何在一处军用轰炸靶场的北端建造一座秘密营地成了问题。"5月中旬，一周中有两个夜晚，"他写道，"空军错把'三位一体'基地当成了被照亮的（训练）靶子，一枚炸弹落到了木工车间所在的营房上，另外一枚则击中了马厩。"班布里奇问奥本海默，下次遭到轰炸时他能否进行反击。

　　负责项目的高级军官对核武器的真实能量缺乏了解也是一个问题。5天前，炸弹的核芯被送到附近的麦克唐纳农场。这是一处低矮的单层土坯房，里面有少数空房，很像西部电影中遭到袭击的那种孤零零的宅院。美国军队征用了这所房子，用绝缘胶带把农民卧室的窗户密封起来，将其改造成一间临时的真空净化室。在把核芯往里搬时，其中一名科学家让他们先停下来。严格地说，这个纯放射性死亡金属球——质量刚刚超过6千克，大小如同一个垒球——是美国加利福尼亚大学的财产。为了不让这种地球上最稀有的价值数百万美元的材料在一次核爆中消失，科学家们找到屋子里军衔最高的托马斯·法瑞尔准将，希望能得到一张收据。

　　当这位准将打开盒子，坚持要看看他的钱花得值不值时，班布里奇吓得目瞪口呆。"如果要我签字的话，为什么我不能把它拿起来掂量掂量呢？"法瑞尔后来回忆道，"所以我就抓起这颗沉甸甸的球，它摸起来热乎乎的。我意识到它潜在的威力……我第一次开始相信科学家们口中关于'核能'的神话。"法瑞尔意识到自己正在摆弄的是个什么玩意儿，他没再把原子弹当成烫手的土豆一样把玩，而是在文件上签了字，这让班布里奇大松一口气。

　　班布里奇的耐心甚至在"三位一体"试验开始的前夜就遭到了考验。一位名叫恩里科·费米的科学家四处跟卫兵打赌，赌这颗炸弹会不会不小心把天空点着了。班布里奇非常生气——士兵们（大多数时候）并不知道费米是在开玩笑。然而，随着试验进入倒计时阶段，这些记忆和等待比起来就黯然失色了。临近早上5点29分，时长1分钟的警报拉响了。班布里奇和其他人准备行动。

　　一片死寂。

　　突然出现了一道耀眼的闪光，一场"邪恶且令人恐惧的表演"开始了。随后，这道闪光逐渐变成不详的紫色、绿色，接着是白色。在爆炸核心区，炸弹把地面炸出了一个1米深、10米宽的大坑，沙子变成了玻璃状的绿色石块，周边的所有生物都化为乌有。这次爆炸的威力相当于2万吨TNT炸药，这是有史以来人类制造的威力最大的爆炸。

大部分"三位一体"试验的亲历者聚集在至少8千米之外的地方。他们被告知要伏卧在地上，但没有几个人照做，相反，他们直挺挺地站着。当他们感觉到这个直径180米的火球产生的热量，亲眼看到世界上第一朵蘑菇云时，他们都震惊到说不出话来。半分钟后，爆炸产生的冲击波呼啸而至，给所有东西覆盖上一层薄薄的硅尘。远在190千米之外的窗户都被震碎了，在接下来的几天里，部队官员们不得不开着车四处转悠，告诉当地人一处军火库意外爆炸了。

一种普遍的说法是，试验之后最先开口说话的是奥本海默，他引用印度教圣书《薄伽梵歌》中的话说道："现在，我成了死神，世界的毁灭者。"其实，奥本海默没有想到这个段落，彼时说话的人是班布里奇。

"现在，"他叹了口气，"我们都成了浑蛋。"

"三位一体"试验向世界宣告了超重元素的存在。"瘦子"的核芯，就是法瑞尔摆弄的那个银色放射性球体，把看到这一幕的科学家吓得够呛——其中使用了一种其他人尚不知晓的物质。

这种物质被称为钚，它产自美国。

★ ★ ★

元素是宇宙的基本成分。迄今为止，我们认识了118种元素，并把它们整齐地排列在元素周期表中。人们猜测，或许至少有172种元素，其中一些可能从未存在于宇宙中。如果这种猜测是真的，那么到目前为止，元素周期表上仍有三分之一的元素没被发现。换句话说，我们还没有制造出它们。

宇宙中所有比锂原子重的原子，也就是所有不是在宇宙大爆炸中产生的物质，都是通过原子间的相互作用产生的——要么相互撞击，要么捕获粒子，要么自我分裂。我们每天都能目睹这一过程。恒星是宇宙中高效的核聚变反应堆，如同星球煅烧炉一般制造出铁元素之前的元素。数十亿年之后，它们会经历超新星爆发，将其最重的成分撒向宇宙。创造一种元素就意味着跟随着一张路线图，它能带领我们飞出地球，再现从无到有的过程。

我跟随的是一张完全不同的路线图。今天，我是美国新墨西哥州孤零零的高速公路上的一名"朝圣者"，我沐浴在骄阳下，追寻关于世界上最具破坏力的武器的科学传说。对于绝大多数科学家来说，人类认识的最后26种元素是无关紧要的：绝大多数实验室并不具有制造它们所需的核反应堆或昂贵的粒子加速器。超重元素——最后15种元素，也就是104号及其后的元素——存在的数量极其微小，我们肉眼根本看不见它们，并且它们存在的时间也不足1秒。人们从未在实验室之外的地方探测到它们，其用途不为人所知。少数几种元素非常不稳定，没有人能对它们展开实验。当你读到这里的时候，除非发生中子星碰撞，否则其中绝大多数元素很有可能不会存在于宇宙之中。它们就像元素"独角兽"。

我要去探寻这些超重元素是怎样以及为何被制造出来的，以及未来我们可能会利用它们来做什么。这是一场绝大多数人闻所未闻的最伟大的科学竞赛，"瘦子"就是它的发令枪。

如今，"三位一体"试验场已成为一处旅游景点，这个基地位于长满低矮灌木的沙漠中，因仙人掌、丝兰和蜥蜴而生机勃勃。它依然是美军白沙导弹靶场的一部分，一年当中只有两天对公众开放。你要沿着一条尘土飞扬的路开很长时间的车才能到达这里，沿途会经过巨大的射电望远镜和孤零零的村落。它的西面有一个破败的棚户区，叫作派镇，美国国家科学基金会的甚大天线阵也位于这里，它们的碟形天线指向天空以找寻黑洞；南面是一个名叫"真相或后果"的小镇，它得名于一个愚人节整蛊游戏，地球上唯一的太空港就在这里；东面是罗斯韦尔，不明飞行物爱好者们正在找寻天空中的奇怪东西，两者中间是面积为8300平方千米的军事隔离区。

下了高速公路，再经过一群零零散散的反对核能的抗议者，便来到一条笔直的土路。一直往前走，游客们正排队经过安检以便进入靶场，他们的铬合金皮卡货车在热浪中闪烁着光芒。从这儿再往前就是空空如也的荒原，在那个改变世界的清晨，班布里奇和曼哈顿计划的其他成员走的也是同样的道路。在"三位一体"试验结束后，班布里奇开车回到营房，脑子里一片空白，"拐弯的时候把车开出了公路"，他的同行、科学家欧内斯特·劳伦斯塞给他一瓶波旁威士忌。班布里奇把酒抱在胸前，过了好一会儿才反应过来，然后爬上床，沉沉地睡去。他会这样，我一点儿也不奇怪。

去爆炸点还需要在空旷的沙漠中再走8千米。在这里，穿着闷热的蓝色数码迷彩服的美国海军工作人员正兴高采烈地等待着给核弹迷俱乐部的成员们指引方向。

"你离大海是不是有点远啊？"一名游客慢吞吞地问离自己最近的女军官。

　　她耸了耸肩，懒得解释这个靶场是被美军的各个军种用来试验最新式武器的，于是回答道："呃，上周这儿还发了场洪水。对我来说这已经足够了。"

　　除去这种友好的氛围，"三位一体"试验场很可能是世界上最奇怪的旅游景点了。离开公路，美国海军就会把你击毙。这个地方到处都是警示牌和高高的铁丝网，警告游客这里有辐射、响尾蛇，或者针对盗窃"三一石"的处罚——"三一石"就是 70 年前因爆炸的高温而产生的那些奇怪的玻璃状石块。这些因辐射而摸起来热乎乎的矿物遍地都是。这里的蚂蚁对它们很痴迷，用盖格计数器就可以追踪到它们的巢穴并将之清除掉。从试验场带走这些石块违反联邦法律，然而还是有很多当地人满不在乎地在高速路边兜售它们。

　　"三位一体"试验场并没有太多可以观赏的东西，弹坑在很久以前就被沙漠里的沙子填满了。核爆留下的唯一证据是一小块混凝土和扭曲的金属——它们是"瘦子"的电缆塔残存下来的部分。军队在它旁边竖起一块黑色的方尖碑来标记原爆点，排队跟它合影的游客让它在某种程度上看起来没有那么阴森森了。

　　附近有演讲嘉宾给游客讲述试验场的历史。其中一位甚至带来一件"瘦子"的"胖子"①复制品，就绑在一辆拖车后面。它被涂成了耀眼的白色——原版实际上是芥末黄色，这样就更容易找到残骸。这件复制品圆滚滚的肚子跟人一般高，就像一枚安装着稳定翼片的巨型鸡蛋。它看上去很滑稽，就像动画片《乐一通》里歪心狼用来袭击 BB 鸟的玩意儿。稍远一点的地方有一根锈迹斑斑的中空金属管，直径差不多有 3 米。它是"巨物"唯一残存下来的部分，"巨物"是一个 214 吨重的巨型容器，当初设计它就是为了容纳一次核爆（虽然从未使用过）。现在它成了另一处自拍"圣地"，边上是卖热狗和烧烤的摊位，以及一排移动厕所。

　　就核爆地点来说，"三位一体"试验场没有辐射，这让人感到惊讶。参观 1 小时受到的辐射量只有 1 毫雷姆②，差不多就跟一口气吃 100 根香蕉一样。③然而，它产生的影响将一直伴随我们。人类在这里创造的放射性物质已经通过大气蔓延至整个世界，地球的本底辐射也因此提高了。今天，所有现代钢铁都被"三位一体"

---

① "胖子"是钚弹的代号，它是球形的，因为它必须要采用内爆的方式才能发挥作用，而铀弹就无须考虑这个问题。

② 1 雷姆 =0.01 希。

③ 所有香蕉都具有微弱的放射性，不过要达到"有害剂量"，你得一次吃 3500 万根香蕉。如果你真那么做，那问题可就大了。

试验以及随后的核试验污染了，因为制造钢铁的过程需要大量空气，这就难免吸入某些放射性物质的碎屑。如果需要本底辐射较低的钢材，例如用于制造高度灵敏的盖格计数器，人们就只能选用 1945 年之前生产的钢材。一般来说，这些钢材是从沉没的战舰上获取的，比如第一次世界大战中沉没的德国舰队的战舰。

这只是在实验室中创造的元素改变世界的第一个例子。

 第一部分

原子的孩子

01
现代炼金术

人们总是倾向于把创造一种新元素看作炼金术。千百年来，芸芸众生都想变成迈达斯国王。他们梦想通过"嬗变"（通常是一些神秘的仪式和奇怪的实验）把铅变成黄金。一些人想成为巫师，他们身着飘逸的长袍，提出了星相图的概念。另一些人是能力出众的科学家，他们用加密信息来遮掩自己的工作过程，将其写进咒语书里。（就是一些神神道道的废话，比如"拿出腹中藏有魔铁的火龙"的意思是"使用铁"。）在他们生活的世界里，"元素"依然指的是希腊概念中的土、气、火和水。

随后，安托万·拉瓦锡[①]在 1787 年朝着现代化学迈出了坚实的一步。4 种元素对他来说远远不够。他的妻子玛丽－安妮擅长翻译科学著作，多亏了她，拉瓦锡认识了把宇宙连为一体的基本材料，他也明白了它们不会因为一些咒语就相互转化。那些炼金术士错了。

拉瓦锡着手将这些"元素"整理、罗列出来。尽管其中有一些错误（他把光和卡路里也加了进来），但这依然不失为一个良好的开端。在随后的 82 年里，科学家们对拉瓦锡的思路进行甄选、拓展和归类。到 1869 年，俄国化学家德米特里·门捷列夫对它们进行了整理，最终形成我们今天熟知的元素周期表。

这是一项了不起的功绩——这就相当于在不知道盒子里的拼图是什么图案、形状或数量的情况下，完成了一块横跨全球的拼图。人们或许都知道，元素表从氢开始，一直排到那时已知最重的元素——铀。门捷列夫依照元素的相对原子质量来排序，并且将性质相近的元素归为一类。假如新发现的元素不符合他的排序方法，他就会留出一个空格。门捷列夫的想法被证明是对的，随着缺失的元素不断被发现，表格上的空白也逐渐被填补上了。元素的序号并不是固定的，这只是

---

① 拉瓦锡在法国大革命期间因为惹恼了烟草商而被处决，这就是这位 18 世纪法国贵族的命运。

一种使它们保持正确顺序的便捷方法。

到 20 世纪初，科学家知道了原子的存在。如果说元素是物质存在的基本材料，那么原子就是它们微小的基本构件，大概比你的手掌小 10 亿倍。原子中的某种东西决定了它属于什么元素。多亏了亨利·贝克勒尔和居里夫妇等先驱们的工作，科学家们也知道了辐射。它是原子释放的一股神秘能量，一种灼热的危险现象。在加拿大的麦吉尔大学，欧内斯特·卢瑟福和弗雷德里克·索迪两位科学家从注意到某种古怪的东西开始就一直在研究这种奇怪的现象。他们的实验台上放着一小块钍的样品。不知怎得，它变成了镭。

"我的天啊，卢瑟福！"索迪大声喊道，这位英国人失去了平日的冷静，"这就是嬗变啊！"

新西兰人卢瑟福喜欢惹是生非，他奚落索迪道："看在上帝的分上，索迪，别叫它嬗变。它会让咱俩像炼金术士一样被砍下脑袋来。"

这不是炼金术，这是一种全新科学的诞生。尽管原子已为人所知，但直到 1911 年卢瑟福才发现了原子核的存在。它是位于原子中心的微小核心，正如欧内斯特·劳伦斯后来说的那样，如果把原子比作一座教堂，那原子核就是一只苍蝇。劳伦斯没有说到的是，这是一只密度极高的变异苍蝇，它占了这座教堂的质量的 99%。

到 1913 年，卢瑟福和丹麦物理学家尼尔斯·玻尔提出了一种全新的原子模型，这种模型开始解释正在发生的事情。原子核的周围是很多想象出来的同心壳层（图 1），每个壳层上含有一定数量的带负电的微小粒子，它们被称为电子。[①]它们与周围原子的其他电子相互作用——这就是我们熟知的化学键的基础——从而形成分子。每种元素都比前一种元素多 1 个电子，它们迫切地想要把自己的外壳填满。

但元素的性质并不是由电子的数量决定的。就在同一年，英国牛津大学一位名叫亨利·莫斯莱的青年研究员为完成这块拼图添加了重要的一环。利用 X 射线，他证明每种元素都会比它的上一种元素多 1 个单位的核电荷数——这表明原子核中有某种物质提供了一个正电荷以抵消多出来的电子。不幸的是，莫斯莱没能看

---

① 早在 1897 年，电子就由欧内斯特·卢瑟福的导师约瑟夫·约翰·汤姆森发现。汤姆森认为原子就像葡萄干布丁，而电子就是分散其中的葡萄干。

到他的发现有多重要——第一次世界大战爆发后，他志愿参加战斗，后来在加里波利战役中牺牲——但他在解释门捷列夫的元素顺序方面取得了突破。5 年之后，卢瑟福找到了原子核之谜的答案。

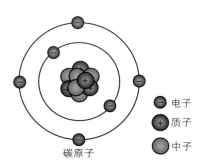

图 1 玻尔的碳原子模型示意图（非比例），该图显示一个原子核拥有 6 个质子和 6 个中子，而电子位于 2 个壳层上

原子核由两种重要的粒子构成：质子和中子。质子由卢瑟福在 1919 年首次发现，它决定了原子形成哪种元素。具有 1 个质子的原子是氢元素，具有 2 个质子为氦元素，依此类推，直到含有 92 个质子的铀元素。这些粒子携带正电荷，因此它们总是相互排斥：有点儿像把两块磁铁同极相对紧握在手心里。但这依然解释不通。原子核为什么不会自己分裂呢？卢瑟福意识到原子核的内部一定还有某种东西使原子凝聚在一起。在他的想象中，这种东西大小和质子类似，但它不带任何电荷，作用有点儿像包装填充物。卢瑟福把它称为中子。

中子在 1932 年被最终发现。那个时候，卢瑟福已经搬到了英国，管理剑桥大学的卡文迪什实验室，他的副手是詹姆斯·查德威克。查德威克又高又瘦，鼻子就像乌鸦的喙，给人一种生硬、刻板的印象。他为了寻找这种行踪不定的粒子已经连续工作 10 天了，每天晚上只睡 3 个小时。等给同事们讲完他的发现，他二话不说，直接宣布他要"吸点儿氯仿把自己麻醉，然后睡上两个星期"。查德威克有两个 5 岁的双胞胎女儿，所以他可能没有如愿。"那段时间真的很辛苦。"他后来说道，依然一副云淡风轻的表情。

有了中子，原子结构示意图和元素周期表便解释得通了。质子的数量，也被称为原子序数，决定了元素的种类（由它的"原子序数"代表）。一种元素的质子越多，它所含的正电荷就越大，因而它的电子也就越多（并且，元素周期表上的每一排都比上一排有更多的原子壳层）。原子核里中子的数量形成了该元素的不同版本，它们被称为同位素。假如某个原子有 6 个质子，它永远都是碳元素。但你还会发现有碳 -12（6 个质子，6 个中子）、碳 -13（7 个中子）乃至碳 -22（16 个中子）。然而，整件事情就像原子核变戏法。对于质量轻的元素来说，每含有一个中子就含有一个质子是最佳的平衡状态。元素越重，原子序数越高，就需要越多的中子来将原子凝聚在一起。但到那时，稳定不足以维持太久。当原子核变得不稳定时，其中某些粒子将被弹射出去，或者发生改变，这就是人们所说的辐射。

今天，我们已经发现了超过 3300 种不同的质子和中子组合——研究人员通常称其为核素。它们绝大多数不稳定且具有放射性。即便如此，我们只触及了所认为存在的东西的皮毛。但对于卢瑟福和查德威克这些早期的先驱们来说，核素如此众多的组合方式只能存在于想象之中。

这种情况一直持续到一群贫穷且名不见经传的意大利科学家决定做出改变为止。

★ ★ ★

1934 年 5 月，恩里科·费米急匆匆地穿过通往实验室的走廊，他的学生爱德华多·阿马尔迪也快步跟上。他们那身脏兮兮的灰色实验室大褂随之摆动起来，地板咯吱作响，急迫的脚步声打破了楼上费米导师公寓的宁静。费米自诩为罗马最快的物理学家。他必须得这样。走廊尽头的实验正尝试创造出一种新元素。他们不得不动作矫捷，否则要不了几秒钟他们的成果就会变成其他东西。

费米是当年的意大利的明星科学家。他个头不高，皮肤黝黑，长着又长又窄的鼻子和硕大椭圆的额头，脸上总是挂着欢快的笑容。费米很容易就能给人留下深刻的印象。他思维敏捷，很快就能为那些难以回答的问题想出粗略的答案。[1] 当费米 25 岁当上教授的时候，他在罗马大学物理系组建了一所实验室，地址就在罗马市中心帕尼斯佩纳大街的一栋古旧别墅里。他发誓要带领意大利

---

[1] 费米的一个经典问题是"芝加哥有多少名调琴师？"在粗略估计了拥有钢琴的家庭的数量和钢琴需要调音的频率后，费米得出了一个粗略的估计值。（为那些好奇的人列出答案：约 225 名。）

科学走进 20 世纪。很快，费米就吸引了一群年轻而朝气蓬勃的天才，他们不介意打破常规，甚至无视那些所谓的宇宙规则。包括费米在内，他们当中没有一个人在实验核物理学方面有任何经验，但他们并不在乎。对于他们来说，费米就是"教皇"，如果他说什么事能做，他们就会去做。费米的"帕尼斯佩纳男孩"如同原子物理学界的"性手枪"摇滚乐队：他们是一群自己制定游戏规则的朋克科学家。

尽管有赞助，但这些小伙子还是一贫如洗。英国、法国和美国的竞争对手能买得起最好的设备，而费米的团队却不得不临时凑合。他们的盖格计数器是经过反复试验后自己制作的。当需要搬运一些沉重的东西时，他们还得"贿赂"一下小兄弟们来帮忙。由于缺乏防护装备，在处理辐射时，他们不得不躲在走廊的尽头，以免自己横遭不测——这就是为什么费米要那么急匆匆地赶去看他的实验结果。

早在几十年前，欧内斯特·卢瑟福发现了两种完全不同的辐射现象，把它们称为 α 辐射和 β 辐射。α 辐射是原子核释放出 1 颗 α 粒子（2 个质子，2 个中子——相当于 1 个氦核子）。这就是卢瑟福和索迪的钍元素样本（90 号元素）变成镭元素（88 号元素）的原因：它损失了 2 个质子，在元素周期表上的位置后退了两位。原子核有半数通过放射现象发生衰变所需的时间被称为半衰期。

费米对 β 辐射十分感兴趣。它并没有造成任何质子的损失，而是把 1 颗中子变成了 1 颗质子，使该元素在元素周期表上的位置向前移动了一位，并在这个过程中释放出 1 颗电子（损失的电子就形成了上文提到的辐射）。[①] 但这个等式并不平衡，因为没有损失足够的能量。费米认为，某种甚至比电子还要小的东西也从原子中释放了出来。令人遗憾的是，《自然》杂志并没有采信他的说法：他的这篇论文因"猜测过于偏离实际，使读者失去兴趣"而遭到拒绝。费米非常生气，他决定去做几个无聊的实验，就当是在实验室里找点乐子，这样他的大脑就不用去想问题了。有什么方法能比在黑暗中制造一些发光的东西更能让人忘记烦恼吗？在把自己关于 β 辐射的想法寄给其他几家期刊后，他决定去做一些实用的研究——关于另一种辐射的新想法吸引了他的眼球。

---

① 严格来说，这是 β 辐射，但它对于我们讲述的故事意义不大。第三种辐射，也就是 γ 辐射也是如此。

用 α 粒子轰击某种元素会使该元素获得 2 个质子和 2 个中子。在法国，伊雷娜·约里奥－居里和她的丈夫弗雷德里克就是通过这种方法把铝（13 号元素）变成了磷（15 号元素）。伊雷娜是著名科学家玛丽·居里和皮埃尔·居里的女儿，研究放射现象是他们的家族事业。α 粒子因为质子的缘故携带正电荷，就和原子核一样。这造成了两个问题：首先，围绕原子核旋转带负电的电子会使它们的速度慢下来；其次，也是更糟糕的情况，它们必须受到高速撞击才能突破原子核自身的静电斥力——仍然就跟把两块磁极相同的磁铁往一起推一样。这个看不见的力场被称为库仑势垒，为了穿过它，你需要一股巨大的能量。这就需要用到粒子加速器。

费米没有这种设备。他买不起，他连放设备的地方都没有。不过，他有了一个绝妙的想法。为什么不用中子来轰击靶样，而非得用 α 辐射呢？中子不带任何电荷，因此就不会受到斥力；如果一个中子击中了原子核，它就会进入原子核的核心，提高它的能量并引起放射性衰变。或许还会发生一些有趣的事情呢。

帕尼斯佩纳男孩们开始忙碌起来。第一个问题是获取中子。在这栋建筑的地下室，另一名教授在他的保险柜里存放着镭元素的样品——虽然只有 1 克，价值却是他们团队年预算的 20 倍。人们已经知道镭会（通过 α 辐射）衰变成一种气体：氡气。由于偷不到样品，费米设计了一组管道系统把这种气体从保险柜中抽到他的实验室里，在这里和铍粉混合在一起。由于具有极强的放射性，氡气会释放出更多的 α 粒子；这些粒子会轰击铍原子，使它们释放出中子。费米自己制造出了中子束，他还需要某样东西用来轰击。为什么不用中子束来轰击所有东西呢？

费米写了一张购物清单，上面涵盖了可被用来当作靶子的每一种元素或者化合物，然后把它交给一个名叫埃米利奥·塞格雷的下属。（根据费米妻子劳拉的说法，费米"极其讨厌买东西"。）然后他回家吃午饭，并睡了个午觉，而塞格雷则在罗马城里到处寻找"教皇"那广泛的需求。

塞格雷是费米计划中的重要一环。作为纸业大亨的儿子，他最初想要成为一名工程师，在转行研究物理学之前，他在意大利军队中花了两年时间研究高射炮。根据费米的指示，他很快找到了供货商，但那个人只会说意大利的一种方言和拉丁语——因为他是牧师带大的。幸运的是，塞格雷对拉丁语这种"死语言"有足够的了解，因而能听懂对方的话。购物单上的物品很快都买到了，这名供货商甚至赠送给他一些闲置的东西，这些东西放在高高的货架上，落满了灰尘。十五年来，这些东西无人问津。

团队按原子序数对靶子做了实验，前面几种元素没什么变化。接下来的几种元素释放出 α 粒子，使它们在元素周期表上的位置后退了两位。但更重的元素没有出现这种情况。和较轻的元素比起来，这些元素具有更大的电荷，可以把原子核紧紧地聚合在一起，不会轻易释放出 α 粒子。相反，使原子核聚合在一起的那种力量——原子的强相互作用力——控制了中子，这会使该元素最终发生 β 衰变，所形成的新元素在周期表上的位置往前移动一位。费米偶然发现了一种被称为中子俘获的过程。

再回到费米在走廊上奔跑的情景。经过数周的研究，这个团队最终来到了元素周期表的末端。他们即将看到最重的 92 号元素铀会发生什么。费米赶在阿马尔迪前面第一个走进房门，他抓起样品查看结果。这些小伙子们很快开始分析他们发现的东西。铀变成了某种其他物质，唯一的问题在于它是怎么变的：是发生了 α 衰变变成了一种已知物质，还是通过 β 衰变变成了某种新物质？

他们开始分析实验结果，把这种新物质的半衰期和化学性质同已知元素，甚至是铅（82 号元素）进行对比。[1] 如果发生的是 α 衰变，它将引发一条"衰变链"——先变成 90 号元素，接着是 88 号元素，随后是 86 号元素，依此类推。但没有迹象显示他们的创造物经历过 α 衰变。他们能想到的唯一解释是这个样品经历了 β 衰变。这些小伙子们又展开了进一步的实验，很快就发现了第二种神秘元素。这次也一样，唯一的解释就是发生了 β 衰变。

在那之前，大多数物理学家并不相信有比铀还重的元素。铀就是元素周期表上的最后一位，自它在 1789 年被发现以来，这是人所共知的事情。那个时候拉瓦锡依然在世，元素周期表甚至还没出现。费米和他手下那帮愣头青们利用自制的工具、鱼塘和免费赠送的落满灰尘的靶子，完成了某件世界上最先进的实验室使用当时最先进的机器也不太可能做到的事情。他们打破了德米特里·门捷列夫元素周期表的边界。

---

[1] 85 号元素砹当时还没有被发现，但费米知道它不可能是铀产生的，因为 α 衰变会让元素一次后退两位，因此费米选择忽略它。

费米向世界宣告他创造出了第 93 号和 94 号元素。

★ ★ ★

2018 年，也就是费米宣布他的发现 78 年之后，我来到了罗马市的中心。如果我想要理解元素为什么如此重要，就需要回到过去，去看看人类寻找铀之外的元素的先期尝试，而这就意味着我需要找寻恩里科·费米的踪迹。

罗马这座永恒之城并没有发生什么改变。它依然还是费米所熟知的模样，这个丘陵之上纷繁芜杂的迷宫被打造成了世界上最伟大的首都之一。餐馆、公寓和出租车发出音色各异的声响，使这座城市像极了一个嗡嗡作响的蜂箱；斑驳的建筑外墙上满是涂鸦和传单；沿着狭窄的街巷绕来绕去，你会突然来到开阔的大街上，街边矗立着纪念已逝皇帝的大理石廊柱。没有哪座城市具有罗马这般延缓衰败的能力，也没有哪座城市能像它一样散发出慵懒、阳光的气息，更没有哪座城市会孕育出费米这样的科学家。

从美国新墨西哥州来到这里是一段漫长的旅程，从荒芜的原野来到意大利生机勃勃的首都，这真是一种奇妙的变化。帕尼斯佩纳大街依然还在这里，它从巍峨的圣母教堂那里蜿蜒而下，在途经埃斯奎利诺山和维米纳尔山时陡然下降，最后到达老城中心。这个城区有着浓郁的时尚和艺术氛围，鹅卵石铺就的路面在菲亚特和韦士柏汽车的碾压下变得光滑平整，发廊、安静的餐馆和高端的美术馆就开在这些建筑里。步行没多远，你会在街道的尽头看见远处赫然耸立的角斗场。我停下脚步，稍微喘口气，欣赏晕染着落日余晖的古老角斗场的石柱廊。

我只能走到这里了。费米的实验室位于一堵 15 米高的墙后面，隐藏在如今的意大利内政部里面。这栋建筑的入口由宪兵队把守，墙上布满监控，任何图谋不轨的人都会就此打消念头。我只得坐在通往这座别墅的台阶上，一边吃着冰淇淋，一边感叹罗马对于历史的那种独特态度：它最伟大的科学之子连块牌匾都没有。或许当你有长达 2500 年的悠久历史时，你也会这么做。

回到 1934 年，帕尼斯佩纳男孩们发现了"超铀"即"铀后"元素（铀后面的元素），这个消息一夜之间引起了轰动。有少数人持怀疑态度——最著名的就是德国化学家和元素发现者伊达·诺达克，她认为原子核分裂成了更小的元素——但根本没人听得进去。意大利当时的宣传机构把它同古罗马伟大的胜利相提并论。

劳拉·费米在《原子在我家中》这本关于她丈夫的自传中回忆道："一篇二流论文甚至称费米把一小瓶93号（元素）作为礼物献给了意大利王后。"（他并没有这么做。费米知道玛丽·居里死于辐射引发的癌症：她把一小瓶镭装在上衣口袋里，在聚会上拿出来展示，这可不该是她最明智的想法。）有人逼费米以古罗马的刀斧手为新元素命名，费米对这种关注感到十分不自在，他选择了"ausonium"和"hesperium"这两个名字，在希腊语中，它们意指意大利。

在费米为他的发现寻找确认证据时，他遇到了某种更加让人激动的东西。如果他们把某种足够降低中子速度的东西——例如固体石蜡——放到粒子束的前进路线上，就会得到更好的结果。费米意识到减缓中子速度的正是石蜡分子中的氢原子，据说他当时一边大喊"太神奇了！难以置信！这简直就是巫术"，一边抓起仪器冲到楼下，一头扎进了研究所的鱼塘里，他想把这台仪器浸泡在他能找到的富含氢原子的环境中——水里。费米刚刚发现的正是为今天的核反应堆提供能量的原理。中子速度减慢意味着它们会在原子核附近停留更长的时间，因而也就更有可能被俘获——这将导致更多的反应。水是让它们降速的完美工具。当这帮朋友在那天夜里将他们的发现打印成稿时，整个实验室的人都兴高采烈，女佣还以为他们都喝醉了。

费米利用慢中子轰击原子核的点子很快被设备更好、规模更大的研究团队效仿，他们也想看看自己能否制造出新元素和同位素。美国人、法国人和德国人都竞相展开实验，想去填补化学世界中的所有空白：这是一种全新的、令人激动的科学，将为人类提供诸多可能性。1937年，在意大利西西里独自展开实验的塞格雷向加利福尼亚大学伯克利分校寻求帮助，希望能得到一台美国"原子粉碎机"的配件。在研究伯克利团队寄来的一个过滤器时，塞格雷发现他们并没有注意到自己已经创造出了缺失的43号元素。这种元素的发现归功于塞格雷及其合作者。意大利的朋克科学填补了元素周期表上的空白。

然而，人们的笑容和快乐很快消失了。帕尼斯佩纳男孩的时代结束了。随着欧洲各国一步步走向战争，德国卷起了一股反犹太主义的浪潮，墨索里尼迫不及待地紧随其后。费米和他手下的小伙子们这才意识到他们的赞助人究竟是个什么货色，他们明白自己必须得离开意大利了。

1938年，当塞格雷前往美国准备进一步研究43号元素时，墨索里尼宣布"犹太人不属于意大利民族"，并且严禁任何犹太教成员在大学任职。塞格雷是塞法迪犹太人，他娶了一名从纳粹德国逃出的犹太难民。这对夫妻非常明智地决定及时"止损"，并在美国加利福尼亚安了家。

劳拉·费米也是犹太人。恩里科·费米知道，要想确保妻子和子女安然无虞，他们只能拿上能带走的东西离开意大利。他早就发现了一条出逃路线。那年早些时候，他在出席一次会议时被尼尔斯·玻尔叫到一边，玻尔告诉他诺贝尔奖委员会正考虑授予他诺贝尔奖。费米明白，有了这个奖，他就能得到足够的奖金在美国开始全新的生活。这位意大利人能做的就是等待和祈祷，希望审核奖项的瑞典皇家科学院能认同玻尔的评估。

1938 年 11 月 10 日，费米一家在醒来时听到了"水晶之夜"的消息。在德国，犹太家庭被殴打和屠杀，他们的店铺遭到打砸，他们的教堂被付之一炬。没过多久，家里的电话响了：有人告诉费米在晚上 6 点的时候注意接听来自瑞典斯德哥尔摩的电话，那是诺贝尔奖委员会的本部。在做了一番粗略的计算后，费米估计他获得这个世界上最重要的奖项的概率约为 90%。他带着妻子买了一对昂贵的手表。劳拉知道他讨厌购物，她明白费米是想把他们的钱变成在逃难时可以典当的东西。他们手牵着手走在大街上，几个小时过去了，他们却不知道该往哪儿走。这是对他们过往生活的无声告别。

那天晚上，劳拉在收音机里收听晚 6 点的新闻。意大利全国开始实施反犹太法，限制犹太人的权利和自由，犹太儿童被驱逐出学校，犹太人的护照也被没收。她的心情跌到了谷底。这个时候电话响了。恩里科·费米因"通过中子辐射证明了一种新的放射性元素的存在，并且发现了慢中子产生的核反应"而获得诺贝尔奖。[①]

终于解脱了。费米没有片刻犹豫就同意亲自去瑞典领奖，接着谦恭地接受了一个美国的"临时"教职。他的家人当然要陪他一起去了。当法西斯主义者们发现事情的真相时，费米一家已经逃出了欧洲，即将登上前往纽约的邮轮。

正是在那里，费米听到了一个令人震惊的消息：他和手下的小伙子们完全错

---

① 费米原本也有可能因被《自然》拒绝的那篇论文获奖：它描述了一种"中子宝宝"（在当时的条件下无法检测的不带电荷的粒子）存在的可能性。"中子宝宝"——或者按照意大利语的叫法，微中子（neutrino）——最终在 20 世纪 50 年代被发现，几乎每一集《星际迷航》都会提到它。

了。更糟糕的是，他们错失了一个世纪性的发现。

诺贝尔奖委员会犯过很多令人扼腕的错误：1949 年，它把诺贝尔奖授予一个发明了脑叶切除术的人，这种技术现如今被全球禁用；1926 年，它给约翰尼斯·菲比格颁发了一块奖牌，此人认为癌症是寄生虫引起的（并非如此）；1938年，它把荣誉授予恩里科·费米，因为他创造了铀之外的第一种元素。然而他并没有成功。

在说到制造一种新元素时，最大的问题之一是如何证明你真的制造了它。这或许是元素发现的定义问题：之前从来没有人见过你接触的东西。费米犯了一个情有可原的错误。如果当初他能更加仔细地检查实验结果，他也许就能发现这种"新元素"只是钡、氪和其他原子的碎屑。

如果费米当时就能意识到这个问题，他可能不仅不会失望，反而很可能会开心地翻筋斗。别再管什么新元素了，帕尼斯佩纳男孩们完成了一件更加不可思议的事情：他们让原子爆炸了。

这个发现最终落到了一个德国研究团队头上。奥托·哈恩当时正在柏林的皇家化学研究所工作。1938 年年末，哈恩和他的助手弗里茨·斯特拉斯曼正在用慢中子和铀进行实验，就跟费米所做的差不多。然而，实验结果却让人迷惑不解。无论哈恩怎么努力尝试，他就是没办法制造出 93 号元素；相反，他制造出了 56号元素钡，这种元素在今天因被用作灌肠剂而广为人知。制造出钡的唯一可能性是，他不知用哪种方法把铀原子劈成了两半。

与他的很多同事不同，哈恩不是纳粹分子。几个月前，他曾帮实验室的老搭档莉泽·迈特纳逃出德国，他甚至还把自己母亲的钻石耳环送给她，以便她可以买通边境守卫。哈恩相信自己在什么地方犯错了，却想不出答案，他给迈特纳写信道："或许你可以提出一些非常棒的解释……我们知道它真的不可能分解成钡元素。"

迈特纳当时正和她的外甥——物理学家奥托·弗里施在丹麦哥本哈根。他们都是犹太人，因而遭到纳粹政权的驱逐（弗里施的父亲被关押在一座集中营中），他们的朋友邀请这两位孤独的科学家来过圣诞节，但他们认为原子物理学可比猜字游戏有趣得多，于是决定共同研究哈恩提出的问题。

这两位流亡者很快就找到了答案。到 20 世纪 30 年代后期，人们已经不再把原子核视为一个可以被敲碎和切割的脆核，而是把它想象成一滴密度极高的液体。添加一个中子会让原子核震动。迈特纳拿起一支铅笔开始画画。如果能量让这滴液体变成哑铃的形状会怎么样呢？在某些情况下，把原子核聚合在一起的作用力会和试图拆散它们的静电斥力相互抵消。这滴液体将变得黏稠，然后破裂，最后生成更小的液滴。

曾经质疑过费米的发现的化学家伊达·诺达克一直都是对的。创造一种新元素就像走钢丝：首先你得需要能量突破库仑势垒，但如果使用的能量太高，原子核就会分裂。换句话说，原子核就像保险丝盒：如果能量太高保险丝就会被烧断。迈特纳给哈恩写了封回信。他们把这个发现命名为"核裂变"。

这是自中子之后最伟大的发现：费米、英国人、美国人，每个人都跟它失之交臂。随着科学界注意到迈特纳和哈恩发现的重要性，费米的 93 号和 94 号元素在一夜之间消失了。打破原子的核子，某种将它们捆绑在一起的巨大能量被释放出来。一个裂变的原子可能没有什么，但如果你能让很多原子同时发生裂变，一个接一个地形成不可阻挡的链式反应，那种能量将是巨大的。如果你能控制它，这种能量就会点亮一座城市，或者将其夷为平地。

费米错误的开始引发了一场创造和认识新元素的竞赛，迈特纳和哈恩的发现意味着这场重新开始的比赛不再只是单纯的学术好奇心。这是制造第一颗原子弹的竞赛。

02
吉尔曼楼的秘密

路易斯·阿尔瓦雷茨需要修一修头发了。这位 27 岁的物理学家正在位于丘陵之上的伯克利校园中散步，清晨的微风拂动着他满头蓬乱的金发，旧金山湾区的景色此刻尽收眼底。他能眺望见远处恶魔岛上新建的联邦监狱。更远的地方则是最近刚刚建成的横跨金门的吊桥，它是当年世界上最长也是最高的桥梁。他走进一家理发店，拿起一张当天早上的《旧金山纪事报》惬意地坐下来。那一天是 1939 年 1 月 31 日，是个周二。

阿尔瓦雷茨惊讶地盯着报纸。《旧金山纪事报》刊登了一家通讯社关于哈恩和迈特纳发现核裂变的消息。还没等剪完头发，他便抓起报纸从椅子上跳起来，匆忙赶回放射实验室。这所实验室位于校园中心，是一间矮小丑陋的木屋，处于有着古典建筑风格石柱廊的宏伟的勒孔特楼和高耸的钟楼之间，这座钟楼是仿照威尼斯圣马可钟楼建造的。放射实验室里面乱成一团：装着用于生物医学实验的老鼠的笼子、写满各种方程式的黑板，以及用来做"质子旋转木马"的巨型磁铁。这就是伯克利分校的粒子加速器，它很可能是当时世界上最先进的实验室。

阿尔瓦雷茨穿过大门，匆忙找到他的助手菲尔·阿贝尔森，并把这个消息告诉了他。"我有一件极其重要的事情告诉你，"阿尔瓦雷茨说道，"我觉得你最好还是躺下来听。"阿贝尔森来了兴趣，他笑着爬上工作台，四仰八叉地躺在一堆化学试剂和仪器设备中间。"裂变！原子居然能分裂！"阿贝尔森的脑子一片空白，他一直在拿铀做实验，也注意到与哈恩实验结果类似的现象，他离这个发现可能只有一步之遥。

阿尔瓦雷茨不停不歇，急匆匆地把这个消息告诉每一个人，也不在乎他一不留神被做出了胭脂鱼发型。他把周围所有的人都聚在一起，其中就包括未来曼哈顿计划的带头人罗伯特·奥本海默，然后向他们展示了自家机器中"蹦出来"的裂变能量。多年以来，这台"原子粉碎机"一直在接收奇怪的放射性噪声，但人们总是把它当作机器的小毛病而置之不理。伯克利团队错失了这个世纪性的大发现——而它一直就在他们的眼皮底下。

到了傍晚，取得突破的消息传到了学报俱乐部，26 岁的研究员格伦·西博格也听到了这个故事。"我在伯克利的街道上走了好几个小时，"西博格后来在他的自传《原子时代的冒险》中回忆道，"我的情绪不断在兴奋和失措间来回切换，兴奋是因为我也为这个令人振奋的发现感到高兴，失措是因为自己在这一领域研究多年，却完全忽视了这种可能性。"

西博格是这个物理团队招募的一名化学家。他既高且瘦，满是麻点的脸上总是带着灿烂的笑容。这个年轻人来自伊什珀明，那是密歇根州北部荒原上一处冰冷的穷乡僻壤，离加拿大边境线不远。他曾祖父那辈人是瑞典的机械工，他们吃苦耐劳，习惯从事艰苦的工作。当他的祖父在 1867 年通过美国埃利斯岛时，一位移民官大笔一挥，把"斯约堡"（Sjöberg）这个瑞典姓氏英化成了"西博格"（Seaborg）。这位移民官根本想不到，130 年后，他创造的这个姓氏会被载入人类史册。

西博格从小到大在家里说的都是瑞典语，全家人在伊什珀明艰难度日，这个小镇"未经铺砌的路面被铁矿石染成了红色"。他成长的环境非常艰苦。伊什珀明唯一一次出名还是因为新组建的美国绿湾包装工橄榄球队在这里举办了第一次客场比赛。（在前三局比赛中，密歇根人使 3 名包装工队员因骨折而离场。）在他 11 岁的时候，全家迁往洛杉矶，小西博格的世界一下子变得丰富多彩起来。在伊什珀明，他从来没有听过广播，也从来没有见过高楼大厦；而在"天使之城"，他的世界充满了电灯、汽车和石油富豪。受到家门口好莱坞的浮华和魅力的启发，年轻的西博格在自己的名字"格伦"（Glen）中又加了一个字母 n——就是为了看上去更酷一点儿，并开始在科学领域寻找属于他的财富。

科学并不适合只想着赚大钱的人。西博格的日子过得非常拮据，他靠着在工厂里做工、在实验室做助手，并向高中的朋友借钱才付清了加利福尼亚大学洛杉矶分校的学费。最终，他来到了伯克利。1937 年，一个改变历史的奇遇时刻来临了，他正在学校里闲逛，这时放射实验室的一名工作人员找他帮忙把不同的元素从一种溶液中分离出来——实际上西博格也是他们找到的第一个化学家。从此以后，他也和其他人一样成为实验室的一分子，当物理学家制造出锡、钴、铁以及埃米利奥·塞格雷的 43 号元素（后来被称为锝）新的放射性同位素时，他就负责研究它们的化学性质。其中很多同位素，例如锝 -99m，钴 -60，将成为现代放射性医学的基石，今天，它们依然被用于全世界数以百万计的癌症治疗和诊断。

伯克利放射实验室成功的秘密在于其革命性的研究方式。和帕尼斯佩纳男孩的简朴正好相反，美国人对"大科学"情有独钟：庞大的研究团队使用资金雄厚的赞助人提供的庞大设备。这是欧内斯特·劳伦斯的点子。劳伦斯是美国南达科塔州的挪威移民后裔，从耶鲁大学保守且精英主义盛行的物理系中脱颖而出，后来搬到西部地区并声名鹊起。放射实验室在他这位主任的治下变成了现代化研究工作的模板。之前，科学家们各行其是，独自展开实验，费力地吹制玻璃试管，制作电路板并测试反应，而现在劳伦斯希望大家通力合作。伯克利成为大规模协作的策源地，不同团队轮班工作，每位成员都只专注于自己的专业领域。

在整个 20 世纪 30 年代，劳伦斯最早提出建造被称为回旋加速器的紧凑型粒子加速器，这是当时世界上最强大的研究设备（图 2）。塞格雷当初正是从他厚着脸皮借用的这些庞然大物的零部件上发现了锝元素。它们的操作员不知道的是，这些机器早已制造出了另外一种元素。

这种元素在阿尔瓦雷茨从理发店冲出来没多长时间就被发现了。埃德温·麦克米伦是加利福尼亚州本地人，在被劳伦斯"骗"回家乡之前，他一直在普林斯顿工作。埃德温三十出头，留着一撮沃尔特·迪士尼式的胡子。他具备实验家敏锐的思维，在没有找到答案之前决不罢休。

因为裂变的缘故，实验材料不会一直待在一个地方：原子就像一枚微型原子弹，它会发生爆炸并把自己抛向四面八方。[①] 在发现裂变的消息被公布之后，麦克米伦决定展开实验来测试这些东西会飞出去多远。他走向最近的一台原子粉碎机，开始轰击三氧化铀的样品。很快，他得到了一个奇怪的读数。某种东西留在了最初的靶材附近。而它并不是铀，并且它飞出的距离也不足以成为某种裂变产物。更奇怪的是，这个不为人知的块状放射性物质有 2.3 天的半衰期，这与先前的记录并不匹配。

---

① 发生 α 衰变和 β 衰变的物质也不会只待在同一个地方；在原子物理学中，最大的挑战之一就是没有什么东西会出现在你想让它出现，或者期待它会出现的地方。

图 2　伯克利 60 英寸 [①] 的回旋加速器，它是欧内斯特·劳伦斯设计的一种粒子加速器

　　麦克米伦感到很困惑，于是便请塞格雷进行调查——此时塞格雷已经舒舒服服地在加利福尼亚安顿了下来。这位意大利人并不是一个实验室好搭档。依照元素周期表的排列，93 号元素的性质应该和第 7 族的元素相近。然而事实并非如此，它的性质更像稀土金属，即镧系元素（这组元素以镧开始，化学性质非常类似）。这些元素非常奇特，以至于人们把它们和周期表上的其他元素分开考虑，单独把它们放在了周期表主表的下面（直到今天，它们也总是和主表分开展示）。当塞格雷还在费米手下工作时，他没能从那种草率的化学物质确认方法中学到多少东西，于是这位意大利人便认为它无足轻重，并告诉麦克米伦把它忘掉。他甚至还发表了一篇论文，题目叫《对超铀元素一次失败的研究》。

　　麦克米伦却不像塞格雷那般笃定。假如他的发现属于某种裂变产物，那为何它不像其他东西那样洒得到处都是呢？如果它是铀元素的某种未知同位素，那它的性质为何又不像铀呢？实验结果在他的脑子里挥之不去。整个冬天，他都在用

[①]　1 英寸约合 2.54 厘米。——译者注

氢氟酸和一种还原剂来检测他那神秘的样品。实验结果（使用连学生都会的简单的化学方法）排除了它是某种稀土元素的可能性。在他工作的同时，生活仍在继续。第二次世界大战在欧洲爆发，《飘》和《绿野仙踪》相继出版，校园里回荡着格伦·米勒和比莉·哈乐黛的音乐节拍。1940 年 5 月，阿贝尔森回伯克利度假（他已经毕业了，搬到了华盛顿），麦克米伦询问他的看法。在两天的时间里，阿贝尔森完成了塞格雷没能做到的所有化学检测。

实验结果是决定性的。埃德温·麦克米伦和菲尔·阿贝尔森发现了真正的 93 号元素，两人在《物理评论》上发表了他们的发现。第二次世界大战的爆发让他们得不到赞誉之声，英国、法国和德国的智囊们都在战场上。似乎仅有的还在研究裂变的是两位年轻的苏联物理学家，他们证明自然界中的元素会发生自发裂变。物理学界并没有热烈地讨论他们的发现，相反，他们收到了詹姆斯·查德威克和英国（此时正在不列颠之战中遭到围攻）的一份官方抗议："你们能不能不要再讨论这些纳粹可能觉得有用的东西？"阿贝尔森回到了东部，麦克米伦则继续他的研究，只不过这一次他闭上了嘴巴。

最关注麦克米伦工作进展的人是西博格。两人的住所相距不远，化学家西博格满校园地追着元素制造人麦克米伦问问题：在食堂里，在走廊上，甚至在浴室里。西博格沉迷其中，不可自拔地爱上了"新元素"这个概念，迫切地想要知道每一个细节。麦克米伦非常乐意给西博格讲述他最新的科学冒险。他通过回旋加速器让氘核（氢元素的一种同位素，有 1 个质子和 1 个中子）轰击铀元素，想制造出 93 号元素半衰期更短的同位素。他希望这种更不稳定的同位素在发生 β 衰变之后变成 94 号元素。看上去一切都进展得很顺利，直到某一天麦克米伦突然不见了。

西博格很快发现了原因。美国正准备加入战争，便命令劳伦斯把他手下最优秀的科学家提供给部队。麦克米伦和阿尔瓦雷茨一起被派往波士顿研究雷达探测技术。西博格不愿就此放弃他的新爱好，这位化学家写信给麦克米伦，问他能否让自己接手这个项目。西博格后来在他的自传中回忆说："埃德温马上写了回信，说不清楚什么时候才能回伯克利，他估计他会离开很长时间，因此他很开心我们可以继续进行研究。"

这位化学家并不打算放弃他的机遇。

★★★

一个中子走进一家酒吧要了一杯酒。"多少钱？"这个中子问道。服务员摇了摇头："你来了不收钱。"[①]

这个原子物理学界老掉牙的笑话被骄傲地印在伯克利分校化学系咖啡厅的酒水单上。此刻我就坐在咖啡厅的外面，用咖啡因和碳水化合物来抵御时差和寒风。我原本以为加利福尼亚是个阳光灿烂的地方呢。今天早上空气有点儿刺骨，我开始后悔没有带上一件厚毛衣。我身体的一部分想要放弃抵抗，一头钻进这座城市的某间旧货商店买一件连帽上衣，衣服上很可能还傻乎乎地印着"我爱旧金山"。现在，热咖啡就够了。

伯克利市面积不大，与熙熙攘攘的奥克兰市自然地融为一体，形成一片平静祥和的郊区，各色反主流文化商店、便宜的食物和自豪地彰显着对金熊体育节目忠心的酒吧汇聚于此。加利福尼亚大学的这个校区是这座城市的主体，修剪整齐的草坪和巍峨的大楼就坐落于逐渐变得陡峭的山丘上，灰熊峰上的建筑是它的最高点。"伯克利"这个名字来源于一位并不相信物质世界的爱尔兰主教，但它一直都是激进分子们——从金斯堡到绿日乐队的家园，贴着诸如"占领"和"抵抗"标语的路灯柱或窗户都是这座学府的态度的明证。在 20 世纪 60 年代，湾区成为"权力归花儿"运动和反越战抗议的策源地；现如今，它举办各类活动来声援性少数群体的权利以及终结伪科学。

这里是世界上最伟大的科研中心之一。从劳伦斯的放射实验室开始，伯克利分校 80 年来接连不断地获得诺贝尔奖，取得了许多突破性的科研成果。随意在校园里闲逛，你就有可能碰见乔治·斯穆特，世界上最顶尖的宇宙大爆炸理论专家之一，或者詹妮弗·杜德娜，这位生化学家发现了基因编辑技术，使得人类可以重新编写自己的基因。整个校园都弥漫着学术气息，给人一种又有什么先进的东西即将诞生的感觉，同时它还带着一丝冷酷和玩世不恭的味道。谁也不知道伯克利主教会把它建设成什么样子。

勒孔特楼和钟楼依然耸立，然而先前的放射实验室已经被拆掉了。很明显，有人终于意识到在世界上最繁忙的校园之一的中心进行放射性实验不是一个好主

---

① 原句为"For you, no charge"，双关语，no charge 也有不带电荷的意思。——译者注

意。今天，它的后裔伯克利实验室（正式名称为美国劳伦斯伯克利国家实验室）位于校园背后山丘的顶部，去那里要么选择艰难地步行，要么乘坐便捷的摆渡车。

我今天不是来参观实验室的，那是下一次的任务。我今天要去的地方是吉尔曼楼。吉尔曼楼是这个校园另一栋漂亮的灰石建筑，劳伦斯的手下就是在这里开始涉足这个新研究领域的。1940 年，西博格招募约瑟夫·肯尼迪和阿瑟·瓦尔两名合作者来继续研究麦克米伦的实验。他们意识到这些发现可以用于制造原子弹，便发誓要秘密地展开工作。为了完成寻找新元素要做的化学分离实验，他们需要远离窥视的眼睛。吉尔曼楼的三楼是他们能想到的最好的地点。

从大楼入口处那扇巨大的橡木门悄悄溜进去，人们就可以轻松地爬上楼梯来到顶楼——那是一段厚重、漂亮的混凝土台阶，边上安装着坚固的金属护栏，漆过的木制扶手泛着微光。化学系依然把屋顶的这些房间当作办公室。在西博格的时代，它们被用作小型实验室，装配着工业水槽和实验台，上面摆满了装着试剂的瓶瓶罐罐、人工吹制的玻璃烧杯和曲颈瓶，它们和本生灯、装满粉末的罐子以及炭黑色的滴水板争夺着有限的空间。这个地方虽然狭小却令人感觉舒适（尤其是对高大的西博格来说），它跟好莱坞电影中描绘的那种和科技突破密不可分的巨型地下实验室完全相反。穿过雪白的走廊，外露的管道在头顶嗡嗡作响，在一个化学事故应急喷头旁边，你会看到一扇结实的门。墙上的两块牌匾显示着这间上锁的密室里曾经发生过什么。307 室，格伦·西博格就是在这里制造出了钚元素。

同年 12 月中旬，依照麦克米伦的计划，这三个人制造出了 93 号元素的新同位素。它释放出强烈的 β 辐射，这就意味着它有可能会变成另一种元素。但他们同时也制造出某种会释放出 α 粒子的东西。难道 93 号元素会产生另一种原子吗？

在那个漫长而又潮湿的冬天，他们的研究工作一直在进行。307 室很快就因为各种试剂和化学反应变得臭气熏天，他们不得不打开窗户并在阳台上工作。在这里，世界尽收眼底，这三个 20 多岁的年轻人摆弄着也许是世上最神秘的物质。大部分工作是在夜间进行的，他们拿着放射性样品不断在放射实验室和吉尔曼楼之间来回奔波。现在就差最终确认 94 号元素是真实存在的了。

突破的到来很俗套。所有科学家都知道，在某些时刻，当其他人都离开了，就剩你独自一人在实验室的时候，最好的结果就会出现。1941 年 2 月 21 日的夜里[1]，一场猛烈的风暴重创了旧金山湾区。瓦尔依然还在实验室里，整个房间都回荡着风雨声，闪电时不时地照亮了屋外的瓢泼大雨。刚过午夜没一会儿，瓦尔的眼神越来越迷离，他完成了最后一次化学实验。化学家对于氧化值——某种原子在形成化合物时损失或得到了多少电子——非常着迷。他们刚刚证明这种新诞生的放射性粒子的氧化值比任何已知元素的氧化值都要高。它一定是 94 号元素。

站在回响着历史声音的吉尔曼楼里，我不由自主地想象着当时的情景：阳台的门突然打开，瓦尔癫狂地大笑着，身后雷声隆隆。这可能是科学史上唯一一次适合展现疯狂科学家魅力的时刻了。

要想制造一颗原子弹，你需要链式反应——一个原子炸裂释放出的能量不足以产生一次足够大的爆炸。这就要用到"可裂变"同位素了。这种同位素在遭到中子撞击时会释放出更多的中子，就像白球击中了台球球堆一样。这些中子会撞击其他原子，使它们发生爆炸，这又会释放出更多的中子，引发更多的爆炸，再释放出更多的中子，如此循环往复。如果你有足够多的裂变物质（达到临界质量），你就可以引发持续的核链反应。一个发生裂变的原子能弹起一小粒尘土，6 千克发生裂变的原子则能在瞬间夷平一座城市。

早在 1939 年年底，在阿尔伯特·爱因斯坦的请求下[2]，美国时任总统罗斯福成立了一个顾问委员会来商讨制造原子弹的可行性。制造原子弹所需的裂变物质最明显的选择是天然铀 -235。大多数天然铀矿中含的是铀 -238，但它们很容易开采，然后通过一种叫作气体扩散的过程进行浓缩，去除其中某些不需要的同位素以增加铀 -235 的浓度。

第二种选择是西博格认为疑似的 94 号元素。到 1941 年夏天，西博格团队最终突破了围绕在他们创造物周围的障碍。甚至在瓦尔最终的实验之前，这个团队就已经知道他们的创造物中至少有一种同位素是可裂变的。一张熟悉的面孔又加

---

① 307 室外的牌匾坚称发现完成于 2 月 23 日夜里。西博格一直说它是在暴风雨中完成的，这对我来说已经足够好了。

② 这封信实际上是利奥·西拉德写的，却是爱因斯坦签名和寄送的——如果阿尔伯特·爱因斯坦告诉你那是个好点子，你最好还是听他的。

入进来。在驳回了麦克米伦的发现之后，埃米利奥·塞格雷一直在和另外一个研究团队工作，他又新发现了一种元素——缺失的85号元素，它后来被命名为砹。劳伦斯让塞格雷和西博格合作，看94号元素是否可以用于制造原子弹。

西博格不是很开心。塞格雷是一个蹩脚的化学家，并且由于身为意大利人，他被划归为"敌国侨民"，不能知道事情的细节。这种情况让人发疯：西博格搜集化学物质并告诉塞格雷应该做什么，但又不能告诉他用的是什么物质，或者为什么要使用它们；但塞格雷却拥有西博格梦寐以求的社会关系。当他们要用到较大数量的铀来进行轰击实验时，塞格雷给恩里科·费米打了一个电话——费米已经在美国东海岸定居下来了。没过多久，5千克铀就被寄到了伯克利，一起送达的还有其前导师的赞许。有了这些铀，这对希望渺茫的双人组发现，在回旋加速器中轰击1.2千克的铀才能获得1微克（相当于一百万分之一克）93号元素，而它很快会衰变成94号元素。

现在他们手头上有了足够的94号元素，西博格和塞格雷很快查明它的一种同位素是可裂变的。他们估计其裂变速率是铀的1.7倍。94号元素不仅是制造原子弹的一种备选材料，而且就是最好的选择。

劳伦斯是顾问委员会的成员，他派西博格前去给阿瑟·康普顿解释他的发现。阿瑟·康普顿也是顾问委员会的成员，负责撰写原子弹可行性报告。康普顿听了他的讲述，但决定不向总统汇报西博格发现新元素的消息。1941年12月6号，顾问委员会举行了一次会议，决定使用铀-235来制造原子弹。

会议之后，康普顿和顾问委员会的两名成员去吃午饭，他提出了把94号元素作为铀的备选项的想法。他一直在跟劳伦斯以及其他科学家商讨，他们让康普顿相信伯克利的发现值得进一步研究。"西博格告诉我，"康普顿对同伴说道，"在（94号元素）形成之后的6个月内，他就可以用它来制造原子弹了。"

其中一位就餐者是哈佛大学校长詹姆斯·科南特。这位新英格兰人对该建议嗤之以鼻。"格伦·西博格是一个很有能力的年轻人，"科南特说道，"但他还不够优秀。"尽管如此，他们还是赞同假如美国真的卷入战争的话，把它作为原子弹的备选项是有用的。

24小时之后，日本袭击了珍珠港。

03
如何制造原子弹

　　1941 年夏天，当西博格飞越整个美国试图兜售他的新元素时，他正思念着一个人。在过去一年中，他经常会找各种站不住脚的理由去欧内斯特·劳伦斯的办公室，就是为了能跟他的秘书海伦·格里格斯说会儿话。年仅 24 岁的格里格斯俘获了西博格的心。她是一个孤儿，出生在爱荷华州苏福尔斯市一个未婚妈妈家庭，后来是她的养父母给她提供了良好的成长环境，并教给她杰出的职业道德。在养父去世后，她和养母搬到了西部的加利福尼亚州，为了支付她上专科学院以及后来上大学的学费，她在这里干过好几份工作。在读书的时候，她开始在放射实验室里做秘书；等 1939 年她毕业时，这成为她的全职工作。她最早的任务之一是劝说她的领导接受诺贝尔奖：劳伦斯当时正在参加一场网球比赛，和一年前的费米不同，他很享受让来自斯德哥尔摩的电话等上一会儿的乐趣。

　　作为劳伦斯的秘书，格里格斯已经知道了吉尔曼楼的秘密——正是她负责打印这个小组的报告。她也知道西博格和他的前女友分手了，因为在本该和女友外出约会的时候，他却总是在摆弄新元素。（"格里格斯把那看作我最在乎的东西，"西博格在自传中有些难为情地回忆道，"我觉得也是这样。"）

　　虽然如此，格里格斯却对这个身材高大、举止笨拙的化学家情有独钟。当西博格的朋友梅尔文·卡尔文告诉格里格斯他要去机场接西博格时，她同意坐上他那辆奥兹莫比尔敞篷车一起去。卡尔文知道西博格对她的迷恋，他特别体谅朋友的相思之苦，于是决定当一回月老。格里格斯也乐在其中。

　　奥兹莫比尔敞篷车算不上一款精致的车型；它的发动机盖几乎和驾驶室一样长，流畅的艺术装饰线条彰显出奢华的格调。坐了一夜飞机的西博格到达了奥克兰，他一眼就看见了坐在副驾驶座上的格里格斯，他的心开始怦怦狂跳。西博格接过方向盘——他给卡尔文的车买了保险，这样他需要用车时随时就可以开，把他的朋友送至伯克利，然后带着格里格斯去盛产葡萄酒的山区兜风。在穿过环绕旧金山湾区的群山之后，他们来到利弗莫尔一个炎热的、生活节奏缓慢的农业社区。在他们开车的时候，西博格滔滔不绝——终于有一个可以倾诉自己秘密工作的人了。他的新女友痴痴地听着。这两人天生就是一对。

珍珠港事件后，美国也加入了第二次世界大战，格里格斯很支持西博格。阿瑟·康普顿负责为原子弹计划提供 94 号元素，西博格先前承诺会交付所需的原材料，现在他倍感压力。"之前，我们总是不紧不慢地完成目标，"西博格回忆道，"现在我们必须得马不停蹄地工作。"1942 年年初，西博格接到了命令，康普顿想把所有科学家带到芝加哥大学新成立的冶金实验室去。西博格要去东部了。

在西博格得知他要前往芝加哥的那个晚上，他带着格里格斯去泰尼华夫饼店吃炸鸡，打算问她愿不愿意跟他一块儿去。西博格在她身边总是很腼腆，他很快丧失了勇气。两人回到格里格斯的公寓，西博格又试着表达他的愿望，但他又失败了。最终，他脱口而出："我坐在这儿努力在想该怎么开口让你嫁给我。"

格里格斯同意了。

这个消息让劳伦斯很惊讶（他俩的恋情是比钚元素更大的秘密），但他同意让格里格斯走。没过多久，谣言就传遍了整个放射实验室，说西博格是因为需要一个好秘书才求婚的。他们两人并不在意。1942 年 4 月，西博格在 30 岁生日那天抵达芝加哥。两个月后他回来接格里格斯。他们离开加利福尼亚，在穿过州界进入内华达州遇到的第一个小城停下来举办了一场"速成"婚礼，然后前往他们的新家。

几个月前，也就是 1942 年 3 月，这两种新元素的名字被确定下来。最初，他们使用代号以免引起别人注意。93 号元素用"银"表示，而 94 号元素则用"铜"代表。这个方法很管用，但当他们谈到真正的铜时就不行了，于是他们就把铜叫作"真铜"。但随着他们的发现变得广为人知，再叫它们"银"和"铜"就会造成误解。他们得想出用什么东西来替代它们。[①]

西博格和麦克米伦起草了一张名单。他们考虑使用"extremium"（意为"极限"）或者"ultimium"（意为"最终"）——毕竟，他们的发现肯定就是元素周

---

① 代号并没有就此停用。在曼哈顿计划期间，钚的裂变同位素钚 −239 被叫作"49"，取自 94 和 239 的最后一位数字。

期表的末尾了，不是吗？但他们最终从太阳系获得了灵感。当铀（uranium）在 1789 年被发现时，人们以天王星的名字（Uranus）为它命名。麦克米伦决定借鉴这个方法，以下一颗行星海王星的名字（Neptune）把 93 号元素命名为"镎"（neptunium）。西博格有样学样，以冥王星的名字（Pluto）把 94 号元素命名为"钚"（plutonium）①。西博格从来都不是一个古典学者，他根本想不到，这种很快就被用作核弹核芯的材料居然是以古罗马神话中冥界之神的名字命名的。

每个元素都由一到两个字母来代表——通常是它们名字的头两个字母。因而 Np 就代表镎（Ne 已经被用来代表氖）。钚本该用"Pl"来代表，但西博格对于臭烘烘的吉尔曼楼记忆犹新。于是他开了一个元素周期表上最臭的玩笑，用 Pu② 来代表钚。

身在芝加哥的西博格依然需要一种能够大量生产钚的方法。以目前的生产速度，他们得花上两万年的时间才能造出一颗原子弹；现实地说，他们需要生产出 10 亿倍这种地球上最稀有的物质。"10 亿是一个难以想象的数字，"西博格在自传中解释道，"如果你拿着一个直径为 1/8 英寸的球，然后把它的直径增加 10 亿倍，它的体积就会和月球相当。"更糟糕的是，他们还得确保它是可裂变的钚 −239；任何其他物质都会干扰链式反应并毁掉原子弹。

幸运的是，西博格手下有一名天才。在风城芝加哥加入他团队的人正是恩里科·费米。在芝加哥大学体育馆露天看台下方的一个壁球场中，"教皇"正在研制某种只有他那充满创意和热情的头脑才能想象出的东西。费米和他的助手在硬木地板上建造了一个石墨堆，他称之为一个"由黑砖和木头构成的简陋小堆"。通过将铀棒插入石墨堆中引起中子发生弹射，他希望制造出一种持续且可控的中子俘获反应，这样就能够以一种前所未有的速率生产裂变材料。

这就是第一台核反应堆。但费米的"芝加哥堆"却不能一直放在这里：没有人想在市中心的体育馆里放一个核反应堆。他们需要一个更安静、人更少的地方。

田纳西州就很完美。

★★★

---

① 天文学家在 2006 年决定把冥王星重新划归为"矮行星"，这让西博格选的这个名字失去了意义。
② 这两个字母的读音（pee-eew）有"小便""恶心"之意。——译者注

"你要去实验室吗？"咖啡师一边把我的拿铁咖啡推过来，一边笑着看着我，她的步伐就像咖啡中涌出的泡沫那般活力十足，而她浓重的南方口音听起来甜美悦耳。我笑了起来。

"你怎么看出来的？"我穿着我那件看上去显得最聪明的（皱皱巴巴的）炭灰色西装和一件松松垮垮的衬衣，这身装扮很适合田纳西州潮湿的气候。诺克斯维尔是一座位于主干道边上的寂静小城，位于该州遥远的东部地区。大雾山像一张起伏不平的绿色地毯绵延至雾气缭绕的远方，这块云山雾绕的土地上曾经诞生过狂野边疆之王戴维·克洛科特和狂野威士忌之夜国王杰克·丹尼尔。田纳西河冲刷形成了一条河谷，诺克斯维尔就坐落在又高又陡的岸边，假如没有太阳球——1982年世界博览会留下的一个安放在柱子上的巨型金球，和田纳西大学能够容纳10万名观众的尼兰德体育场，它就跟这片大陆上的任何一座小城没有两样。而现在，它主要以拥有一位美国职业摔跤联盟摔跤手出身的市长出名。我的身份可以是任何人，来这里要么为了该州的"三位一体"神，要么为了欣赏乡村音乐，要么为了观看美式橄榄球比赛。

这位咖啡师朝前探过身子，用手指敲了敲我正在看的书——《制造原子弹》。"这东西给了我提示。"她眨了眨眼睛。我有些难为情地把书收起来，抓起提神醒脑的饮料继续赶路。

这样的对话在75年前是不可能发生的。直到第二次世界大战爆发的时候，诺克斯维尔以西的地区依然还是树木葱茏的寂静山谷和农场。住在那里的几户人家很贫穷，一年就靠着100美元左右的钱过活。离开主干道后就见不到什么像样的公路，只有几条泥泞的小径。它唯一称得上富足的东西是电力：在20世纪30年代大萧条时期，美国政府出台了一系列计划试图改善当地的赤贫状况，其中就包括在这一区域建造大型水力发电站。

这里是建造秘密核基地的完美地点。它离高速公路和铁路很近，方便改善路况和运输物资，但同时也足够偏僻，能够避免侦察。并且家门口就有便利且充足的电力供应。最重要的是，这里的地形地貌意味着曼哈顿计划驻扎于此的不同部门可以有自己专属的山谷；假如核反应堆不慎爆炸，浓缩铀和分离钚的生产线不会全都消失，正如负责的将军所言："就像一串鞭炮一样。"

1942年年底，居住在斯卡伯勒、惠特以及克林奇河沿岸其他几个小村庄的村民发现自家门口贴上了驱逐令。他们有 6 个星期的时间——很多人给的时间更少——收拾好他们需要的东西然后离开。军队来到这里，占据了一条 27 千米长的山谷。在 9 个月的时间里，泥泞的路面和葱茏的森林被改造成了一个隐秘世界，到战争结束时，有 7.5 万人在这里工作和生活。他们中有世界上最著名的科学家，也有目不识丁的劳工，有操控重要机器的年轻女性，也有因没能参战而感到失意的哨所卫兵。新出现的众多人口甚至催生出了未来的快餐巨头：自助餐厅的副经理哈兰·山德士给自己改名为"上校"，并在日后成立了肯德基。

整个山谷变得一团糟——西博格称它为一个"没建好的电影片场"，里面全是粗糙不平的公路和活动板房。所有东西最后都被未经铺设的路面上的泥巴弄得脏兮兮的。但污泥之下却是从未有人目睹过的科学规模。世界上最大的单体建筑 K-25 气体扩散厂就位于其中一个山谷，其 15.2 万平方米的使用面积是用来浓缩铀的。另一个建筑是 Y-12 同位素分离器，它们是安装在轨道上来分离铀的同位素的巨型磁铁。此外，在一个看起来就像老旧钢铁厂的瓦楞铁建成的简陋建筑里是 X-10，这是费米最心爱的项目——可以解决西博格燃眉之急的反应堆。

占据山谷的这些建筑综合体被有意取了一个平淡无奇的名字：克林顿工程师工程。新的定居点也需要一个不会让间谍起疑心的名字。最终，大部队驻扎在橡树岭。

今天，这座神秘之城的心脏是美国橡树岭国家实验室，它是世界上最大的研究机构之一。一些地球上最尖端的科技便诞生于此，它的使命是研究清洁能源、极端材料以及一些雄心勃勃的研究项目——而这需要用到其他研究机构无法提供的先进设备。在其中一间实验室，研究小组使用三维立体打印机制作出了一个全尺寸的潜水艇外壳；在另一间实验室，研究人员正在使用高能光束来制造纳米级电路；第三间实验室管理运营着美国最大的碳纤维研究设备，和商业公司合作开发太空时代的技术。实验室最新的 Summit 超级计算机是世界上运算速度最快的计算机：它的体积相当于一个篮球场，所消耗的电力比距离最近的城市都要多，能够在 1 秒钟内轻松地完成大约 20 万万亿次运算。[①] 实验室最新的设备之一，同时

---

① 我很奇怪地得知我走进了世界上速度最快的计算机。操作人员很难不拿《战争游戏》之类的电影或者《孤岛危机》一类游戏开玩笑。我倒是问过如果不小心把它关掉的话会发生什么。"我们把它再打开就是了，它只是一台计算机而已。"这个回答听得我一脸迷惑。

也是世界上最先进的中子源，需要花费大约 15 亿美元。从费米的罗马走廊或者西博格臭烘烘的阁楼到现在，我们走过了很长一段路。

当我们乘车穿过基地时，我的向导——前实验室副主任詹姆斯·罗伯托说道："在过去三年中，我们向实验室投入了大约 45 亿美元的资金。"橡树岭有开阔的广场、平整的草地和现代化的建筑，比起研究型实验室，它更像一所大学。唯一真正的不同之处在于国家级别的安保，这里严禁饮酒，只允许在规定区域内抽烟。世界各地的科学家都可以使用这些设备，只要他们拥有良好的研究场地。"这个高墙之后的神秘之地变成了开放程度最高的科学实验室，"他一边说一边躲过路边的一群野生火鸡，"每年会有 3200 名客座研究员来这里跟我们一起工作……我们的使命是科学和安全，但我们也会增加价值。我们会每十年至少研究出一项价值 10 亿美元的创新技术。"

只有当你离开主城区并翻过山岭之后才能看清橡树岭的工业核心区。"战争结束之际，我们建造了克林顿堆，现在也被称为橡树岭 X - 10 石墨反应堆，"罗伯托解释道，"那可是世界上最好的中子源。（理论物理学家）尤金·维格纳曾经有一种设想：为什么不在它的旁边建造一座国家实验室呢？美国当时正计划建立商用核电工业，我们需要一个能够用来制造核燃料和分离化学物质的反应堆……在那个时候，我们制造出了碘 - 131、磷 - 32 和碳 - 14，因为没有其他人能制造出它们。今天我们依然可以生产其他人生产不了的同位素。"在战争结束的那一年，橡树岭已经开始向美国的各家医院输送放射性同位素了。这是辐射可以治病救人的用途。

我们停下车。一座小型核反应堆就在前面的树林里。"我们设计并建造了 13 座反应堆。我们要去的是第 13 座，它在 1965 年竣工。你今天看不到我们更换核燃料，但是……"

"等等，我们要去核电站吗？"

罗伯托咧嘴一笑，在前面给我引路："注意别打碎东西。"

★ ★ ★

X - 10，也就是克林顿堆，依然还在。今天它变成了一处历史地标和博物馆，在人身安全不受威胁的前提下，它给游客提供了一个可以走近反应堆外墙观看这里如何运转的机会。人们仍会经常检测这里是否还有辐射，它依然还很神秘，因而游客在进入建筑物内部之前被禁止拍照。但在 1943 年，没有人确定它能否运转。

反应堆的设计简单优雅。它是一块 7 米见方的巨型石墨——跟你铅笔中的东西一样，表面布满 1248 个小孔。它被放置在 2 米厚的水泥防护层后面，三个人乘坐一台升降机来到小孔处，然后用棍子将 15 厘米长的铀棒作为燃料塞进去（图 3）。铀释放出中子，石墨使它们降速，核反应堆就启动了。一旦铀棒用完，工作人员只需返回小孔处插入一根新的，用过的铀棒则通过斜槽被推进一个水箱。之后，放射性燃料元素将通过运输管道被转移至毗邻的一个建筑中，钚元素会在这里被提取出来。整个装置甚至具备安全防护措施：电磁铁将很多镉棒吸附在它上方。镉会吸收中子，因此，假如事情失控了，工作人员只需关闭电源，这些镉棒就会掉下去结束反应（费米称其为"急停"系统——假如核反应堆有熔毁之虞的话，那么你需要做的事情就是关闭电源）。

图 3　将铀棒插入橡树岭 X-10 石墨反应堆中

　　反应堆在 1943 年 11 月 4 日早些时候进入临界状态，第一批钚元素在 12 月中旬被制造出来。项目组还需要通过某种方法把钚 −239 从其他残渣中分离出来。

　　在芝加哥，西博格花了一年时间组建化学家团队来解决这个问题。可是说起来容易做起来难。大多数早期的元素领袖——劳伦斯、费米、阿贝尔森、塞格雷、麦克米伦正忙着研究自己的问题，他们参与的秘密研究如蜘蛛网般庞杂，网罗了物理学界名气最大的几位人物。三十出头的西博格还是一个无名之辈，他不得不劝说美国最好的科学家放弃他们的职业来研究某种他不能明说的东西。他在日记本上记载了自己的营销话术："无论你下半辈子做什么，对于世界的未来来说，没有什么东西会比你在这个项目中的研究工作更重要。"西博格最终招募来 50 位科学家。

　　斯坦利·G. 汤普森是首批加入的科学家之一，他是西博格认识时间最久也是关系最好的朋友。他们的生日只差一个月，两人一起在美国洛杉矶上高中，出于对科学共同的热爱结成了亲密的伙伴关系。汤普森之前是一个粗鲁莽撞的人，西博格回忆说："他会毫无征兆地把你扑倒，然后开始一场摔跤比赛。"但就化学来说，他跟他的同学比起来也算是天赋异禀——至少不比西博格差。他跟西博格一样也去了加利福尼亚大学洛杉矶分校。大学期间，在西博格的处境变得艰难时，汤普森很愿意去照顾他的朋友：当一贫如洗的西博格快要从大学辍学时，正是汤普森借给他钱继续学业。

　　汤普森当时正在美国标准石油公司上班，但西博格知道他正是钚项目需要的人才——他可是"化学家中的化学家"。在他的自传中，西博格讲述了他是如何用一封信很快把汤普森吸引到芝加哥的：

> 这里的工作极其重要，可能是这个国家的头号战争研究项目，而且，这一特点也会让它在战后变得非常重要，并会发展成为一个大产业……但我不能给你透露这项工作的性质，你也知道我过去工作的性质，你可以尽情去猜测。它是最有趣的一种研究工作，是我研究过的最有趣的问题。

　　在几个月的时间里，汤普森迅速成长为一名世界级的人才。他在石油化工领域的工作意味着他在放大反应方面具备其学术型同伴无法比拟的经验，而他的直觉、耐心和对细节的关注让他成为实验室里最优秀的实验家之一。西博格后来把他称为"我认识的最优秀的实验化学家"。这样的赞美之词可是来自一个认识绝大多数 20 世纪晚期杰出科学家的人。

另一个更加特立独行的新援相对陌生。海伦·西博格在秘书处的朋友威尔玛·贝尔特遇到一位名叫艾伯特·吉奥索的技术员,伯克利实验室曾经雇他搭建内部通话系统。两人结了婚,吉奥索留下来给实验室制造盖格计数器。这是一份乏味的工作,但由于学历不高,这是他唯一能找到的工作。吉奥索身形奇特,比西博格矮了整整一头,头发上涂着厚厚的发蜡,戴着一副深色边框的眼镜,白色衬衫的上方口袋里总是插着一根钢笔。他在距离伯克利不远的阿拉米达市的一家农场长大,父亲在禁酒令期间偷偷卖酒。由于生活在奥克兰机场飞行航线的下方,年轻的吉奥索对飞机和无线电十分感兴趣。他不断地修修补补,等他上大学的时候,他制作的无线电收发器可以让他与 4000 千米之外的俄亥俄州的人聊天。这已经远远超过了当年 5 米波段的世界纪录;但是,吉奥索这样做是不合法的(他懒得去申请无线电牌照),因此也就没能因打破世界纪录而获奖。

到 1942 年 6 月,由于美国开始调动更多的人,吉奥索担心他会被征召进正规军里,因此决定申请在美国海军服役。由于没有推荐人,威尔玛建议他给西博格写信(吉奥索几乎不认识这个人),让他帮忙写封推荐信。信寄到芝加哥,西博格和海伦一起读了这封信。海伦意识到吉奥索完全具备她丈夫需要的那种疯狂的技术头脑,于是便看着西博格说:"你得雇这个人。"西博格的回信既包含了一封推荐信,也有一份工作邀请,吉奥索选择了后者。这两位太太携手打造了历史上最成功的研究组合之一。和汤普森不同,吉奥索并没有因获得芝加哥的工作机会而手舞足蹈,他只是在西博格保证不让他再做盖格计数器之后才签名加入。

吉奥索有种顽固、不愿墨守成规的倾向,总是喜欢反其道而行之。就发表的论文来说,吉奥索是西博格团队中资质最低的人——在整个职业生涯中,他一直拒绝比电气工程学士更高的学位。他从来没有买过电视(他认为电视会损害他的大脑),总是在随手找到的东西上胡写乱画,并且在表达激进慷慨的观点时没有丝毫犹豫。他还是一个富有同情心和爱心的人。当他的同事迈克·尼奇克因为艾滋病奄奄一息时,是吉奥索在身体、精神以及经济方面照顾他,并且以迈克的名义成立了一个纪念基金。伯克利重元素研究小组前高级研究员肯·格雷戈里奇称其为"一个奇怪的人……有时候会显得过于热情……他是一个发明家,而不是工程师。工程师是一种真正的职业，而发明家不是。他会思考他掌握的事物原理，然后说'它也应该符合这种原理'，接着他就会去测试一番"。另一名伯克利校友道恩·肖内西对他那种不拘一格的实验室工作风格记忆犹新："你会听到吉奥索打破了靶材却没有告诉任何人的故事。人们走进实验室问：'天上那团云是什么？'吉奥索则回答道：'哦，那东西有辐射，只要别把它吸进肚子里你就没事的……'"

西博格在芝加哥新组建的团队面临的第一项任务是找到能尽可能多地生产钚-239的方法。这就意味着他们进入一个被称为超微化学的全新领域，用到的仪器也是独有的。他们用头发丝那样细的石英纤维来称重。纤维弯曲的程度会告诉你样品的质量。西博格称之为"用一台看不见的天平来称看不见的东西"。1942年12月，当费米在露天看台下面摆弄石墨堆时，斯坦利·汤普森偶然发现了一个更高效的提取钚元素的方法（使用磷酸铋）。他们手头上剩余的数量以及失败的后果，意味着这个团队不能再浪费一丝一毫的材料。

即便如此，意外还是接连不断。化学家们不得不躲在一堵铅块砌成的墙后面，利用一面精心放置的镜子引导手部动作来完成分离工作，以避免受到致命的辐射。某天夜里，一块铅砖掉在了烧杯上，让全世界四分之一的钚-239浸泡在了周日版的《芝加哥论坛报》上。幸运的是，一个小小的化学实验发挥了大作用：研究团队把报纸溶解于强酸中，从而回收了所有的钚-239。

实验室的整体安全是另一项挑战。尽管钚只释放 α 粒子（这种粒子只需一张薄纸就可以挡住），但假如它进入人体，就将沉积在骨骼中，形成一个永久性的内部辐射源，缓慢而又悄无声息地把人杀死。某天夜里，一名员工没戴手套就去抓一支试管，他握得太紧了，结果试管在他手中碎了。西博格从这个同事的手上收集到 1 毫克钚——重量相当于一片雪花。这个剂量足以让这位员工不得不在吃饭或喝水时戴上手套，直到辐射度数消退。

疲劳也很危险。科学家们每周工作 6 天，通常从白天开始干到深夜。西博格一到晚上就焦虑不安，压力和神经衰弱最终引起高烧，他不得不住进医院。为了改善糟糕的心理健康状态，这位小组长开始使劲锻炼，很快就迷上了攀登陡峭的山崖和爬楼梯。他的焦虑感消退了。

在芝加哥，费米证明持续的原子链式反应是完全有可能实现的，而西博格团队则找到了分离钚的方法。这两种新发现在橡树岭被融合在一起。1944 年，是时候扩大生产了。很明显，汤普森是监督化学生产的最佳人选，他被派往华盛顿州的汉福德，那里有一座占地 1550 平方千米的工厂，它深深地隐藏在西北地区临近太平洋的荒野中，汤普森此去就是监督第一条全尺寸钚生产线上的化学部门。人造元素即将进入工业化量产阶段。

★ ★ ★

罗伯托和我来到橡树岭高通量同位素反应堆的控制室。从窗户往外望去，我们可以看见一个水池，一抹奇异的蓝光从水里冒出来。水面以下 5 米深的地方就是核反应堆的顶部。这道光是切连科夫辐射——由穿过水的带电粒子产生，表明燃料元素即将耗尽。蓝光越亮，你就得越快更换燃料。"那个已经用了一个月了，"反应堆研究部的前副部长凯文·史密斯说，"我们准备把它关掉。"

他的意思不是要关闭整个反应堆——高通量同位素反应堆可以持续运行几十年之久，他指的是更换堆芯。高通量同位素反应堆不是通过三个人坐上电梯把燃料塞进小孔来更换燃料的，而是通过压缩缸放下去的。水的作用非常重要，它可以给反应堆降温，也能使中子放慢速度。整个水箱每分钟可以排出约 25.7 万升水，水面以 15 米每秒的速度下降。与石墨不同的是，它的燃料被铍包裹着——铍是一种优良的中子反射器。"因此，中子将发生反射，被直接弹回到堆芯，"史密斯说道，"这就相当于一个通量阱，中子将掉进去。"

这是有意为之的。虽然大多数核电站主要关注能量，但这里的目标是生产中子。（即便如此，高通量同位素反应堆也能生产出 85 兆瓦的电力，理论上足够一座十万人口规模的城市使用。）它是世界上两台专门生产排在铀后面的两种元素的设备之一，尽管铀后面的元素一直排到了第 100 号。另一台则是位于俄罗斯季米特洛夫格勒的原子反应堆研究所。

人们对钚的需求还跟第二次世界大战时一样多，尽管今天完全是出于和平的目的。"我们为美国国家航空航天局生产钚 -238，"史密斯说道，"在任何太阳照射不到的地方，你都可以用它来发电。如果你去了外太空，并且远离太阳，你其他什么东西也不需要带。"

"它现在已经用在探测器上了吗？"

"是的，'旅行者'号就是用钚来提供电能的，"罗伯托补充说，"'好奇'号火星车也一样。"

这个反应堆值得自豪的产物远不止这些。其产品被用来提高太阳能电池、计算机硬盘驱动以及高级医药的安全性和有效性。实验室之前的反应堆甚至还在历史中扮演过神秘无声的角色。1963 年，人们用橡树岭反应堆（高通量同位素反应堆的前身）生产的中子来轰击铅块和枪击残留物，铅块来自一处谋杀现场找到的子弹，而枪击残留物则粘有杀人嫌犯手部和脸部涂抹的石蜡。科学家利用这些中子确认子弹和枪击残留物全都来自同一个武器，从而认定李·哈维·奥斯瓦尔德就是刺杀美国前总统约翰·F. 肯尼迪的凶手。

能这么近距离地接触一台反应堆的感觉简直太棒了。整个装置看起来就像工业电影的片场——数不清的检测器、仪表盘、测量仪和未作标记的按钮，一按它们就会发光。最神奇的或许是这原本只是某个人的毕业设计。在 20 世纪 50 年代，人们是不可能从大学获得核工程学位的，因此人们就地开办了一所学校以培养核工程师。在没有计算机的帮助下，一位名叫迪克·切维顿的学生带领团队设计出这台再也没有人能改进的设备。切维顿如今已经 90 多岁了，依然还在橡树岭的教科书上。给他的奖励是一张文凭，宣布他为"反应堆工程博士"。

我们走向控制室里竖着的一个圆筒（要装入反应堆的那种圆筒）。它约半米长，内部有 3 个环形物体，看上去就像靶心。外层和中层是 540 块金属板，它们呈弯曲状，以保持恒定宽度让冷却剂顺利流过。从顶部看，它有点儿像喷气式发动机。你将靶棒插在中间，所有的中子都会朝它们聚拢。史密斯走上前拿起一根看上去像铝制标枪的东西——"兔子"，这是研究组对它的爱称。"你打开盖子，然后把 7 根靶棒放在这里。"

他把靶棒递给我。它其实就是一根用来装靶丸的中空管子。接着它会在反应堆里待上几个周期（每个周期大约 24 天），直到这些小球变成其他某种东西。这玩意儿轻得让人不敢相信，我甚至可以把它放在我的……只听哗啦一声。

罗伯托笑道："你把它摔断了。"

史密斯叹了口气："这种事情经常发生。我去找个操作员把它接在一起。"

"希望它不是很贵。"我不好意思地嘀咕着。

史密斯又叹了口气："这些小玩意儿大概 1 万美元吧，好像就是这个数。"

是时候赶紧离开了。我的下一站在山上，化学家们在那里分离反应堆的产物，使用的方法跟 70 年前汤普森开创的方法类似。他们不仅仅只生产钚。到 1943 年 12 月，随着芝加哥的工作进度逐渐放缓，西博格的思绪从曼哈顿计划又飘回到发现元素上面。在钚被发现之后的两年半时间里，它的产量从几个原子增加到足够实验室使用。如果将钚放入回旋加速器并轰击它会发生什么？会不会有一个中子被俘获然后变成一个质子呢？会不会有 95 号元素，甚至 96 号元素呢？西博格成立了一个小组去寻找答案。

这些问题的答案会让人们对元素周期表重新排序。

04

超人大战联邦调查局

1945 年 4 月，美国联邦调查局造访了 DC 漫画公司在纽约的办公室。他们客气但又不容拒绝地要求见见出版人哈里·多南菲尔德。事情跟这家公司最受欢迎的系列漫画有关，联邦调查局人员要求漫画公司立即撤回最新的漫画故事。多南菲尔德叫来编辑杰克·希夫，他是这部作品故事情节的负责人。

联邦调查局的特工们问希夫，为什么超人要泄露国家机密？

在最新一期漫画《科学和超人》中，这位来自氪星的英雄同意为科学家在粒子加速器中接受几次实验。"不，超人！等等！即使是你，也不能这么做！"他穿着实验室大褂的助手警告道。用"电压为 300 万伏，速度为每小时 1 亿英里的电子"去轰击一个人，这个想法把他吓得够呛。说这台设备以及这些数字是一种巧合根本不会有人相信。但幸运的是，联邦调查局很快发现没有人是间谍：漫画作者阿尔文·施瓦茨只是借鉴了 1935 年某一期《大众机械》上提到的"原子粉碎机"的概念。[①] 这篇文章介绍了欧内斯特·劳伦斯制造的一台回旋加速器。

粒子加速器基本上就是一把巨型手枪。但它发射的不是子弹，而是朝着装有大量电极的真空管发射带电粒子。在恰当的时机改变电极的极性，研究人员可以推动和拉动真空管中的粒子，使它们的速度越来越快。这种"胡萝卜加大棒"的方法跟电视机或者 X 光机的工作原理一样。

第一批粒子加速器是"直线加速器"，它们沿着一条直线发射粒子。问题是，为了让带电粒子能够达到所需的速度（所需的能量）去冲破原子核的库仑势垒，

[①] 这件事存在着多个版本。尽管人们对于该系列漫画为何会被砍掉、替换，或者遭到某种干预依然心存疑惑，但我还是以希夫的话为依据。1948 年 4 月，美国《哈泼氏》杂志发表了当时的一份秘密备忘录，该备忘录坚称这部系列漫画并无恶意，并且"将在很大程度上打消很多人对于这台仪器的念头"。

加速器的长度必须超过 100 米。绝大多数实验室根本放不下这么大的设备。

　　劳伦斯的发明出现了。回旋加速器以螺旋状发射粒子，它们从中心出发，旋转着从两块巨大的半圆形电极中飞出——这两块电极也被称为 "dees"（因为它们形似字母 D）。整台设备看起来像是一节放在巨型磁铁下面的超大号锌电池，磁铁产生的洛伦兹力能使粒子沿着螺旋形轨道运动。每完成一圈，粒子的速度就会增加，最后它将嗖的一声飞出机器。

　　直线加速器和回旋加速器都被用来寻找元素。一旦离子（失去电子，因而只含电荷的原子）的速度提高，它们将沿着一条"束流线"冲向研究人员想要轰击的任何靶材。研究组要做的就是坐下来等待，并祈祷能有一个好结果。

　　回旋加速器环形的设计使它比直线加速器体积更小。劳伦斯的第一台加速器只有他手掌那么大，是用铜管、电线、一台真空泵、封蜡和一把厨房里的椅子做成的：所有东西只花了 25 美元。到 1932 年，他建造了一台直径只有 69 厘米的装置，它能够把粒子的能量提高到 480 万电子伏特。这其实算不上太多——裂变产生的中子的能量是 200 万电子伏特，不过就原子这个层级来说，它已经完全够用了。劳伦斯的突破意味着人们不再需要足球场那么长的粒子加速器了。

　　但并不是所有人都对它印象深刻：你依然得去撞击原子核，那可是一种小到无法想象的东西。"你看，"阿尔伯特·爱因斯坦在 1934 年不屑地说，"这就像在一个只有几只鸟儿的国家黑灯瞎火地打鸟。"爱因斯坦说的没错。但即便黑灯瞎火，如果你不断地射击足够长的时间，最终还是会打中一些东西的。之前就有人击中过原子核——回旋加速器给人们提供了一把高效的超级机关枪以及无限量的子弹。后来的元素创造人之一马克·斯托耶在给学校里的孩子们解释这件事情时，让孩子们站在教室的两头，然后互相朝另一头的同学嘴里扔棉花糖。绝大部分时间他们根本扔不进去，有的时候棉花糖会碰到鼻子或者耳朵。但有时候（极为偶然地）他们会幸运地把它扔进对方嘴中。"现在，"斯托耶最后说道，"想象一下你们在 1 秒钟内扔 60 亿包棉花糖，连续扔 3 个月，并且每包装着 1000 颗棉花糖。有时候科学也很麻烦。"

　　劳伦斯造的回旋加速器越来越大。当他因为这项发明获得诺贝尔奖的时候（这搅扰了他的网球比赛，还让他的秘书很不开心），他制造的最新回旋加速器有 1.5 米宽，它的磁铁非常大，伯克利放射实验室全体员工（46 个人）甚至能坐在它上面拍摄一张合影（图 4）。世界其他地区也存在着回旋加速器：詹姆斯·查德威克在英国利物浦制造了一台，德国、苏联和日本各有一台。它不再属于国家机密了。

图 4　欧内斯特·劳伦斯（第一排左 4）及其团队坐在这台 1.5 米宽的回旋加速器的磁铁上，1939 年。其中有菲尔·阿贝尔森、路易斯·阿尔瓦雷茨、埃德温·麦克米伦、罗伯特·奥本海默

我们再回到本章开头说到的超人漫画上面。希夫原本拒绝了联邦调查局的要求，却被出版商驳回，出版商还找来一名代笔作家对漫画做了改动。这样一个故事情节很快夭折了：超人在与回旋加速器的交锋中幸存下来（"从来没有感觉这么好过！"）。这本漫画被悄无声息地改成了更地道的美国故事：有着钢铁之躯的超人单手参加棒球比赛。正如《新闻周刊》在战后评论的那样："超人能够承受（回旋

加速器的轰击），而且他真的做到了。但他却承受不了书刊检查局。"①

在超人克拉克·肯特所谓的间谍活动被曝光的前一年，西博格亲手组建的"元素猎人"团队已经开始尝试使用回旋加速器来制造 95 号元素了。他们在很多地点（包括伯克利、圣路易斯和橡树岭）使用氘核和中子来轰击钚 –239，希望能诱发中子俘获，结果都不理想。或许是检测方法有问题？吉奥索需要想出一种全新的仪器来检测新元素的踪迹。

1944 年 7 月，当盟军在诺曼底登陆时，格伦·西博格终于想到一个主意。假如化学性质都是错的呢？

★ ★ ★

橡树岭的夏季炎热难耐。然而，橡树岭放射化学工程开发中心的热实验室却异常凉爽。"热实验室"中的"热"字指的是实验室里面致命的辐射量。幸运的是，橡树岭团队在 50 年的时间里从未出现过纰漏。"你也注意到了，随着我们逐步深入，房门也变得越来越不容易打开了。"我的向导之一、核工程师朱莉·埃佐德说道，"这里的墙体是 54 英寸厚的混凝土，每扇窗户都装着 3 层含铅玻璃，厚度在 3 到 8 英寸不等，每层玻璃中间装的是矿物油。即便如此，这些矿物油每过 5 到 10 年就需要更换一次。辐射会让它变质。"

埃佐德的身边是露丝·波尔，两人都继承了西博格提取新形成的元素的遗志。埃佐德 26 岁，是橡树岭的一名老员工，她最初研究的是碘元素，铀裂变最常见的产物之一。你的甲状腺中也含有碘，这就是人们在接触核辐射之后会用碘化钾来治疗的原因——你可不想让具有放射性的碘在你的脖子里面安家。波尔最初是一家医院的医疗技术人员，之后回到大学专门研究药用同位素，随后便来到了橡树岭。来橡树岭热实验室的途径看起来不止一条，可一旦到了这里，没有几个人会选择离开。

我乘车从高通量同位素反应堆来到热实验室。反应堆新生成的元素通过"Q 球"被提取上来。Q 球是一个漆成白色的巨型屏蔽容器，通常悬浮在卸料池的水

---

① 这并非 DC 漫画公司与联邦调查局的最后一次交锋。1983 年，它又追加了一个新的反派 Cyclotron，意为回旋加速器。如果这还不足以表明其拒绝联邦调查局的态度的话，DC 漫画公司还引入了 Cyclotron 的孙子 Nuklon——他后来被重新命名为"原子粉碎者"。

中。当裂变产物就绪时，Q 球会被装上一辆拖车带到山上。很难有什么东西能从这个 25 吨重的防护型金属罐中逃脱。

我被带到了热实验室内部深处。转过一个弯，我们突然来到一段长长的走廊，一排化学技术员正凝神地盯着墙上那些墨黑色的油腻盒子。他们的手紧握着巨大的金属操纵杆，这些金属杆的末端消失于屋顶。这些操纵杆通过柔韧的金属带控制的操纵器，在这儿通过一个金属钩爪跟盒子连接起来，操作人员因而可以操控封闭在内部的实验。观看这个过程很容易打瞌睡：这就像把电影《异形 2》中动力装载机的蛮力跟《少数派报告》中汤姆·克鲁斯优雅地轻弹手指结合了起来。工作人员甚至连眼睛都不眨一下，抖动手腕，轻点拇指，金属钩爪就会抓取他们需要的任何东西。

热实验室的操作员每 12 小时轮一次岗，每天工作 24 小时。首先，铝会被一个矩阵拦住并被清理掉。"铝溶解在碱液中，而靶材会生成一种氢氧化物，"波尔解释道，"那是固体。你把它过滤出来并收集在一起。"埃佐德的眼睛闪闪发光，说道："它是纯粹的化学物质，只是带点儿辐射而已。"

我走上前，站在一名操作员身后看着。他身材魁梧，穿着一件宽大的 T 恤，戴着一顶棒球帽，一身卡车司机的范儿。他观察内部情况的方式已经够让人惊讶了，更不用说还能区分清楚各种各样的铅、管道、按钮和电线应该在什么位置。"它有点儿像意大利面。"我出神地盯着他头顶上方的旋涡喃喃自语道。

"是啊，"这位名叫波特·贝利的操作员慢吞吞地说道，带着浓浓的田纳西口音，"有时候会很难，但我们有图表和流程图。"他又抖动手腕点击了一下，玻璃幕墙另一侧的机械臂就不再动了。即使铝被清理干净，整个过程也没有完成，你依然需要把铀、钚以及其他东西分离出来。这就意味着你得把所有剩下的固体残渣清理出来投进酸液中，新制造的元素会在酸液中析出。"我们刚刚溶解了 32 种钚靶，"贝利边说边抖动手腕点击着，"我们会让它在酸液中待上 24 小时。"

从此刻开始，没有东西会被浪费。即便它不是你想要的元素，但一小粒就足够买下我的房子。"我们已经能够从热核室中提取质量为纳克级（相当于一百万分之一毫克）的原料，"埃佐德说道，"他们（热实验室的工作人员）会变魔术。这是科学与艺术的结合。"

过程并非完美。有时候玻璃小瓶会滑落，有时候缆绳会断裂，有时候某种元素在地球上的所有原子会毁于热核室底部一摊放射性水渍中。"你得把眼睛睁得大大的，"贝利坦承，"有时候你手中可是价值几百万美元的东西，这取决于你当时研究的是什么。给这样的材料估价很难。"好消息是你可以关闭热核室恢复所有的材料，坏消息是你不得不从头开始整个提取流程。对于更不稳定的同位素，也就是那些半衰期只有几天的同位素，这就意味着它们永远消失了。

我们走了出去，留下贝利专心工作。我们穿过一扇扇越来越窄的门，在一台带着厚厚的金属格栅的机器前停了下来，接着把手放进去以确保我们没有辐射。旁边安装着一台嘎吱作响的盖格计数器，显示我们没有辐射。随后我们来到一间不那么危险的实验室，里面满是手套箱、白色的实验室大褂和一股轻微的刺激性气味。这间实验室也有机器加工车间，随时准备把新元素卷成金属丝。药用同位素在这里生产完成后，便会运往全美各家医院用于诊疗癌症。波尔把她在这一流程中扮演的角色称为"原子洗碗工"，就是提纯材料。她只是自谦罢了，她的工作每一刻都在直接拯救生命。

我们在一台通风柜橱前停了下来，它的底部有特氟龙涂层，每当发生溢出时就可以弥补损失。除了一瓶半满的塑料瓶之外，这里并没有太多的东西。"我们现在拥有世界上三分之二的钍 −229。"波尔继续往前走，随口说道。

"就在橡树岭？"

"哦，不是的。就在这里，在那个瓶子里。世界上三分之二的钍 −229 就在你面前。"

★ ★ ★

钍是一种奇特的元素。它是以北欧神话中雷神的名字命名的（这碰巧让它成为元素周期表上唯一的漫画人物），它的元素编号是 90，在周期表上的位置要比铀更靠前，位于锕和镤之间。今天，它作为一种可能对环境更友好的核燃料而被人们不断研究。如果观察元素周期表，你会发现它所在的那一排元素位于镧系元素下方，远离其他元素。这就是格伦·西博格在 1944 年夏天完成的伟大创新。

元素周期表是依据规则制定的：你观察一列元素，这列元素应具有相近的性质。这是由它们携带的电子数决定的。正如之前提到的那样，化学性质归根结底与电子的外层和试图填满它们的元素有关。当你看到镧系元素时，你会发现它们的外层非常复杂，即便在电子不断增加的情况下，它们发生反应的方式都基本一样。这就是科学界认为它们太过怪异而将它们安排在周期表底部自成一排，而没有将它们放在主表中的原因。

直到那时，锕、钍、镤和铀都在元素周期表的主表中，位于被称为过渡金属区域的底部。这样安排是有道理的：它们的性质和其他元素很相似。但镎和钚则不然。西博格想到，假如还有另外一组性质跟稀土很像的元素会怎么样呢？这将意味着他们用来尝试分离 95 号元素的所有实验是行不通的，因为它们不会发生化学反应，也不符合之前假设的规则。研究小组意识到他们原本可以在实验中制造出这种元素，但是，因为他们一直以来都在按照错误的方式研究，所以才没找到它。

到现在，中子俘获已经不够了，相反，西博格团队尝试让元素相互撞击从而产生聚变反应（两个原子核聚合在一起生成更大的东西），这些元素的能量足以突破库仑势垒，却不足以引发裂变反应。1944 年 7 月 8 日，伯克利 60 英寸的回旋加速器朝着钚靶发射氦离子（2 个质子，2 个中子）。样品一送到芝加哥，西博格和他的三名助手——吉奥索以及名为拉尔夫·詹姆斯和莱昂·汤姆·摩根的两位化学家，就开始根据新理论来提纯样品，他们利用化学反应分离出那些性质类似稀土，而非他们原以为的过渡金属的元素。很快他们就检测到了奇怪的读数：α 粒子出现在前所未有的范围中。很明显，他们研究的不是过渡金属，而是一组新元素——就跟镧系元素一样，这组新元素以锕开始。[①]

发现新元素的狂热占据了人心。那是一个复杂的、跨学科的科学世界；它是人们在芝加哥那个炎热的夏天每周工作 80 小时，连续工作数周之后得到的成果。没过多久，他们找到了钚 −238 存在的证据。他们又往前回溯，给它"脑补"了一个 α 粒子，让它成为原子量为 242 的 96 号元素。不久之后，这个团队以镧系元素的化学性质为指南又发现了 95 号元素。西博格的锕系元素是真实存在的。

化学家们很快就明白发生了什么，而工匠出身的吉奥索对它的反应则稍显迟钝。"（报告中）写着'由艾伯特·吉奥索观察并理解'，"他在 25 年后庆祝该发现

---

① 严格来说，镧系元素和锕系元素也属于过渡金属，但把它们看作两种不同实体更容易理解一些。目前，关于哪对镧系元素和锕系元素（如果有的话）属于元素周期表主表还存在很大的争议，一个国际化学家团队正试图解决这个问题。

的一次座谈会上说道，"我确定我观察到了它，但我不确定我是否真正理解了它。"

并非只有吉奥索一人如此。锕系元素的出现改变了化学家对于元素周期表的认知，从此以后它引起了永不休止的争论。比如在 1955 年，西博格根据他掌握的锕系元素的知识预测了 95 号元素的哪些电子将会跟氯形成部分共价键。这虽然听上去很专业，但它对理解如何回收和复原反应堆中作废的核燃料棒非常重要。事实证明西博格是正确的——但直到 2017 年科学家们才证明这一点。

吉奥索参与的另一个实验室项目则有更加戏剧性的效果，即便当时没人注意到它。某一天，吉奥索在摆弄钚时，用检测器来寻找裂变的证据——原子破裂时出现的"蹬腿"现象。"蹬腿"现象很快出现了，每 15 分钟一次，就跟钟表一样准时。吉奥索连忙告诉实验室里的所有人自发裂变的证据！他记录同位素在分裂时的声音来检测它们。

"接着我偶然注意到一件奇怪的事情，"吉奥索后来在《超铀人》这本书中写道，"你知道，那些东西就像火车一样。"科学充满了不确定的杂音和惊喜，而他那准时的每 15 分钟一次的裂变有点过于规律了。在检查完设备之后，吉奥索意识到样品发出的带正电的 α 辐射正在给他设备中的一块金属板充电。这块金属板只是在释放电流，因而产生了一个虚假的读数。"我闹了一个大笑话。可能正是从那以后我就开始讨厌自发裂变了。"

这只是一个不起眼的时刻，大多数人很快就把它忘记了。但它却在吉奥索的心中留下了一个疑问：当人们认定发现了一种新元素时，自发裂变有多可靠呢？正是这种担忧最终引起了整个原子世界的分裂。

★★★

1945 年 8 月，两枚原子弹落在了日本。它们造成了令人震惊的死亡人数以及难以估算的损失，为人类历史上最血腥的冲突画上了句号。科学家能做的只有将原子弹带来的恐惧抛诸脑后，继续工作。

尽管 95 号和 96 号这两种新元素都不具备任何军事方面的用途，但由于它们是利用钚制造的，这就意味着它们依然还要被当作秘密。而且离析它们就像一个难以捕捉的噩梦，以至于摩根想把它们命名为"混乱"（pandemonium）和"疯癫"（delirium）。但到 1945 年年底时，这个团队已经满怀信心地准备公布他们的发现了。锔和镅已经不再是秘密，西博格决定在美国化学协会的全国会议上宣布这一发现。（在长崎遭到钚弹轰炸后，它们怎么还能算是秘密呢？）在这次会议上，这位年仅 33 岁的伟大元素魔术师计划当着化学家同行们的面公布他给世界带来的最新戏法。

然而天不遂人愿。1945 年 11 月 11 日，也就是阵亡将士纪念日那一天，西博格受邀参加《儿童智力大测验》。这是一档非常受欢迎的周日夜间广播节目，那些高智商的孩子在这个积极向上的美国节目中努力为自己赢得 100 美元奖学金。考题包罗万象，从单词拼写到自然知识，从科学到文化。当这些早熟的天才们说出答案时，观众会报以夸张的赞誉之声，像是"太了不起了"或者"天啦"。一般来说，节目组会邀请一位喜剧明星作为特邀嘉宾，但这次制作人想邀请一位可以谈论核能这种新鲜刺激的事物的人。西博格愉快地同意了。

叮咚！您现在收看的是《儿童智力大测验》：5 位优秀的小朋友已经做好了智力大比拼的准备！

当开场音乐响起的时候，西博格端坐一旁。一排排课桌后面坐着国家的未来——他努力去保护的孩子们。他左手边是希拉，只有 5 岁，希拉旁边年纪更大一点儿的是鲍勃。这位身形魁梧的瑞典裔美国人坐在教室边上，显得颇为滑稽。

由于西博格是嘉宾，孩子们要问他一些问题。一开始，这些问题还相对比较简单。没过多久，正当问答环节结束之际，一个名叫理查德·威廉姆斯的孩子问了个问题，西博格被打了个措手不及。

"哦，我还有一个问题，"威廉姆斯天真地问道，"还有没有其他新发现的元素，像钚和镎那样的？"

西博格本可以糊弄过去。五年来，他一直保守着这个世界上最大的秘密。他本可以对 95 号和 96 号元素再多保持几天沉默，也本可以给出其他答案。全世界的研究团队都在制造放射性元素，填补元素周期表上已知的空白。他本可以讲一下法国物理学家玛格丽特·佩里在战争爆发不久后发现钫的故事，或者说一说埃米利奥·塞格雷的锝和砹。橡树岭的科学家们甚至还发现了元素周期表缺失的最后一部分，即 61 号元素，他们称之为钷，尽管还得再过两年它才会被公布。填字游戏般的元素周期表没有空白了——只剩下西博格要去探索的那条边。

　　但这位化学家无法抗拒这个炫耀的好机会。"噢，是的，孩子，"他回答道，笑得合不拢嘴，"最近我们发现了两种新元素——原子序数分别是 95 号和 96 号的元素，就在芝加哥的冶金实验室。所以现在你可以告诉你的老师把教科书上的 92 种元素改成 96 种元素了。"

　　这是唯一一次在智力测验节目中宣布发现新元素的消息。

05
加利福尼亚大学伯克利分校

　　1946 年，参与曼哈顿计划的科学家们重新回归普通人的生活。其中一些人，比如恩里科·费米，留在芝加哥成立了美国阿贡国家实验室；一些人去了东海岸，另一些人去了西海岸，还有一些人再也没有回来。1945 年 9 月，一起钚核事故致使一位名叫哈里·达利安的前途远大的科学家丧生。几个月之后，同样的钚核再次让人殒命。路易斯·斯洛廷，也就是在麦克唐纳农场的卧室里组装"瘦子"的那个人，一直在洛斯阿拉莫斯国家实验室摆弄这个所谓的"恶魔的核心"。原子弹就是在这间实验室里设计的。斯洛廷的工作被他的同事称为"给睡龙的尾巴挠痒痒"。他要把两半钚核放在一起，同时用一把螺丝刀把它们隔开以免发生链式裂变反应，防护措施仅仅是穿着牛仔裤和靴子。由于缺乏健康和安全方面的培训视频，这把螺丝刀滑落了。斯洛廷周围的空气发生了电离，他被一股蓝色的闪光吞没了，在忍受痛苦 9 天之后不幸去世。新元素可不是玩具，它们是打开改变整个世界的潘多拉魔盒的钥匙。

　　伯克利的大多数研究人员，包括路易斯·阿尔瓦雷茨、埃德温·麦克米伦、埃米利奥·塞格雷和格伦·西博格，选择了回家。在他们离开的日子里，旧金山湾区也慢慢发生着改变。新联邦监狱逐渐变得破败，在一次被称为"恶魔岛战役"的越狱未遂事件后，牢房被手榴弹和炮火严重地损毁了；在稍远一些的地方，金门大桥的基座处，海浪把一个未引爆的日本鱼雷冲上了岸。生活不会一成不变。

　　那批回家的人彼时也就 30 岁左右的样子，他们也变了：就纯粹的经验来说，他们已经远远超过了全职教授。"可以这么说，我们去的时候还是毛头小子，回来的时候都变成了大人。"阿尔瓦雷茨在他的自传《阿尔瓦雷茨：一个物理学家的冒险》中写道。劳伦斯让他们选择去做任何感兴趣的工作。"欧内斯特，"阿尔瓦雷茨写道，"他就像一位明智的科学家父亲。"

阿尔瓦雷茨目睹了太多核武器带来的恐怖。他曾作为科学观察员乘坐 B-29 轰炸机在"三位一体"试验场上空盘旋，他在广岛又一次重复了这种经历。跟他一起共事的朋友劳伦斯·约翰斯顿在美国轰炸长崎时也在现场，因此成为第二次世界大战中唯一目睹过 3 次核爆的人。在 1 个月的时间里，美国在太平洋比基尼环礁附近的水域投下更多这种致命的创造物并将其引爆。由于缺乏防护措施，那些目睹过试验的人受到了辐射，因此他们的寿命平均减少了 3 个月。① 西博格后来把这一事件称为世界上第一起核灾难。

西博格对这件事看得十分透彻。作为曼哈顿计划的首席化学家之一，西博格参加了关于如何使用原子弹的讨论会。他劝大家保持克制，尽管他从未后悔在战争中使用他的元素：他的几位表亲就驻扎在太平洋的岛屿上，为日本不可避免的侵略而忧心忡忡。他在自传中回忆道："在战争结束后的很多年里，每当家族团聚的时候，他们都会向我表示感谢……他们相信是原子弹救了他们。"即便如此，对于管控他的发明，西博格依然深感责任重大。

西博格回到伯克利担任核化学研究的带头人。他是这个职位最合适的人选，他从一个一无所有的小男孩一下子成长为美国最重要的人物之一。曾经有一家芝加哥的公司向这位元素制造者发出工作邀请（年薪 1 万美元，大概相当于今天的 14 万美元，这是他战前工资的 4 倍）。但家的诱惑太强烈了，对他来说，这个诱惑永远都是海伦。他们回到伯克利 10 天后，海伦诞下一对双胞胎。"两个碎片，"西博格在向他的同事宣布消息时说，"但那不是裂变。"

西博格在《儿童智力大测验》之后又参加了另一个名叫《科学冒险》的广播节目。他在节目中被问到这两种新元素叫什么。"这个嘛，给宇宙中最基本的物质之一起名字肯定是一件需要深思熟虑的事情，"他闪烁其词道，"以海王星命名镎，以冥王星命名钚，这都很符合逻辑。但到目前为止，天文学家还没有发现这两颗行星之外的其他行星。"

节目组邀请听众提供建议。一些人想使用拉丁语，如"proxogravum"和"novium"；另一些关注宇宙的人建议使用"sunian""cosmium"，甚至"bigdipperean"②；然而更多的人想以美国首任、时任总统的名字将它们命名为"washingtonium"和

① 如果这听上去不算长的话，想想把你自己的寿命减少 3 个月，看你是否愿意。
② 这三个名字分别代表着太阳、宇宙和北斗七星。——译者注

"rooseveltium"①；一名听众甚至建议说，考虑到 96 号元素是另一种元素的后代，不妨把它叫作"bastardium"②。但西博格化身成一位老到的外交官：他打算利用新元素的名字来强化锕系元素在元素周期表上的地位。

在世界各地的化学实验室中，锕系元素此时列于稀土元素一栏的下方。为了打消关于这种联系的所有疑虑，西博格把它们跟对应的稀土或同系物（属于同一组的元素）进行组队。63 号元素以欧洲的名字命名为"铕"（europium），它下方的 95 号元素以美国的名字命名为"镅"（americium）。64 号元素以发现钇元素的 18 世纪芬兰化学家约翰·盖多林之名命名为"钆"（gadolinium）。西博格决定把 96 号元素叫作"锔"（curium），它是以研究辐射的先驱——著名的居里夫妇的姓氏命名的。它是第一种根据女性的名字（哪怕只是其中一半）命名的元素。

新元素还有待研究。幸运的是，西博格带来了他在芝加哥团队中的核心成员。其中，斯坦利·汤普森放弃了石油行业的研究，决定在西博格的指导下完成他在伯克利的博士学位；艾伯特·吉奥索也回来了，这一次他的才华可不会浪费在制作盖格计数器上了。这是一支经历过严酷考验的团队，他们的技术举世无双。西博格担任领导，他可以通过政治手段让实验获得批准；疯狂发明家吉奥索的设备可用于完成实验；卓越的化学家汤普森则可以验证他们做了什么。

这是加利福尼亚大学伯克利分校黄金时代开启前的黎明。

★★★

"呃，曾经有这么一个家伙，叫西博格。他是有史以来最著名的科学家之一。关于他有这么一件趣事：把他名字（Seaborg）中的字母调换一下顺序就变成了'加油，熊队！'（Go Bears!）。"当向导带着大学新生经过吉尔曼楼时，她兴高采烈地说道，话语中充满了活力和团队精神。简单总结一下加利福尼亚大学伯克利分校就是：科学和金熊队。

我又回到了校园。湾区的雾霭依然让空气弥漫着寒意。我依然希望自己带着一件印有"我爱旧金山"字样的廉价连帽上衣。幸运的是，这一次我需要爬山，这能让我暖和起来。伯克利实验室就位于校园后面的山坡。它的顶部是一个巨大

---

① 这两个名字代表华盛顿和罗斯福。——译者注
② 有"私生子"之意。——译者注

的穹顶，如今这里安放着先进光源，旋转着向四周发出明亮的 X 射线以探索宇宙运行的方式。伯克利的小伙子们在返回实验室时迎接他们的就是这个景观：当他们远在芝加哥的时候，欧内斯特·劳伦斯一直忙着制造更大的机器。1944 年，他在这个穹顶下面制成了一台直径 470 厘米的回旋加速器，使得先前用来制造新元素的直径 150 厘米的机器相形见绌。尽管它永远不能用于战争，但曼哈顿计划的负责人莱斯利·格罗夫斯将军依然为此捐助了 17 万美元（相当于今天的 300 万美元）。

格罗夫斯的捐赠并非完全无私：美国政府想得到伯克利分校。1946 年 11 月，美国原子能委员会接管了实验室，如今它隶属能源部。实验室所做的一切都是在为美国纳税人服务。就跟橡树岭一样，伯克利分校是美国政府科研皇冠上的明珠之一，共有 4000 名员工，每年能获得 8 亿美元的预算。它就像安装着智能窗户的家，透过窗户，人们得以一窥阳光变化和反质子的究竟，并计算宇宙扩张的速度。

从黑莓峡谷到山顶的办公室，我还有一段 30 米的山坡要爬。往南一点就是大学生们口中的"小气鬼山"——这里可以俯瞰校体育馆，是免费观看金熊队比赛的好地点。幸运的是，我不用跑那么远。爬上山坡，通过安检，我气喘吁吁地来到回旋加速器路上的第一栋建筑。伯克利目前研究元素的主要设备——体积相对适中的 88 英寸回旋加速器就安放在这里。在一间满是计算机屏幕、期刊论文和零碎的科研用品的办公室里，我见到了我的悠闲自在的向导，她将带领我一窥伯克利分校的秘密。杰克琳·盖茨是我喜欢的那种科学家：她穿着一件黑色的连帽衫，袖子卷了起来，露出手臂上精美的文身，宽松的上装搭配着牛仔裤和一双舒适的牛仔靴。盖茨有些疲惫，她忙了整整一个星期，每天通宵达旦地和伯克利分校的研究小组为新一轮实验调试机器。作为繁盛一时的元素发现策源地，目前伯克利分校的这个重元素研究组是自欧内斯特·劳伦斯创建以来规模最小的。

盖茨自诩为纯正的伯克利人。她是在申请芝加哥附近的美国阿贡国家实验室一个职位时偶然接触到核科学的。对于年轻的研究员来说，阿贡国家实验室是开始职业生涯的绝佳地点。但她当时并没有认真阅读申请要求：该职位是为阿贡国家实验室－西场招人，它是位于爱达荷州东部荒野中的一个分支机构。她虽然热爱科学，却对工作地点不怎么满意，于是就来伯克利当研究生。

我提起把实验室建在这么陡的山坡上还真是挺奇怪的。

"是啊，实验室一开始是在下面的校园里，"她说，"后来他们觉得在大学里做这些会引起辐射的事情可能不是一个好主意。'我们得把它搬到学校的周边，但又不能辐射到学生……'这座山很陡，但实验室在这里拥有不少地产，所以当劳伦斯建造回旋加速器时，他就选择在这里开始。"

那是很久之前的事情了。"劳伦斯很快建造好那台 88 英寸的回旋加速器，"盖茨继续说道，"它在 1962 年投入使用。这里还有一台小型医用回旋加速器。它可以制造氧、碳、氟……"现如今，伯克利的回旋加速器不是用来发现元素的——尽管这个团队是世界上认证他人实验结果的先驱之一。"发现一种新元素并不容易，"盖茨淡淡地说道，"我们（自西博格之后）改进了技术，但依然还不完美。这段时间你需要一台分离器。我们这儿就有一台，但它并不是测定新元素的理想工具。就使用效果来说，它已经很棒了。它很高效，有着良好的背景噪声抑制功能，但你必须得知道生成物会在哪里出现：如果你在安装磁铁时偏离 5 个百分点，就不会看到任何结果。这些超重元素，也就是我们今天正在寻找的元素，偏离投射位置 6 个百分点。"

盖茨解释说，那就是寻找元素要面对的真正问题——不要寄希望于发生聚变，而是当聚变真正发生时你能观测到它。"它把我们的监测效率从 60%~70% 降低至 10%~12%。我们在确认 112 号元素的实验中就遇到了这个问题。我们原本以为自己知道它会出现在什么位置，然而我们错了。我们轰击了一个月，但什么也没有发现。每天的成本是 5 万美元，就因为磁铁偏离了 6 个百分点，而我们又没有发现，所以呢，我们就浪费了 150 万美元。"

费用和困难意味着如今的伯克利将侧重点放在了其他地方。这个研究团队可没有资金来以碰运气的方式寻找新元素。"美国科研基金的状况在过去几十年相当令人伤心，"盖茨说道，"我们在基础科学方面投入了大量的精力，虽然这些东西不会现在就给投资带来回报，但在未来 30 到 40 年里，它们将产生许多重大发现。我们（现在）不再把它作为重中之重了。你必须得问自己这么一个问题：制造一种新元素比全球气候变化或者可再生能源更重要吗？这可不是三言两语就能说清楚的。我的意思是，我是研究超重元素的，但我会选择可再生能源。"

盖茨提出了一个很重要的问题。尽管这关于很宏大的命题——那些重大发现，但它只是任何一个研究超重元素的团队的工作中很小的一部分。他们并不完全是为了获得发现一种新元素的荣耀，尽管这或许很酷。每种同位素都会为我们解开宇宙的一点秘密，药用同位素或清洁能源还能为拯救生命创造机会。盖茨现在只花一小部分精力来制造元素。她其余的工作是研究基础科学。伯克利的实验室虽然很小，但目标很明确。

盖茨皱了皱鼻子："你想吃点儿东西吗？"呼吸着清冽的空气，我们下了山，朝着最近的酒吧走去，那儿供应黏糊糊的小吃。我问她我们是不是还得再走回去。"西博格就会走回去的，"盖茨开玩笑道，"他让实验室为他在山上修建了台阶。人们把这些台阶叫作西博格台阶。他每天早上都会来这里锻炼，爬上爬下，爬下爬上。多年以来，每个研究员都知道，如果他们想找西博格帮忙，就可以在台阶上找到他。只不过他们得愿意跟他一起爬台阶。"

在去酒吧的路上我有点儿瑟瑟发抖。"你总可以分辨出旧金山的游客，"盖茨一边说一边把连帽衫的袖子拉下来，让手臂处于温暖的保护下，"他们总是以为加利福尼亚是个阳光灿烂的地方。结果他们不得不买一件连帽上衣。你老是会看到穿着'我爱旧金山'上衣的人，那是因为他们来的时候什么也没带……"

我们走在去回旋加速器的路上，我一直低着头，一句话也没说。

尽管如今伯克利实验室必须得证明它做的一切都有道理可言，但在20世纪40年代，它却是未知领域物理学的天堂。只消劳伦斯或者西博格一句话，一个项目就能变成现实。没有人知道新元素可以做什么，但人们知道钚元素那惊人的能量。钱不是问题，空间和时间也可以随意支配。十年后建造的质子同步加速器或许是证明这一点最好的例子：这种体量巨大的粒子加速器相当于一个现代自行车赛场的面积。它的名字说明了它的功能：一台"数亿电子伏特的同步加速器"。[1]劳伦斯的"大科学"大得超乎他的想象。

尽管有现成的资金来源，这个新组建的超重元素团队还是面临着很多棘手的问题。三年以来，团队一直忙着在伯克利5号楼建造他们的新实验室，这是一间狭小、局促且简陋的实验室，距离劳伦斯的穹顶不远。他们有许多问题亟待解决，

---

① 同步加速器是一种环形粒子加速器，而不是螺旋状的回旋加速器。最著名的例子要数欧洲核子研究组织的大型强子对撞机。它们是让人叹为观止的机器，但因为能量太强而无法创造元素。

缺乏设备只是其中一个。"橱柜都是空荡荡的。"汤普森后来在 1975 年 1 月的一次座谈会上回忆说。汤普森在工作期间完成了博士学位的学习，据说他写就了史上最伟大的博士论文：他因对镅和锔的研究而获得了博士学位。但无论是西博格、汤普森、吉奥索还是劳伦斯，没有人有功成身退的打算。因为还有更多尚未被发现的元素。

按照顺序，接下来的 97 号和 98 号元素寻找起来就相对简单一些了。氦离子（不管叫什么名字，其实都是 α 粒子）可用来轰击镅和锔，生成的新原子将占据周期表接下来的两个位置。但靶材是一个问题。全世界的镅也只够填满一个针眼，并且锔还未被分离出来，所以根本没有什么可用来轰击的东西。

在四年的时间里，汤普森和一群化学家一直在研究如何获取更多的镅和锔。"我们研究闭合循环，计算质量、能量以及半衰期，"他回忆道，"我们使用了分类学、不同元素的同位素 α 半衰期能量关系，甚至绘制了一些简单的电子俘获示意图。"

简而言之：困难重重。吉奥索在 1975 年的研讨会上总结团队工作时这样说道："他们工作得非常、非常、非常努力，需要完成无数次分离任务，整个过程非常困难，最后只得到一点样品。接着他们把它交给我说：'这个给你，我们实在太累了，你看看它里面到底有什么。'"①

答案是镅和锔，而且两种元素的分量都足够用来制作标靶。1949 年 12 月 19 日，这个团队完成了一次轰击实验：用氦离子轰击仅含 7 毫克镅的标靶，最后生成了 97 号元素。西博格在观看汤普森工作的时候，心跳开始加速，心脏猛烈地撞击着他的胸口。校医被喊了过来，很快确认西博格心脏病犯了。这位化学家被紧急送往医院并留院观察了好几天。随后证明他没有什么大碍：他就是对于自己最新的发现太过激动而已。

他们并没有等待化学认定，而是马上给新元素起了名字：锫（berkelium）。由于制造这种元素的方法太过蠢笨，汤普森和吉奥索想用 Bm② 作为它的元素符号。

① 汤普森的职业道德令人赞叹不已。有一次，他和一位名叫巴瑞斯·康宁汉姆的研究员在实验室连续工作了 36 小时。走出实验室后，他们发现汤普森把他的外套放错了地方。疲惫不堪的两人又花了好长时间四处寻找，直到其中一个人注意到康宁汉姆不小心把这件外套穿在了自己身上。

② Bm 发音与英语中的"屁股"相近，口语中也有"愚蠢"之意。——译者注

西博格否决了他们的提议，最后选择了 Bk。

这个团队好运不断。1950 年 2 月 9 日，一个只含有 8 微克锔的更小的标靶生成了 5000 个 98 号元素的原子。人类肉眼无法观测到这样的数量，但这个团队实在太过优秀，就连这个问题也能轻松应对。"我们在发现 98 号元素的过程中没有遇到什么真正的困难，"西博格回忆道，"不管是对它的放射性，还是对它的化学性质，我们都做出了准确度惊人的预测，这让我们顺利地找到了猎物。"

曾为美国海军陆战队队员的肯尼斯·斯特里特也加入发现元素的这三个人当中，在汤普森辛苦研究化学的那几年里，斯特里特曾帮助过他。这四个人决定把新元素命名为锎（californium）。

当正式宣布发现新元素的论文接二连三地发表在《物理评论》上时，人们并没有什么反应。有些人对锫的拼写不满意，想要去掉第二个 e；直到今天，它的发音在世界不同地区都不一样（berk-el-i-ium 或者 berk-lium）。西博格激动地给伯克利市的市长打电话，想告诉他一种新元素是以他的城市之名命名的，结果这位市长毫无兴趣地挂掉了他的电话。有两位苏联科学家对这个发现表示怀疑，他们坚称早在两年前他们就根据元素周期表预测了 97 号元素的化学性质。（国际社会裁定预测元素并不能等同于实际创造出元素，这一判决非常明智。）《纽约客》甚至嘲讽了他们的发现，该杂志指出，鉴于他们创造了 95 号到 98 号元素，这个团队可以在元素周期表的底部写上 universitium, ofium, californium, berkelium[①]。

在瑞典，人们对发现新元素的反应要更积极一些。瑞典皇家科学院决定授予埃德温·麦克米伦和格伦·西博格诺贝尔奖。

★★★

诺贝尔奖被认为是最高的科学荣誉之一。一开始，它们本应被授予任何在过去一年为科学做出巨大贡献的人。时至今日，诺贝尔奖成为对某一突破性成就的认可——科学界的终身成就奖。对于科技类奖项，诺贝尔奖委员会并不着急下结论，而是会等着这些发现大浪淘沙始见金，看看这些发现能否继续为人类社会带来"重要的财富"。"寄生虫引发癌症"或"脑叶白质切除术"这样的事情不可能再发生了。

---

① 有"加利福尼亚大学伯克利分校"之意。——译者注

　　授奖过程受到严密的控制。首先，会有约 3000 人受邀提名候选人。提名采用不记名投票的方式，投票记录会被封存 50 年。通常来说，这会产生约 300 位潜在获奖人——当然，我们从来没有听说过哪个人在第一次被提名时就能获奖。接下来，瑞典皇家科学院下设的一个委员会将对这些人进行审核，甚至还会进一步咨询专家和之前的获奖者。委员会在完全保密的情况下对潜在获奖者进行深入调查，以确保被提名者的确完成了研究，而不是从他们的下属那里抄袭来的。（虽然这听上去令人惊讶，但这样的丑闻在过去曾发生过。）最后，每年会有 1~3 个人因某一项研究而被授予该奖项。有时候奖金会被均分，有时候则是某人拿走其中一半，其他两人各得四分之一。这完全取决于谁做了什么。

　　我曾经和诺贝尔奖获得者谈论过接下来会发生的事情。大多数人对此感到很意外，当他们接到来自斯德哥尔摩的电话时——通常在向世界宣布奖项归属前的半个小时，他们都以为这是一个恶作剧。委员会主席会让获奖者认识的某个人站在一旁，准备接过电话告诉他们这是真的。一旦接到了通知，获奖者就会处于一种奇怪的超现实状态。他们不能告诉任何人，所以多数人只得继续工作，或者可能给家人打个电话，暗示他们去看新闻。在这种平静期，他们有时候会接到之前获奖者的电话。"恭喜恭喜，"说话人通常会这样说道，"接下来的 20 分钟将是你这辈子仅有的片刻宁静了。"

　　1951 年 11 月，在电话打过来之前，西博格已经提前得到了通知。一位客座讲师不小心告诉他的妻子海伦，她很快就要去瑞典了。西博格在开车上班的时候也在收音机里听到了关于他能否获奖的猜测。即便如此，当西博格接到电话时仍然欣喜若狂。跟诺贝尔奖一起到来的还有一举成名、一大块金牌以及 16 000 美元（相当于今天的 158 000 美元）的"横财"。这笔钱足够让他把家彻底翻新一遍。

　　西博格非常开心能够回到他祖先离开的国家。在和麦克米伦、劳伦斯以及他们的妻子到达后，他发现自己要给选美小姐戴皇冠，给激动的小孩签名，还要观看为了向他致敬而举行的升旗仪式。在颁奖宴会上，他受邀回应瑞典国王古斯塔夫六世的祝酒词。西博格站起身子，拾起儿时在伊什珀明的家中讲的瑞典话，他已经练了好几个星期："Ers Majestät, Era Kungliga Högheter, mina damer och herrar..."[1]

---

[1] "尊敬的国王陛下，女士们，先生们……"——译者注

观众席上传出一阵惊呼，就好像他刚刚咒骂了国王。西博格不明白自己刚刚做错了什么——他已经很谨慎地选择了措辞。直到第二天早上他看了报纸才知道答案。西博格的瑞典话讲得完美无缺，但他没有想到的是，原来他那贫穷的机械工出身的父母说话时带着一口浓重的乡下工人口音。

西博格和麦克米伦并非因发现了铀之外的元素而获得诺贝尔奖。（该奖项从未被取消，恩里科·费米之前已经获此殊荣。）相反，他们获奖是因为"发现了超铀元素的化学性质"。这是为他们两人做出的妥协。贺词从全世界纷至沓来，其中也不乏吃不到葡萄就说葡萄酸的声音。英国物理学家彻韦尔勋爵嘲讽道："我想如果你发现不了新元素的话，你就只能制造它们了。"①

核能以及随之而来的元素引发了全世界的想象。梦想家们幻想着糖块大小的一块铀就可以为汽车和家庭提供能源。有人甚至提出计划，要让南极洲变得宜居，阻止地震，放开天然气供应，改变天气模式。还有人甚至鼓吹把原子弹放进手榴弹的点子——直到有人指出扔这么一个东西无异于自杀。这些元素越来越多的实际用途也浮出水面：武器、能源和癌症治疗。在《人和原子》这本书中，西博格列举了 1966 年使用的 60 种药用放射性核素源，它们治愈了全美国总计 33 743 名病人。时至今日，核医学仍是世界上各大医院的标准组成部分。

人造元素成了家喻户晓的名字。钚给世界带来了原子弹。早晚有一天，人们也将发现周期表后面那些元素的用途。镅被证明可以释放出稳定的 α 粒子流，空气中任何东西都能轻易将其阻隔。如今，我家里安装的烟雾探测器（世界上还有其他类似的东西）含有 0.9 微克的镅 –241。如果按同等质量来算的话，它比黄金还要昂贵，而且它可能是你在家附近的超市里唯一能买到的放射性同位素了。②与此同时，锔被用来生产空间探测器上 X 射线光谱仪所需的 α 粒子，其中就包括目前正在火星表面漫游的火星车。人们还没发现锫和锎的明显用途，但当年作为展示美国科技优越性的象征，它们是无可匹敌的。

人们最初寻找元素只是出于科学上的好奇心，紧接着此事变成了战争时期的

---

① 彻韦尔有些高傲自大了。多亏了汉弗莱·戴维等人开凿岩石或研究空气，英国发现的新元素比其他任何国家都多。而此时美国人也在自行人工制造元素周期表上没有的元素。这也太不公平了。

② 尽管烟雾探测器是镅对现代生活做出的巨大贡献，但研究锕系元素的化学家经常开玩笑说，他们还在不断寻找新方式"让镅再次强大起来"。

当务之急。进入20世纪50年代，它再一次变成某种关乎国家威望的东西。随着相互敌对的意识形态开始分裂世界，它产生的轰动效应也不断增加。这种紧张局势日益加剧。那时，在伯克利分校，教职员工被要求宣誓效忠：揪出"反美分子"这种疑神疑鬼的心态弥漫整个美国，这只是它的表现症状之一。

冷战开始了。元素周期表即将变成战场。

06

吉米·罗宾逊之死

　　一架 F-84 "雷电"喷气战斗机呼啸着划过天际，太平洋如一块蔚蓝色的平滑地毯，一直延伸至人们目力所及的远方。吉米·罗宾逊上尉使劲咽了口唾沫，防毒面具里回荡着他的喘息声，他在为即将到来的任务给自己鼓劲。随后几分钟，他将完成整个职业生涯中最繁重的操作。虽然只有 28 岁，但罗宾逊已经是一名经验丰富的飞行员了，他曾在第二次世界大战期间担任"解放者"轰炸机的投弹手。即便如此，他也清楚在接下来的任务中可供借鉴的经验寥寥无几。他即将飞入一朵核爆蘑菇云中。

　　F-84 战斗机是美国空军的主战机型。这是一种单座机，机身形似一根剪切过的银色雪茄，它的机翼平直，翼梢还有两根"小号雪茄"。对于飞行来说，其早期设计就像是场噩梦（当时世界上的飞机正从螺旋桨式向喷气式过渡），但到 1951 年，F-84 轰炸机已经成为美国在空中必须仰仗的武器之一。尽管它们无法与苏联的米格 −15 战机媲美（这个任务要留给更为敏捷的 F-86 "佩刀"战斗机），但你不知道的是雷电喷气战斗机还可以投放核武器：一架战斗机在一次飞行任务中携带的核武器的威力就相当于战争期间所有轰炸行动的 20 倍。

　　罗宾逊是红色飞行队 4 号飞行员，这次飞行是代号为"常春藤行动"的任务中非常关键的一部分——这是美国的第八次系列核试验。他飞行线路的下方是伊鲁吉拉伯岛，该岛位于埃内韦塔克环礁北部，是构成环礁的 40 个小岛之一。埃内韦塔克环礁是今天马绍尔群岛的一部分。1952 年 11 月 1 日，当地时间早上 7 点 15 分，美国引爆了"迈克"。它是世界上第一颗热核炸弹，爆炸威力巨大，产生的热量堪比太阳。"迈克"属于新一代原子弹，它是曼哈顿计划的参与者爱德华·泰勒和斯塔尼斯拉夫·乌拉姆的主意。和"三位一体"核试验的向心聚爆不同的是，这颗原子弹还可以在第二阶段添加更多燃料并引发链式反应。由于使用了氘和氚，即只有一个质子的重同位素，它也被世人称为"氢弹"。

美国空军偶然发现在蘑菇云中也可以飞行。1948 年 5 月，一架观测核试验的 B-29 轰炸机发现自己无法躲避爆炸生成的一股手指状烟柱。飞行员保罗·法克勒中校只得穿过核爆产生的黑烟，随后在返航途中钻进雨云里把他的战机清洗了一番。法克勒在返航后报告时扬扬得意地说道："我们没有一个人死掉，也没有人得病。"人们不清楚这是一次意外，还是有意的飞行表演，但法克勒很享受这次经历，并申请成立一个新中队专门来重复他的壮举，只不过这一次要配备科学仪器以采集样品。军队里有这么一种说法：最危险的事情莫过于给你的上级出一个好点子。为了科学，就让飞行员们定期在核爆中飞一趟吧！当法克勒在向五角大楼请愿时，有些人才开始意识到他们应该让战机飞行员穿上飞行靴。

在洛斯阿拉莫斯国家实验室的云取样专家之一保罗·戈瑟尔斯看来，寻找具备"必要品质"的飞行员很难。除了能够驾驶喷气式战斗机——一种稍不留神就会在几秒钟内杀死你的机器以外，被选中的飞行员还必须懂得操作各种科研设备和记录仪器。他们要对三台放射性设备进行实时监控，不但要把得到的数据记录在表格上，而且同时还要报给蘑菇云外主控飞行器上的科学家。每名飞行员还需携带一块秒表来记录他们在蘑菇云里停留的时间，这样就能计算出他们可能受到的辐射量。这样的任务在天气晴朗的情况下就已经非常困难了，而现在他们却被要求在放射性尘暴的中心这么做。"很多经验和能力不够的飞行员被吓坏了，"戈瑟尔斯在为《美国原子老兵简报》撰写的一篇文章中说道，"而且他们经常因为蘑菇云内部不断变化的壮观景象而分神。"罗宾逊完全具备这种胆量和冷静的头脑。在第二次世界大战期间，他驾驶的战斗机在保加利亚上空被击落，他不得不跳伞，最后在罗马尼亚成了战犯。在依靠降落伞下落时，他查看了地图，然后冷静地点上一根烟等待着陆。1952 年 4 月，他完成了一次样品采集演习，证明自己是一名合格的飞行员。即便如此，氢弹又完全是另外一回事。

1952 年 11 月 1 日早上 7 点 15 分，罗宾逊和其他飞行员停留在基地的停机坪上。他望见核爆点升起一团明亮的橙色火球，形成一个完美的半圆充盈在天空中，火焰周围电光闪闪。慢慢地，亮光逐渐消失，只留下泥土、沙砾和焦炭构成的蘑菇云。常春藤"迈克"的爆炸威力超乎想象，那景象就像逐渐逼近的地狱，二氧化氮和氧化铁给它涂上了跃动的红色。在蘑菇云底部，伊鲁吉拉伯岛不见了：这个小岛从地图上被抹去了。

爆炸发生 90 分钟后，红色飞行队——那天要进入蘑菇云的三个飞行队中的第一队——开始朝它飞去。头两架 F-84 战机由维吉尔·梅洛尼中校带领，飞了进去。他们原本应该从蘑菇云的顶部进入，但对他们的飞机来说，17 000 米的高度难以达到；F-84 战机的升限只有 12 000 米。不得已，他们唯一的选择是从蘑菇云的梗部飞进去，这个位置抖振风最为猛烈，并且充满了伊鲁吉拉伯岛的沙石。5 分钟后，领头的两架战机冲了出来，它们越飞越近，喷气发动机不断发出轰鸣。

轮到罗宾逊时，蘑菇云已经使环礁笼罩在一片可怕的黑暗中。在跟僚机驾驶员鲍勃·哈根形成编队后，两名飞行员开始接近蘑菇云。前一分钟天空还风平浪静，紧接着就出现了一个骇人的大旋涡。梅洛尼用无线电报告说它充满了"红色的光芒，就像在炽热的熔炉里面"，他还说他的仪表"就像手表的秒针那样不停转圈"；哈根将其描述为"灰黑色的阴影，看上去就好像沸腾了一样"。罗宾逊跟蘑菇云内部的湍流缠斗在一起，整个驾驶舱在侧风中猛烈地摆动，他的手不得不紧紧握住操纵杆。这架雷电喷气战斗机就像洗衣机中的布偶一样被抛来抛去，但他慢慢重新控制住飞机并激活了自动驾驶。

他的 F-84 战机隆起的翼梢中安装着过滤器，用来收集爆炸可能产生的任何粒子。爆炸核心区的中子通量接近 10^{24} 每平方厘米。中子俘获的速率前所未见。饥饿的原子核抓住中子，保持稳定，形成像铀 -255 那样珍贵的同位素。铀 -255 比它最常见的变体要多出 17 个中子，随后又通过 β 衰变变成一般只在中子星合并时才会出现的元素。

罗宾逊的担忧则更为紧迫。他的仪表显示前方空域是禁飞区——它就像一口充满了热气和碎礁石的大锅。罗宾逊中止了自动驾驶，迫使战机改变了飞行路线。粉尘堵塞了机器，让他的战机不停地震动。战机的发动机被堵住了，发出咔咔的声音，最终停止了运转，当飞机从天空中坠落时，它发出的轰鸣声响彻罗宾逊的耳畔。他开始下坠，失去了控制，努力对抗着地心引力以免失去意识。他的呼吸变得越来越沉重，当他的手指按着无线电按钮时，无线电中回荡着他巨大的呼吸声。他用尽全身的力气对抗着震动和阻力，冷汗打湿了他的眉头……

战机恢复了控制。罗宾逊拉起操纵杆，在 6000 米的高度让 F-84 战机恢复了平衡。梅洛尼命令他离开蘑菇云。不久，哈根也跟了上来，他们又回到太平洋空旷的海面上。那个让人天旋地转的地狱不见了，眼前的世界晴空万里、多姿多彩，一片无尽的蔚蓝。这真是一次令人印象深刻的飞行。

一架 F-84 战机 1 小时会消耗掉 540 千克燃油。由于机翼上安装了空气过滤器，采集样品的飞行员无法携带备用油箱，因此他们被告知要去空中加油机那里重新添加燃油。如果他们找不到空中加油机，就一直往南飞，回到埃内韦塔克（环礁中最大的岛屿，位于环礁最东端）并着陆。

当罗宾逊和哈根从蘑菇云中逃脱后，各自还剩下大约 450 千克燃油。直到此时他们才意识到，蘑菇云中的电磁脉冲损坏了他们的电器设备，两名飞行员都无法找到无线电导航台指引他们回去。后来他们迷路了，燃料所剩无几，能看见的只有下方深深的海水。等到哈根设法联系到导航台时，他们还剩下 270 千克燃油，而此时他们还在埃内韦塔克以北 154 千米的地方。

噩运接踵而至。此时又下起瓢泼大雨，严重影响到能见度。等到他们确定基地的位置时，战机已经没有燃料了。"我的油表显示已经没油了，"哈根回忆道，"我设置成滑翔着陆的飞行模式，可以在没有燃油的情况下着陆。"哈根对他的飞行技术过于自谦了：在发动机熄火后着陆需要超人般的力量。他重重地落在柏油跑道上，轮胎在冲撞之下爆胎了。这种操作尽管很难，但成功了。

罗宾逊离埃内韦塔克太远了。战机在距离基地 5800 米的时候已经没油了；到 4000 米时，他的发动熄火了；到 1500 米时，很明显他已经飞不到基地了。一架救援直升机连忙前去营救他，而罗宾逊则权衡着自己的选择。跳伞是可行的，但他的飞行服包含一件衬铅马甲，讽刺的是，这件马甲原本是用来降低辐射的安全防护装置。在水中降落也同样危险，因为 F-84 并没有设计海上逃生功能。

"我能看见直升机，我准备紧急跳伞。"他报告道，同时打开了座舱盖。这是他说的最后一句话。然而罗宾逊并没有弃机，他似乎对跳伞还存有疑虑，最终他选择在水面迫降。直升机上的救援团队看到他飞机的机腹碰到海面，然后像掠过池塘的石块一样不断跳跃着，直到被海浪打翻。救援团队赶到坠机点，在飞机滑行路线以北大约 5500 米处，此时这架雷电喷气战斗机正慢慢沉入水中。"塔台的人告诉我有一架飞机落到了海里，他们没有看见降落伞或者其他东西。"哈根在《美国原子老兵简报》的一篇文章中回忆道。"在内心深处，我有一种不祥的预感。"水面上只剩下一摊浮油、一只手套以及一些被水浸湿的地图。

吉米·普里斯特利·罗宾逊是在寻找元素的过程中第一个牺牲的人。遗憾的是，他的遗体一直没有找到。他的同事猜测，埃内韦塔克附近的水域非常深，存活概率非常渺茫。一年之后，他被认定为阵亡将士，被追授杰出飞行十字勋章。到那时，法克勒已经说服五角大楼下令进行第 4926 次试验（采样）飞行。美国将继续让飞机飞进蘑菇云，直到 1962 年才终止。

罗宾逊一家不得不花费更长的时间等待答案。原子工作的秘密性意味着罗宾逊牺牲的细节掉进了一个官僚主义黑洞之中，没有一个美国政府机关愿意接手他的案子。他的女儿加入退伍老兵组织中，利用其不断萎缩的关系网努力让人们记住他的事迹。即便如此，直到 50 年后，人们才在阿灵顿国家公墓为他举行了一场纪念仪式。在 2002 年的那次仪式中，他的妻子终于收到了表彰其贡献的一面叠好的国旗。

"你听过很多关于英雄的故事，"罗宾逊在第二次世界大战结束后曾经对孟菲斯雄狮俱乐部这样说道，"但我不相信英雄。"

可我相信英雄。吉米·罗宾逊就是一位英雄。

★ ★ ★

罗宾逊没有白白牺牲。其他三架战机从地狱般的蘑菇云中逃出生天，随后的飞行也一样安全无虞，而且它们机翼上的过滤器采集到了丰富的放射性样品。在核爆中，较轻的粒子飞到顶部，较重的粒子则落到底部。飞行员不懂这些东西，他们从蘑菇云的梗部飞进去，红色飞行队的过滤器因而捕捉到了某种地球上从未见过的东西。

接下来的操作要格外小心。当时的规定要求飞行员不得触碰飞机外壳，所以他们必须等待地面人员带来一个移动升降台。接着，当飞行员从飞机上下来并前往除污淋浴室时，5 名工作人员（被称为"除污兵"）使用 3 米的长杆打开翼仓，取出过滤器并把它们放进铅制容器中。密封之后，这些货物会被尽快秘密地送到美国，这些样品的半衰期让运输时间变得非常紧迫。

一到达美国，过滤器就被直接送往洛斯阿拉莫斯国家实验室，由该实验室负责分析所有核碎屑。分析原子微粒的标准做法是将它们溶于酸液之中，但对于常春藤"迈克"来说，礁石上的珊瑚让分析过程变得棘手起来——样品特别容易起火。为避免发生危险，人们很快在主楼外面搭起帐篷。很明显，某种特别的事情发生了。过滤器中含有某种能够释放 α 粒子的东西，它的能量等级要比任何已知的钚的同位素都高。

当洛斯阿拉莫斯国家实验室的科学家们忙着工作时，一部分样品被送到了阿贡国家实验室，另一部分被送到了旧金山郊外的一间新实验室。在欧内斯特·劳伦斯的支持下，泰勒称把美国所有对核武器的研究集中安排在一间实验室（洛斯阿拉莫斯国家实验室）中是不明智的，他还说成立第二间实验室会形成良性竞争的局面。作为备选方案，他们选择在利弗莫尔成立一个新机构。利弗莫尔这座小城位于金色的群山之中，十年前格伦·西博格和海伦·西博格曾开车路过这里。这里是扩建伯克利实验室的完美地点，泰勒作为首席核弹制造专家已在此定居。很快，不同的团队确认了洛斯阿拉莫斯国家实验室的发现，追查到这种"神秘的α"辐射来自新同位素，其中就包括钚 -224。大家惊讶地发现，这种同位素的半衰期长达 8000 万年——这意味着它的性质足够稳定，人们甚至可以找到它在地球形成之际的数量。

伯克利的元素团队跟常春藤"迈克"和利弗莫尔的秘密工作没有任何关系。但赢得诺贝尔奖会产生些许影响力：西博格是位大人物，他的重要地位使其能够收到关于引爆常春藤"迈克"的秘密电传。电传提到"埃内韦塔克近期的实验数据显示存在着某种特别的超重元素的同位素，如钚 -224"。西博格马上就明白那意味着什么。常春藤"迈克"爆炸就像把一口核子大锅、一台粒子加速器与一个核反应堆融为一体。如果它能生成钚 -244，那它也能生成更重的元素，甚至有可能生成排在锎之后的元素。

西博格把这条消息告诉艾伯特·吉奥索和斯坦利·汤普森，他们进行了粗略的估算。洛斯阿拉莫斯国家实验室的科学家们能够检测到钚 -224 的唯一方法是使用质谱仪。在当时，即便敏感度最高的设备也只能在样品中钚 -224 的含量达到 0.1% 时检测出它。就超重元素来说，那可不只是金粉，而是一座真正的金矿。这其中一定含有更重的元素。

吉奥索和汤普森给利弗莫尔打电话。曾帮助发现锎元素的肯尼斯·斯特里特正在那里跟泰勒一起工作。这两人打电话是为了寻求帮助，他们说服斯特里特给他们一半滤纸。西博格对能否有所发现表示怀疑，但刚刚年满 37 岁的吉奥索依然觉得自己很年轻，"不会被看上去不可能的事情吓退"。

拿到这些在常春藤"迈克"爆炸中产生的珍贵碎屑后，伯克利实验室展开了实验。没过几分钟，很显然他们发现了某种看起来像 100 号元素的东西。很快，他们就意识到了自己的错误——那是 99 号元素。从西博格听说过滤器那时算起，再到发现一种新元素，他们一共花了 9 天时间。这个团队研究对象的分量无论在世界哪个地方都是最小的。98 号元素锎是从 5000 个原子中检测出来的，99 号元素是从大约 200 个原子中发现的。他们简直就像在大海中捞针。

其他实验室并不接受这个发现，认为自己也应获得同等的荣誉。1952 年圣诞节期间，整个美国原子界开始相互攻击。伯克利让阿贡国家实验室提供更多的材料；相反，阿贡国家实验室送去一份备忘录，声称他们在常春藤"迈克"爆炸的样品中发现了 100 号元素。1953 年 1 月 15 日，伯克利实验室也在过滤器中发现了他们认为是 100 号元素的东西。两家实验室为此争论不休。

科研界的政治斗争也很复杂——没有什么能比"谁先做了什么"更能引起激烈的争辩了。到了 1953 年 2 月，吉奥索称自己"厌倦了跟阿贡国家实验室那帮人玩游戏"。但伯克利的王牌是西博格，这位来自密歇根州的化学家已经成长为一名出色的外交官。他宣布 100 号元素的发现归功于阿贡国家实验室，但拒绝透露任何细节，以防阿贡国家实验室采用他们团队的技术。与此同时，他又宣布洛斯阿拉莫斯国家实验室是伯克利实验室发现元素的合作者。阿贡国家实验室的数据很快被证明是错误的，跟伯克利实验室一样，他们认错了 99 号元素。西博格的计策打败了这支来自美国中西部的研究团队。

问题的关键在于如何披露这些新元素。常春藤"迈克"的试验结果属于机密；就跟钚一样，这个发现不能公之于众。但吉奥索和汤普森卷起袖子准备大干一场。如果 99 号和 100 号元素可以在一次爆炸中生成，那么或许它们也可以在实验室中被造出？他们需要做的就是赶在别人前面造出这两种元素。

然而他们没能捷足先登。等他们在 1954 年造出这两种元素时，瑞典斯德哥尔摩诺贝尔物理研究所的一个研究小组联系到西博格，称他们已经造出了 100 号元素。这也算是因祸得福：如果这种元素存在于另一个国家的实验室，那他们就没有必要为美国在常春藤"迈克"爆炸中的发现保密了。在瑞典团队宣布他们的发现十天后，吉奥索的实验结果也出来了，他措辞谨慎，只说那是"未公开的（机密）信息”，以消除关于谁最先发现它们的疑虑。常春藤“迈克”爆炸中的发现最终在一年后解密，99 号和 100 号元素被添加到元素周期表中。

然而，美国的实验室之间依然还存在着争议。在芝加哥一次面对面的会议后，这个发现被记在了伯克利头上（99 号元素是在洛斯阿拉莫斯国家实验室的协助下被发现的）。那天夜里，西博格在他的日志中写道，他和吉奥索痛饮了“很多鸡尾酒”，他们喝得太多了，就连怎么飞回家的都记不得了。

元素需要名字。奇怪的是，它们好像已经有名字了：路易斯·阿尔瓦雷茨几年前的一次报告遭到了误解，一些教科书已经把 99 号和 100 号元素分别称为“钑”（athenium）和“钲”（centurium）。核子时代的第一批狂人也现身了，其中一人在《物理评论》上要求“得到‘ninetynineum’和‘centinium’元素的所有权……我为每个原子估价并兑现 100 万美元”。

伯克利实验室拥有最终决定权。吉奥索想以著名科学家的名字来给它们命名，他认为有两个显而易见的候选人：阿尔伯特·爱因斯坦和恩里科·费米。西博格和团队的其他人也认同他的建议。此时费米因为胃癌奄奄一息，但西博格知道埃米利奥·塞格雷经常跟他的导师联系，于是让他转达团队的决定。塞格雷一如往常那般淡漠，他回复称“他并没有兴趣做这件事情”。等这两种元素在 1955 年 8 月分别被正式命名为“锿”和“镄”时，爱因斯坦和费米都已经不在人世了。吉奥索写信告诉劳拉·费米，100 号元素将会以她丈夫的名字命名：“能够结识您的丈夫我感到非常幸运和荣幸……通过跟他的交往，我敢说他的去世让科学界不仅损失了一位热心肠的好人，而且也损失了一位伟大的物理学家。”

★ ★ ★

“镄”是最适合 100 号元素的名字。这位特立独行的意大利人在鱼塘中享受科学带来的纯粹快乐，用管子从地下室的保险柜中抽取放射性气体，在体育馆里建造核反应堆，正是他带来了原子时代；以他的名字命名的元素将为原子发现时代画上句点。镄的原子核非常不稳定，它的半衰期太过短暂，因而无法大量生产。镄原子的体积过大，无法发生 β 衰变，因此中子俘获法不再具有可行性。更糟糕的是，20 世纪 70 年代的后续研究显示镄 −259 会发生自发裂变，它会在大约 0.038 毫秒的时间里自己分解。

当时的物理学家一直在考虑这是否就是元素周期表的尽头。把原子核看作一滴液体的观点依然很流行；很长时间以来，理论家们一直声称，100 号元素即镄之后不可能再有元素存在。这种元素甚至在它有机会形成之前就已经分解了。

然而观点是会改变的。在 1955 年，美国最杰出的物理学家之一约翰·阿奇博尔德·惠勒宣布没有理由能够证明不存在更多的元素。在关于和平利用原子能的国际会议上，他拿出一张图表，上面重点标注了元素半衰期有可能会超过 100 微秒（一万分之一秒）的区域。该区域中的元素质量是先前那些已经被发现的元素的两倍。很快，每个人都提出了自己关于元素周期表会在何处结束的理论。20 世纪最具影响力的物理学家之一理查德·费曼利用经典物理学分析后，提出最后一位元素将会是 137 号；其他研究员提议是 172 号；然而更多的人利用量子力学证明，在坠入一片携带负能量的粒子"汪洋"之前，最后一种真正的元素将含有 173个质子。

唯一能够确定的是，排在镄之后的任何元素都必须通过聚变制造，而且一次只能生成一个原子。如此微小尺度的工作已经超出了人类的理解范围，而且所需的加速器束流强度要比之前建造的所有加速器更强。这正是吉奥索和汤普森热衷的挑战。

101 号、102 号以及 103 号元素是西博格研究的锕系元素的一部分。

这之后就是超重元素的领域。

07

总统与甲壳虫汽车

午夜时分，一辆大众甲壳虫汽车疾驶在黑莓大峡谷崎岖的公路上，艾伯特·吉奥索的脚踩在油门上就没松开过。他旁边是他的助手格利高里·肖邦——一个二十岁出头的小伙子，他从事研究工作好几年了。他紧紧地抓着一支试管，身体随着汽车的每一次急转弯左右摇摆。这辆甲壳虫汽车装有增压发动机（当然要安装了，这可是吉奥索的车），飞快地从伯克利加速器那里开往斯坦利·汤普森的实验室，就连转弯时都不减速。[①] 在他们的下方，湾区的灯光汇成一片橙色的海洋，但吉奥索的注意力却在前方安检门处的黑影上。突然，其中一个黑影跳了出来，端起枪瞄准驶来的汽车。

"快停车，不然我就开枪了！"

吉奥索眯起眼睛，紧紧抓住方向盘——他不会为任何人停车。这个工程师跟一把上膛的枪比起了胆量，加速冲了过去。保安明智地闪到一边。吉奥索把车一直开到山上，在汤普森的实验室外面猛然停下，两人急忙冲了进去。

"（保安）很不痛快，"吉奥索后来在《超铀人》一书中写道，"他随后来到我们的实验室，我们向他道歉，但我们告诉他我们要忙着做实验，现在没空跟他谈论那件事情。我们也没受到什么处罚。"

他们在半夜如此匆忙，甚至无视实验室保安的原因很简单：吉奥索和肖邦正尝试制造 101 号元素——他们一秒也不敢耽误。

1955 年的伯克利实验室是一个集自由思想和恐惧于一身的怪异结合体。"垮掉的一代"聚集在旧金山湾区附近，引发了现代诗歌的第二次复兴。在随后几年中，摇滚乐、"权力归花儿"运动和性自由思潮在美国西海岸这个重要的科研中心繁盛

---

① 这总是会让我想起旧金山最著名的大众甲壳虫汽车"赫比"，尽管这辆拥有自我意识的汽车直到那之后大约 13 年才在电影《万能金龟车》中亮相。

一时。它们与艾森豪威尔时代依然统治美国的非黑即白的"忠诚审查局"形成鲜明对比。在参议员约瑟夫·麦卡锡和非美活动调查委员会的带领下，忠诚审查局通过摧毁任何他们不喜欢的人的职业生涯而发展壮大。就在去年，曼哈顿计划的带头人——罗伯特·奥本海默发现自己的忠诚审查被撤销了。这是一项莫须有的指控，所有人都知道，但奥本海默的敌人想让他离开。格伦·西博格的证词在很大程度上是中立的，却与另五份证词一起被用来证明奥本海默"德不配位"。这位科学家余生都摆脱不了这一时期的阴影。"这真是令人胆寒的教训，"他在自传中写道，"这就是四处树敌的后果，这就是强大的自我意识在遭到蔑视后进行反击招来的报复。"

在保护吉奥索免受迫害方面，西博格运气不错。威尔玛·吉奥索曾经是一名共产党员，她和海伦·西博格都参与过所谓的"颠覆"活动，比如在"有色人种"之夜参加乐队表演，她们的音乐要比为白人观众演奏的更好。要是没有这位朋友的影响力，任何一件事情都会轻易地结束心直口快的吉奥索的职业生涯。"我从未发现有人有不忠的嫌疑，"西博格回忆道，"然而有时候，我必须不得不千方百计让保安人员不撤销他的忠诚审查。"甲壳虫汽车事件是吉奥索曲解、破坏乃至完全无视规则的又一个例子。

三年前，在跨国航班上，吉奥索灵光一闪，突然产生一个完美的想法。他四处乱翻，最后抓起一个信封（不是信封就是清洁袋）并开始在它背面记下一些计算公式。到那时，核物理学的研究对象体积已经小到常规测量方式没有意义的地步。于是，研究人员发展出一套奇怪的非正式语言。以"摇晃"（shake）这个词为例，它代表10纳秒，这正是一个中子引发裂变所需的时间。这个词来自俚语"摇两下羊尾巴的功夫"（two shakes of a lamb's tail）。（如果你不明白的话，那我来解释一下：一颗原子弹会在50到100次"摇晃"后引爆。）发生核反应的概率不是按照百分比来计算的，而是按照"截面"计算的——这是一种面积和概率的奇特综合尺度。截面按照"靶恩"（barn）来计算，这个词来自俚语"连谷仓那么大的东西都打不中"（can't hit the broad side of a barn）。1靶恩大致相当于一个铀核子的面积，约10^{-28}平方米。截面越大，发生反应的概率就越高。要是制造更重的新元素，反应截面会以惊人的速度变小。

吉奥索坐在高空中，在一个信封的背面潦草地写着计算公式。他推算道，如果他能用某种方法得到 30 亿个锿原子，然后用一束 α 粒子轰击它们，他将会得到约 1 毫靶恩的反应截面——每 5 分钟 1 个 101 号元素的原子。

吉奥索嗅到了血腥味。他怎么能抗拒得了这种诱惑？

★ ★ ★

《钢铁侠 2》中有这么一个片段：伶牙俐齿的小罗伯特·唐尼扮演的托尼·史塔克根据父亲留给他的一些建造计划制造出一种新元素。这类桥段经常遭到科学家们的嘲笑，这就好像一部大反派是个挥舞着神奇电鞭的家伙的电影要去努力追求真实性。

史塔克可以利用手边的任何物品制造光束（包括美国队长的盾牌），然后射向他想让它去的任何地方，根本不会考虑实验室的安全。他一边飞行一边调整，所用的不过是一把扳手和一点儿科学直觉，他在调整光束的时候还会点燃房子。你看不到他的私人回旋加速器，但我认为这情有可原，像史塔克这样的有钱人很有可能在自家车库里建造了一台。这幕戏真正的疯狂之处在于，它实际上并不那么荒谬：假如吉奥索有电视机的话，他会发现自己跟史塔克属于同一类人。

《钢铁侠 2》真正的问题既不是史塔克装备的制作方式，也不是他父亲的奇怪遗产。（有时候元素创造者必须得等待适合的技术出现，纵然如此，用图纸保存想法的方法有些奇怪。）问题是，当史塔克把光束射向目标的一瞬间，它会立即把所有原子变成任何他想要的元素。[1]截面不是这样的，如果是的话，那我们早就把元素周期表填满了。

对吉奥索和伯克利团队来说，制造 101 号元素用到的那种"一次一个原子"的科研方式是一项艰巨的挑战。首先，他们必须得重建回旋加速器。根据吉奥索的计算结果，他们需要发射一束 10^{14} 个 α 粒子的束流。问题是世界上没有机器可以做到这一点。"设想的束流强度还要比曾经获得过的强度大一个数量级，"吉奥索后来写道，"但我乐观地认为这个问题可以克服。"他说对了。等西博格得到研究

---

[1] 如果你真的对这些东西感兴趣的话，还有另外一个问题，那就是史塔克的靶材是钯制成的。你能从它身上制造出一种新元素的唯一方法是使用铋或者更重的元素构成的束流。我们会在后面的文章中看到，铋实际上是发现元素的过程中很有用的一件工具，但史塔克的反应截面也太糟糕了吧。

资金，吉奥索对他的机器进行了一番调试，不知怎的就把束流强度增加了 100 倍。

接下来，这个团队需要得到镄元素。"我们通过计算发现，用中子对着钚照射一年可以产生大约 10 亿个（镄）原子。"肖邦在《化学化工新闻》中回忆道。镄 –253 的半衰期大概是 3 周。伯克利必须得等上整整一年才能得到分量刚够制作靶材的镄，然后，他们至多只有几个月的时间来制造 101 号元素。

镄不能直接置于机器之中，它的质量还不到十亿分之一毫克，这么小的量只有在显微镜下才能看见。于是，它被粘在一张薄薄的金箔上面。吉奥索又搞了一个新花样：他没有让镄直接面对束流，而是让它背对着束流。吉奥索知道束流中的绝大多数离子不会击中目标，于是便指望束流可以不受阻挠地径直穿过金箔。假如束流击中了镄并引发聚变，那么任何新生成的 101 号元素的原子就会在冲击力的作用下被反射回来。

这简直是个绝妙的想法。要想发现某种元素，吉奥索只需在束流后面放上另一张金箔，它的功能相当于某种捕捉化学物质的罗网。每天晚上，这张网会被换掉，然后用于检查有没有 101 号元素的痕迹，他们无须再去挪动镄靶或束线。

时间是发现元素的最后一道障碍。101 号元素的半衰期很可能只有几分钟而已。对于之前的元素来说，这不算是一个问题：根据经验，一定数量的材料需要 10 个半衰期才能彻底衰变。但当一次只能生成一个原子时，发现元素与元素永远消失之间的差距只在毫厘之间。吉奥索明白，他必须尽快把样品从学校的回旋加速器带到汤普森位于山顶的化学实验室，速度得比实验室规章允许的更快——这就是他在半夜开着大众甲壳虫汽车一路狂奔的原因。

寻找 101 号元素的开局并不顺利。镄无法粘在金箔上，每一次当他们想把它固定在金箔上时，整个实验就得从头再来一遍，他们不得不找回每一个珍贵的原子并重新净化它们。"我们连着做了 5 个镄靶才最终做成了一个。"吉奥索回忆道。他们尝试了所有能想到的方法，包括用喷灯把它焊接上去。最后，一个名叫伯纳德·哈维的组员利用电镀解决了这个问题。他们终于有靶子了。"这简直太不可思议了，"西博格回忆道，"因为这是第一次使用分量这么小的靶材。小到看不见——我的意思是它真的小到什么也看不见。"

你可以在网络上观看后续实验的复原视频：几年之后，旧金山当地一家教育类电视台——旧金山公共广播电视台邀请这支团队再次展示他们的发现过程。①吉奥索穿着厚重的实验室工作服，用镊子把锿放进伯克利60英寸的回旋加速器中，接下来，他再把金箔安装好。机器启动了，α粒子射向了金箔。3小时后，吉奥索和哈维用尽九牛二虎之力才把辐射仓厚重的铅门打开。这扇门太重了，他俩必须用脚抵住墙才能把它推开。

一场赛跑开始了，参赛双方是人和钟表。哈维跑进去，抓起金箔冲到楼上。吉奥索冲了出来。哈维把金箔递给肖邦，肖邦又将金箔放进一个装满硝酸和盐酸的试管中。当金箔开始溶解时，他抓起试管朝吉奥索的甲壳虫汽车跑去，然后跳进副驾驶室。还没等肖邦拉上车门，吉奥索就一脚踩在油门上，汽车在伯克利校园里横冲直撞，一直开到山上的实验室。这辆甲壳虫汽车在化学实验楼外猛然停下。他们连忙把试管从车上拿下来递给汤普森，由他通过一系列化学反应清除掉试管中的金箔、酸和裂变产物。之后，他们要做的就是把疑似101号元素的东西放进α辐射检测器中等待它发生衰变。

1955年2月19日，他们进行了首次撞击实验。吉奥索不愿整晚光查看机器，于是把实验室火警报警器跟α粒子检测器连接起来，如果有任何α衰变的迹象，警报就会响起来。破晓时分，正当他们狼吞虎咽地吃着火腿和鸡蛋时，报警器响了。肖邦在一本1978年版的高中化学书上记录下当时的情景："我们全都激动地大声欢呼起来……伯纳德·哈维在图表上写下'万岁'两字……当报警器第二次响起时，这也就意味着第二个101号元素的原子发生了衰变，伯尼写下'两个万岁'，在下一次响起后，他又写下'三个万岁'。"

吉奥索既疲惫又兴奋，他回家躺在床上，一想到自己又发现一种元素就感觉心满意足。第二天早上，他被叫到格伦·西博格的办公室。那天早上，他们的101号元素样品发生了第四次衰变。由于太过激动，吉奥索忘记把报警器和检测器断开，结果实验室的工作人员和学生惊慌失措地逃了出去。欧内斯特·劳伦斯给西博格写了一张便条，祝贺他的新发现，同时又提醒他，乱动火警报警器违反了实验室的规定。

① 尽管旧金山公共广播电视台的这个节目在黄金时段播出，但它并没有吸引多少湾区儿童，因为它跟播放《独行侠》的时间冲突了。复原实验发生在白天，而真正的实验则是在夜间进行的，这样就能确保实验室之间的交通不会发生拥堵。

★ ★ ★

只用 17 个原子就确认了 101 号元素，这是科学和工程学了不起的功绩。吉奥索壮着胆子为它挑选了一个名字。当他们在 1955 年 6 月那一期《物理评论》中公布这种新元素时，同时宣布为了纪念发明元素周期表的德米特里·门捷列夫，团队将把它命名为"钔"（mendelevium）。这是个鲁莽的选择：在冷战愈演愈烈之际，吉奥索居然以俄国人的名字来给一项美国的发明命名。"我们认为激进的方式或许是适宜的，"他推断道，"如果我们把它叫作'钔'，这或许没什么问题。"

这一举动很快被证明是修复东西方关系的一根至关重要的橄榄枝。几年之后，时任美国副总统理查德·尼克松前往莫斯科同时任苏联总理赫鲁晓夫进行会谈。西博格跟尼克松是老熟人，他给尼克松讲述了发现元素过程中的逸闻趣事。访问结束后，西博格收到美国驻莫斯科大使馆寄来的一个包裹。包裹里装着一本门捷列夫签过名的 1889 年版《化学原理》，以及一封苏联元素爱好者写的信。尼克松在演讲时提到了吉奥索的恶作剧，这给观众们留下了深刻的印象。

钔的发现标志着史上最成功的元素发现团队的终结。在它被发现后不久，汤普森休了一个长假，然后离开项目组去了另一个实验室。尽管他在回来后依然还会在伯克利发挥重要作用，但他发现元素的日子结束了。西博格直接参与实验室工作的时间也越来越少。他已经成为杜鲁门总统和艾森豪威尔总统委任的核弹试验观察员，同时还是科学顾问委员会的成员。此外，他还要撰写关于原子和原子时代奇迹的书。在钔被发现的前几年，他对大学体育产生了兴趣，并让西海岸计划焕发出勃勃生机，最终发展为今天的太平洋十二校联盟——它是美国历史上最成功的大学体育联盟。他于 1958 年开始担任加利福尼亚大学伯克利分校的校长，在由学生运动和顽固的保守主义形成的复杂政治局面中维持着微妙的平衡。

1961 年 1 月 9 日，他得到了一个科学家能够获得的最高职位。那天早上，他接到一通电话，电话那头的男人带着浓重的波士顿口音。这个陌生人自称名叫杰克，他问西博格是否愿意为他工作。在经过家人快速投票表决之后（海伦和 6 个孩子投票留在加利福尼亚州），西博格行使了他作为一家之主的否决权，决定接受当选总统约翰·F. 肯尼迪的邀请。

曾经一无所有的伊什珀明男孩格伦·西奥多·西博格如今执掌起美国的核武

库，成为美国原子能委员会的主席。他还将继续为超重元素奋斗。1957 年，西博格给美国原子能委员会写了一封信，敦促后者制订计划提供"数量可观的（毫克）锫、锎和镄"。作为主席，他能够把自己的设想变成现实——橡树岭的放射化学工程开发中心和高通量同位素反应堆。这一举措保证了对超重元素的探索还将持续至少 100 年。

在美国首都华盛顿，西博格进入肯尼迪总统的权力核心，登上了一个他从未涉足的舞台。上任仅仅一年后，他就遭遇了古巴导弹危机。1963 年，他作为谈判团成员参与制定了《部分禁止核试验条约》，这份条约禁止在地面进行核武器试验。在谈判期间，他见到了尼基塔·赫鲁晓夫和他的继任者列昂尼德·勃列日涅夫。当肯尼迪遇刺后，西博格成为继任总统林登·约翰逊的亲密顾问。他们两人关系紧密，西博格经常受邀前往白宫，有时只是过去闲玩。在西博格的影响下，约翰逊签署了《防止核武器扩散条约》，该协议遏制了核武器在世界范围内的扩散。作为创造出为第一颗核弹提供能量的元素的人，西博格却开始极力阻止使用他最糟糕的造物。

然而，该来的终究会来。1955 年，伯克利的小伙子们对庆祝自己最新的胜利更有兴趣。他们聚集在拉里·布莱克餐厅，一起嬉戏打闹，放声大笑，跟一个纸塑的汤普森雕像合影。他们热切地盼望着发现属于自己的下一个元素。

但发现下一个重元素的突破口注定不会由伯克利取得。它出现在瑞典，并引发了一场持续 40 年之久的争论。

 第二部分

超镄元素之争

08

"锘"即若离

斯德哥尔摩这座城市建于群岛之上，拥有壮丽的海港和年深日久的秘密，大大小小的岛屿和半岛让它呈现出明信片一般旖旎的风光。在市中心的老城区，迷宫般的街巷和陡峭的坡道等待着游人去探寻。今天，瑞典国旗高高飘扬在皇宫之上，阳光照耀下的水面散发出迷人的粼粼波光。时髦的餐厅和咖啡馆飘出新鲜出炉的肉桂卷和印度奶茶的香气——现在是瑞典人的傍晚茶时间。斯德哥尔摩大学位于这座城市的北部。在校园某处不起眼的角落里，破旧的诺贝尔物理研究所隐匿其中。这是一栋毫不起眼的建筑：该校一位名叫布雷特·桑顿的地球化学家告诉我，他上班的地方离这儿不到 100 米，但他在这里工作多年后才知道它的重要性。唯一能显露其地位的标记是大门上方一块上过漆的牌匾：一个白色的字母 C 被安放在一个蓝色的方块上。在它的下方，"瓦伦堡基金会回旋加速器实验室"这几个字在阳光下闪闪发光。1957 年，一个由美国人、英国人和瑞典人构成的团队正是在这里宣布他们制造出了 102 号元素。

在入口处迎接我的是安德斯·卡尔伯格。他年纪稍长，穿着一件蓝色防水夹克。他将自行车靠在墙上，抬头看着这个大大的字母 C。他已经不在这里工作了，其他人也不在这里上班。这栋建筑将在两周后停止使用，而它的实验室则会被改造成举办艺术展的地方。卡尔伯格是留下的最后一名物理学家，他在这儿是为了确保这个地方在承担新功能时没有什么危险。"什么都没了，"他说道，语气中满是歉意，"我正准备去回旋加速器实验室做物质检测。说实在的，它有点儿烦人。我在钻孔粉末中检测到某些锘–152 的残留。"每种元素被认为安全的最高剂量都不一样。让卡尔伯格不安的是，锘的安全剂量非常低。"（辐射）量高于允许公众入内的限度，但它只是混凝土墙中铀元素天然辐射量的百分之一！幸运的是，政府最后还是网开一面。"

我们走进废弃的大厅，就像盗墓贼闯进了一座古墓，接着我们再乘坐一台工业电梯前往加速器实验室。在地底深处，卡尔伯格带着我走进一间巨大的空荡荡的房间。它给人的感觉就像一间废弃的仓库，清理之后还有大量空间可以装货。便携式照明灯给这个荒凉的地堡投下奇怪的阴影。开裂的地砖上落满尘土，雪白的墙面上布满钻孔，卡尔伯格就是从这里提取样品的。在远处的角落里，焦痕记录着回旋加速器曾经所在的位置。这个地方令人毛骨悚然，仅有的声响就是我们的脚步声、说话声和呼吸声。卡尔伯格转过身，指着一台悬挂在天花板上的陈旧吊车，给我讲起用吊车把设备从竖井中吊起来，按完按钮后再放回去的故事。那些设备早已不见踪迹，如今这里空空如也。

　　尽管 20 世纪 50 年代时卡尔伯格并没有在现场，但他对当时的情况了如指掌。就跟 20 年前费米的"帕尼斯佩纳男孩"一样，这是一小群科学家同世界上最大的实验室对抗的故事。瑞典人没有加利福尼亚大学伯克利分校那么鼓胀的荷包，也不具备西博格 20 年研究元素的经验。他们的设备都是靠着有限的经费手工制造的，所用的靶材和束流都是从其他实验室借来的。尽管如此，他们却震惊了世界，而世界也予以回击。

　　等到瑞典人进行实验的时候，元素制造者们已经不再使用中子俘获法了。随着加速器技术的不断完善，人们已经能够朝着靶材发射能量和强度足够引起聚变反应的轻元素的离子，甚至包括氖（10 号元素）。但发射这些微小的核子又带来了新的挑战。就跟之前的情况一样，元素制造者必须使束流具备足够的能量才能突破库仑势垒——正电荷斥力，而库仑势垒在保护这两种核子。这就意味着，突破斥力并形成一个复合核子所需要的能量一定要远远超过裂变势垒，否则任何新生成的核子都会在一瞬间分解。

　　但原子核在降低能量和避免裂变方面还藏有另一个锦囊妙计。与发生 α 衰变或 β 衰变不同的是，原子核可以把由中子和质子构成的"蒸发残渣"推出去，这跟一艘即将沉没的船把沉重的压舱物抛进海里有些类似。这会在蒸发和裂变之间形成一场瞬间结束的比赛：原子要么释放出足够的中子和质子从而损失 35 至 40 兆电子伏特的能量，要么发生爆炸。裂变几乎总是先发生。但在某些罕见的情况下，当蒸发"获胜"时，你就会得到一种新元素。

正如前文提到的那样，瑞典人在 1954 年利用氧离子轰击铀数小时后，自认为制造出了据说尚未被发现的 100 号元素。那一次，常春藤"迈克"氢弹击碎了他们的发现。然而，尽管瑞典人略感沮丧，但这并没有阻止他们继续前进。"我们集中精力制造 102 号元素，"实验室的官方历史记录这样写道，"我们从英国找来锎，用来研究它与氧离子发生核反应的情况；我们还从瑞士得到氖 –22，用来研究铀辐射。"尽管他们认为这两种组合都可以制造出 102 号元素，但极低的核反应截面打败了他们：生成材料的分量不足以证明他们靠着低预算和手工制造的设备取得了成功。

于是，他们同美国阿贡国家实验室和英国哈维尔实验室原子能研究所携起手来。这次合作的目的是发挥各家实验室的特长：阿贡国家实验室向英国实验室提供锔 –244 的样品；后者会把这些靶材粘贴到薄薄的铝箔上面，然后运送到斯德哥尔摩；瑞典实验室的工程师在曼内·西格巴恩的带领下用碳 –13（比碳 –12 多一个中子的碳原子）轰击铝箔。瑞典的回旋加速器在设计上和伯克利的类似，唯一真正的不同之处在于他们使用的捕捉器是一张塑料网，而非金箔。塑料网价格低廉且易于更换，在实验完成后，瑞典人会把捕捉器取下来点燃，塑料熔化之后，剩下的就是新生成的元素了。

1957 年，在轰击了 6 个不同靶子 30 分钟后，这支团队宣布取得胜利。其中 3 个靶子显示出 α 衰变的迹象。这是 102 号元素首次显露迹象。但核对读数的化学实验却失败了。这个团队面临着两难的处境：他们是该向世界宣布胜利呢，还是该继续研究下去？

瑞典人承认他们的证据并不充足，部分原因在于他们使用的设备：精密的检测仪器需要资金，而这正是瑞典研究人员最缺乏的。"我们辐射实验的结果会引起争议，"实验室历史记录继续写道，"这主要是因为核反应的低产率，以及用于记录的 α 衰变宽能谱与测量设备的匮乏。假如有足够的资金，实验早就完成了。"

"这些数据不太可靠，"卡尔伯格表示认同，"（用来检测 102 号元素的）α 能谱是用一台自制 16 通道分析仪测量的。当时核物理学刚刚起步，你根本买不到所需的设备。α 能谱相当原始。但说实话，我认为他们已经做得很不错了。"

1957 年 7 月，这个团队决定公布他们的实验结果。与此同时，他们还为它的名字提出了建议："锘（nobelium），符号为 No，意在表彰阿尔弗雷德·诺贝尔对于科学研究的支持，同时也为了纪念发现该元素的研究机构。"这个建议比战后伯克利的所有发现都更吸引民众的关注。锘，诺贝尔，诺贝尔奖。这是一个很讨喜的名字，很快就变得街知巷闻。

当瑞典的消息传来时，西博格和吉奥索都在伯克利。数据既不完整也不可靠，他俩都不相信这个消息。美国人立即着手验证瑞典人的实验，吉奥索很快便断定斯德哥尔摩实验室"完全错了"。他和西博格私下开玩笑，把锘称为"锘即若离"（nobelievium）。

美国和苏联的研究人员很快向瑞典团队施压，想让他们撤回声明。在核对过数据后，瑞典研究人员还是坚持己见。尽管他们承认伯克利"似乎在（他们的）结果中找到几处疑点"，但他们拒绝让步："我们建议保留对于 102 号元素的判断。"

站在诺贝尔研究所的遗址中，你很容易回想起历史的片段。瑞典人发现迎接自己的不是赞美，而是一场质疑他们成就的口水仗。在科研界想出解决方案之前，这场口水仗一直持续了 40 年，而瑞典团队也慢慢淡出了寻找元素的领域。十年之后，当伯克利团队成功复制瑞典人的发现时，他们并没有提到这场实验的重要性。

时至今日，诺贝尔研究所的工作早已被人遗忘，它宣称发现锘这件事很有可能永远得不到证明。然而卡尔伯格既没有苦涩的记忆，也没有对发生的事情心怀怨恨。相反，当他回忆起曾经在这里工作的人时，他把手放在墙上，轻轻地触摸着墙壁。"这是一个让人开心的地方。"他轻轻说道。

"你认为他们真的发现它了吗？"我开口问道。

我的同伴在思考答案时陷入了沉思："我想，当年我在这儿工作的时候，大家普遍的感觉是我们的确造出了 102 号元素，但人们不接受它……我的感觉是，伯克利不希望这个领域有其他人存在。'那些使用业余设备的瑞典小矮子？他们不可能比我们先找到！'"

在近 20 年的时间里，伯克利一直在元素发现领域遥遥领先，它总共发现了 10种元素。当时，世界其他地区一共发现了 3 种元素。所以，伯克利团队认为他们（也只有他们）才拥有拓展元素周期表的专长，这想法就不那么奇怪了。

事实很快证明他们错了。

苏联人来了，他们有自己的"元素猎人"。

09

来自苏联的弗廖罗夫

1942 年 4 月，苏联空军志愿队一名 29 岁的中尉无意间发现了世界上最大的秘密。

格奥尔基·尼古拉耶维奇·弗廖罗夫当时正在保卫自己的祖国。1941 年，德国入侵苏联，并且深入到苏联腹地。差不多一年之后，战线横贯整个国家，从北方的列宁格勒（今天的圣彼得堡）一直延伸到南方的克里米亚半岛。弗廖罗夫当时是一名驻扎在沃罗涅日的初级工程干事，此地距离前线不远，他的工作就是修理轰炸机。就整个国家而言，他默默无闻，他只是从苏联全境招募来参加苏德战争的数百万人中的一员。

弗廖罗夫出身寒微。他出生在顿河畔罗斯托夫一户贫农家里，父母负担不起他接受教育的费用。青少年时期，他干过苦力，当过发动机润滑工，甚至还当过电工。1931 年，他在 18 岁的时候来到列宁格勒的 "红色普梯洛夫" 工厂工作，这家工厂生产军火和拖拉机。14 年前，正是这家工厂发起的罢工推翻了沙皇的统治。苏联需要尖端人才，两年后，弗廖罗夫被国家派去上大学，并结识了伊戈尔·库尔恰托夫，他在苏联的地位相当于欧内斯特·劳伦斯在美国的地位。在库尔恰托夫的指导下，弗廖罗夫成长为一名前途不可限量的核物理学家。1940 年，在研究铀的不同的同位素时，他和另外一名研究员发现自然界也存在着自发裂变——元素会变得不稳定，然后自己分裂。这个发现令人印象深刻，但轴心国的侵略使他失去了展开后续研究的机会。

弗廖罗夫相信，他当物理学家要比当机械工对国家更有用，于是发誓要让自己的科研生涯走上正轨。下班之后，他喜欢的休息方式是一头扎进当地的大学图书馆，阅读最新的研究期刊。正是在某次休息的时候，他注意到少了点儿什么东西。两年前，他写过一篇关于裂变的论文，没人对此做出回应。实际上，似乎还没有人发表过关于原子研究的只言片语。弗廖罗夫无法想象拥有强大机器和丰富资源的英国人、美国人和德国人居然完全把"铀问题"抛诸脑后。这可能只意味着一件事：大家都在研究原子弹。

苏联人没有制造核武器的计划。相反，国家优先发展冶金和重工业，并把最好的化学家和物理学家派遣到各个工厂。弗廖罗夫从来不认为这是正确的做法。1941年，他拜访了苏联科学院，为具体如何制造原子弹画出蓝图。他还不断给库尔恰托夫写信，请求这位原子科学的"浪子"释放原子的能量。弗廖罗夫相信美国人正在做这件事，他明白自己必须得行动起来了。如果其他物理学家不愿意听的话，或许领袖会听。

弗廖罗夫写信给斯大林。

敬爱的约瑟夫·维萨里奥诺维奇，

　　战争从开始到现在已经过去十个月了，这段日子我一直感觉自己就像一个试图用头撞破一面石墙的人……或许因为身在前线，我失去了对当下科学应该研究什么的判断……（但是）我想我们犯了一个巨大的错误，用了最好的心却干了最蠢的事。我们都想竭尽所能赶走纳粹，但我们没有必要如此慌乱，也没有必要只处理那些被冠以"紧急"字样的军事目标……这是我写给您的最后一封信，因此我放下武器，等待着这个问题被德国人、英国人或美国人解决。这件事的后果极其严重，乃至没有必要决定谁该为这件工作没有得到我国的重视负责。

弗廖罗夫在信的末尾提出一个请求。为了造出一颗苏联原子弹，他恳请召开一场研讨会，请全苏联最优秀的科学家都"出席并听取一个半小时的报告"。这是一场令人惊讶的赌博。

这封信被送到了斯大林在克里姆林宫的办公室，正巧赶上秘密警察首脑拉夫连季·贝利亚送来一叠情报，其中也提到了原子弹。斯大林在办公室来回踱步，一边抽着樱桃根烟斗一边跟他的科学顾问谢尔盖·卡夫塔诺夫讨论这个问题。卡夫塔诺夫同意这是"必须要采取的行动"。随后，斯大林把四位最优秀的物理学家叫来责备了一番。为什么一个放肆的中尉能够看到问题所在，而他们却视而不见呢？信中的这个"弗廖罗夫中尉"确实有胆有识。斯大林喜欢有胆识的人，苏联需要有胆识的人。物理学家们立即着手研究原子弹。

★ ★ ★

苏联的第一颗原子弹于 1949 年 8 月引爆。这颗原子弹被称为"第一次闪电"，或 RDS-1，它的外形几乎跟"瘦子"一模一样，都有着"胖子"般鼓胀的身形。如此设计是为产生内向爆炸，以便让钚发生链式反应。跟"三位一体"试验采用单独的电缆塔不同，苏联的试验场位于哈萨克斯坦偏远的大草原上，周围有木制建筑、一座假地铁站、坦克、飞机以及 1500 只动物。放这些动物的目的是想看看它们身上会发生什么，结果它们都没能挺过去。

苏联的计划跟曼哈顿计划一样人才济济。很多人跟他们的英美同行来自同一所实验室：他们中有一位名叫彼得·卡皮察的人，他正是欧内斯特·卢瑟福的高徒。[①]首席科学家是库尔恰托夫。负责监督整个项目的是铁血的贝利亚，失败不是一件值得考虑的事情。

弗廖罗夫跟参与试验的其他人不同。在那封信寄出后不久，他就被安排专门负责原子弹方面的工作（这让他大松一口气）。到战争结束时，他成为苏联核工业中的一个关键环节，他在 1945 年中期来到德国，想看看德国的核弹研究发展到哪一步了。他得到的答案是"进展不太快"。德国的原子弹计划从来没有真正启动过，部分原因在于挪威化学家的消极怠工。而真正启动了的项目早已被英国人和美国人搬了个干净（同盟国的科学领袖称其"规模小得可笑"）。弗廖罗夫也没有找到任何德国核物理学家，他们全都被关进了农庄馆——位于英国剑桥郡大乌兹河岸边的一座庄园。

奥托·哈恩也是被囚禁于其中的一名科学家，正是他和莉泽·迈特纳一起发现了裂变。1944 年，他因此获得了诺贝尔奖，而迈特纳却因为科研界严重的性别歧视什么也没得到。（后来公布的记录显示，她的提名遭到了 48 次忽视。）作为坚定的反纳粹人士，哈恩一直待在德国，但跟其他很多囚犯不同的是，他拒绝为原子弹项目工作。当广岛和长崎遭到原子弹轰炸的消息传到农庄馆时，他觉得自己也有责任，并试图自杀。科学的阴暗面再一次使人类付出了代价。

但德国的核试验离在哈萨克斯坦进行的核试验还有很长一段路，离造出原子

---

① 如果你去剑桥大学参观蒙德实验室的话，你会看到墙壁上有一幅鳄鱼浮雕。这是在卡皮察的要求下雕刻的：他把卢瑟福称为"鳄鱼"，因为他很怕自己的头被卢瑟福咬掉。

弹就更远了。在"第一次闪电"试验后，弗廖罗夫得以解除研究核弹的责任，开始把注意力转到发现元素上来。当弗廖罗夫在 1956 年听说艾伯特·吉奥索发现钔的消息后，他利用库尔恰托夫在莫斯科的回旋加速器用氧轰击钚，试图造出 102 号元素。弗廖罗夫或许成功过，但就连他本人也承认实验结果不太确定。

在格奥尔基·弗廖罗夫身上，苏联看到了自己的"元素智多星"。但如果他要跟美国科学家竞争的话，他还需要一间可以匹敌伯克利分校的实验室。

联合核子研究所位于杜布纳的中心，这座小城离莫斯科只有两小时的车程。要想去那里，你得顺着一条穿过茂密松林的单行车道开很长时间的汽车，沿途会经过一辆 T-34 坦克，它停放的位置就是 1941 年轴心国停止进攻的地方。你在到达之前就能感受到这个地方的历史。

杜布纳是一座科学城，是俄罗斯的科研中心之一。走进这座城市，你首先会经过一个巨大的金属标识，它宣示着这座小城的名字，就像是铸钢版的好莱坞标识，以及铭记它的科学英雄的标语。伏尔加河穿城而过。在河的南岸，伏尔加河与莫斯科运河交汇的地方，有一座 25 米高的列宁雕塑，仿佛一个孤独的守望者。

不管从哪方面看，杜布纳自联合核子研究所成立以来并没有发生太大变化，除了后来悄然出现的一点儿西方元素：一家麦当劳餐厅、一家小型超市和一家奇幻主题酒店。人们很容易忽视这些变化，转而想象 20 世纪 50 年代当第一批科学家来到这里时它的样子，这批人从这个国家的四面八方汇集于此，共同打造了这个卓越的原子研究中心。

我来这里要见的人也是当年那批人中的一员。除了去国外演讲之外，他再也没有离开过这里。他的名字是尤里·奥加涅相，目前唯一在世的以其名字命名元素的人。

我见过奥加涅相刚来联合核子研究所工作时的照片：一个 28 岁、满脸稚气的小伙子，个子不高，一副典型的亚美尼亚人容貌，头发梳得很整齐，嘴角总是挂着一抹淘气的笑容。年轻的时候，奥加涅相本想成为一名建筑家，但他的科学天赋把他带到了莫斯科工程物理学院。很快，奥加涅相组织大型工程的才华显露无遗，这些工程将推动第二次世界大战后科学的发展。他头脑灵活，求知若渴，善于解决问题；更重要的是，他有着召集适合人选实现自己想法的才能。甫一毕业，奥加涅相就得到了苏联方方面面的青睐。在仔细思考过自己的未来后，他选择担任弗廖罗夫的总工程师。

弗廖罗夫这一任命一如既往很大胆——这个年轻的亚美尼亚人甚至连博士学位都没有。面试过程也同样奇怪。弗廖罗夫让奥加涅相坐下，跟他聊了一小时，却没有问他一个跟科学有关的问题。"从跟他见面开始，我们就一直在聊天，"奥加涅相在网络上的一个名为 Periodic Videos 的视频频道中说道，"他没有问我物理学方面的问题，他只问我生活中喜欢什么东西。我回答说体育运动。他又问我喜不喜欢戏剧、音乐和其他东西。那场对话差不多就是这个样子。接着他说：'很好，很好，我很满意。非常感谢你，我会让你加入我的小组。'"

除了出生地之外（奥加涅相也来自顿河畔罗斯托夫），两人鲜有共同之处。然而，就跟西博格和吉奥索一样，他们是一对完美的组合。"对于一个年轻人来说，这个超重元素项目真是太棒了，"奥加涅相回忆道，"如果有机会重来一次的话，我还会这么做的。"

尊重是相互的。弗廖罗夫有一个大胆的计划，正好需要奥加涅相那样有聪明才干的人。弗廖罗夫厌倦了伯克利的统治地位，他计划加入这场超重元素竞赛，并设计出一台机器——一台新的回旋加速器，他相信这台机器可以打败美国人。奥加涅相就负责建造这台机器。

穿过一个废弃的铁路道口（警笛长鸣，护栏大开），走到一条泥泞马路的尽头，你便来到了联合核子研究所。入口处有一个不大的安检点，保安检查了我的通行证后予以放行。在穿过一扇木门后，我便走在了苏联最早的科研机构的林荫大道上。一些建筑新近粉刷过，刚刚扩建了翼楼；还有一些建筑的房门被木板封住，窗户破破烂烂的，看起来年久失修。我的向导尼古拉·阿科西诺夫解释说，联合核子研究所由 7 间实验室构成，全都在研究核科学的不同领域。研究资金取决于成功率——某些实验室要比其他的实验室更成功。

右手边第二栋建筑便是弗廖罗夫核反应实验室。它显然是较富裕的实验室之一，尽管它在外观上跟其他建筑没有什么不同，都是刷成白色的方形综合大楼。楼外摆放着 0.5 米高的金属杜瓦瓶——装液氮的罐子，以备不时之需。杜瓦瓶的盖子早已不翼而飞，时至今日，装烤豆子的空盒子也能派上同样的用场。

阿科西诺夫带我走了进去，我们登上楼梯来到二楼，在穿过一间秘书办公室后便来到一间长长的镶有橡木嵌板的房间，里面有一张巨大的会议桌，桌上堆满了杂志、报告和科学论文。在桌子的另一头，实验室主任谢尔盖·德米特里耶夫站起身来；他旁边站着的一脸热情笑容的人便是奥加涅相——正是他跟弗廖罗夫一起让联合核子研究所变得举世闻名。虽然已年逾八旬，但他依然精神矍铄，他快步走到我面前，用完美无瑕的英语跟我打招呼。我们素昧平生，但他跟我握手时就像我是他的老朋友一般，在回办公室前他答应稍后再和我聊。我永远也忘不了，我刚见到了世界上最有影响力的科学家之一。

德米特里耶夫也热情地欢迎了我。他指着我身后墙壁上那面巨大的等离子屏让我看。屏幕上是一台建造中的回旋加速器的实时画面，离此处只有几百米的距离。这幅画面静止得出奇，屏幕上只有一位拿着拖把和水桶的老太太在来回走动，她正在清理地板上一个 6 米宽的巨型金属环。我过了好一会儿才反应过来，这其实是两台动态电磁环境模拟器，这种设备的功能就相当于回旋加速器跃动的心脏。建成之后，它将跟弗廖罗夫实验室团队运营的其他 5 台回旋加速器一样成为世界上最强大的科研设备之一。目前，它还在等待其他重要的部件，尤其是使离子旋转的磁铁。

"我都等不及想看看运转中的回旋加速器了。"我说道。我从来没有见过伯克利的回旋加速器，当时，杰克琳·盖茨美味的猪排三明治转移了我的注意力。

德米特里耶夫笑道："没问题，我们马上就走。现在正是参观回旋加速器的好机会。它一天 24 小时都在运转，等着用它的人排成了长队。但现在我们可以进去。"

这天，一家私人航天公司正在使用 U400M（字母 U 代表 uskoritel，在俄语中是回旋加速器的意思），用模拟宇宙射线的离子来轰击其卫星。我们跟着德米特里耶夫下了楼，走进一条没有任何标志的走廊。这台机器一年只关停两个星期，阿科西诺夫一边走一边向我解释，那是因为时值盛夏，从伏尔加河抽上来的水温度太高，无法作为冷却剂。"那时工程师们可以做一些维修工作，"阿科西诺夫说道，"我们在那个时候关停机器还有另一个原因：我们那时放暑假。"

穿过走廊，再拐一个弯，我们来到一间小型控制室，里面安装着显示屏、读出器和闪动的按钮。你在世界其他地方根本见不到眼前的景象。原则上来说，U400M 和第一代回旋加速器完全一样：它就是一挺离子"机关枪"。只不过这把枪的体积有一座房子那么大，每秒能发射 6 万亿颗"子弹"。

当参观者看到劳伦斯 1939 年的回旋加速器时，他们称它为一台"真正的巨型机器"，它重达 220 吨。而 U400M 的重量是 2100 吨。它第一眼看上去像一座发电厂，冰冷的巨型水泥壳子中间有一台嗡嗡作响的机器，装有紧急阀门的管道遍布四周，关键设备上方装有金属过道以供行走。然而，当你再看这台盘踞整个房间的巨型装置时，你只能勉强认出状如锌电池的回旋加速器的动态电磁环境模拟器，它被安置在一块巨大的弓形磁铁下面，好像被一把钳子夹住了。

它隆隆作响。当电磁铁让束流射向它应该去的地方时，整台机器发出持续不断的嗡嗡声，阀门间或嘶的一声释放出高压蒸汽，冷却剂在机器内部某处咕噜作响。状如白须的凝霜从关键接口处冒了出来，状如烤豆罐子般的杜瓦瓶中的液氮就是从这些接口处添加进去的。液氮这种冷却剂跟伏尔加河的河水一样至关重要。由于回旋加速器需要带电的轰击粒子，束流中使用的原子必须经过加热以剥夺它们的电子。这就意味着 U400M 发射的等离子——带电气体的温度在600 摄氏度左右。[①]

"这是一台非常典型的设备，"阿科西诺夫一边环指四周一边对我说，"它建得非常好。水泵、管道线路，还有冷凝水。发射离子的地方在这里，加速器在这里，束流线在这里。"他的手指顺着一根管道指指点点，这根管道穿过地板，消失在一堵实心墙中。"你在这个地方把它对准靶子。我们把靶子藏起来，这些堆块是用来隔绝辐射的，所以这个房间的辐射一直维持在本底辐射的水平。"

阿科西诺夫太谦虚了。这台机器是一个现代奇迹：它发现了 5 种元素。

★★★

联合核子研究所最早制造的 U300 同 U400M 相比实在是天差地别。U300 是在列宁格勒按照常规大小建造的，直径为 3 米。弗廖罗夫的要求就是，这台机器一定要跟世界上的其他机器不相上下。他把计划交给奥加涅相，让他的年轻助手把他的设想变成现实。

最初，建造进度十分缓慢：没有一个苏联团队有建造回旋加速器的经验。"一切都是摸着石头过河，"联合核子研究所的记录这样写道，"唯一的向导是我

① 钙通常会在 1484 摄氏度时变成气态，但系统处于极低的气压之中，这会使沸点降低。

们的学术知识和直觉。由于缺乏协调，错误也就不可避免。"然而，弗廖罗夫选择了奥加涅相，他选择了一位完美的领导者。不知通过什么方法，这个年轻的亚美尼亚人让所有人都凝聚在一起，他制止冲突，分配任务并及时解决问题以防患于未然。这本记录继续写道："在很大程度上，正是奥加涅相的技巧（保证了）整个加速器项目的成功。"等到竣工之日，它很可能是世界上寻找新元素最好的机器。

伯克利团队也建造了一台新机器。在路易斯·阿尔瓦雷茨的建议下，伯克利实验室同美国耶鲁大学合作，共同建造了一台重离子直线加速器，平板卡车载着它的部件穿过黑莓大峡谷的山口送到实验室（图5）。1957年4月，重离子直线加速器开始投入使用——美国人也具备了发射比氦更重的离子束的能力。

图5　重离子直线加速器的部件被送往劳伦斯伯克利实验室（1956年）

令人遗憾的是，劳伦斯没能亲眼看到伯克利最新的"大科学"计划开花结果。1958年，时任美国总统艾森豪威尔委派他参加在瑞士举行的核条约谈判。尽管身患溃疡性结肠炎，劳伦斯依然同意了。他在回到美国后不久就病逝了。不到一个月之后，加利福尼亚大学决定以他的名字命名两处核研究基地：伯克利分校的劳伦斯辐射实验室和利弗莫尔的劳伦斯辐射实验室。[①]

随着 U300 和重离子直线加速器的竣工，此时美国和苏联的团队并驾齐驱。双方都具备尖端设备，身后都有超级大国提供的资源，以及在元素发现领域经验丰富的领导者。

这是冷战在微观层面的延伸。而事实将证明，它和真正的冷战一样引发了分裂。

---

① 1971年，两家实验室分别更名为劳伦斯伯克利实验室和劳伦斯利弗莫尔实验室；1995年，它们的名字中又双双增加了"国家"二字。

10

东方与西方

1959 年 7 月 3 日，在刚刚吃完午饭后不久，所有人都冲出了伯克利重离子直线加速器大楼。他们之前目睹过实验室发生的小意外，也曾听到火警报警器因为故障或者艾伯特·吉奥索私接、乱改线路而响个不停。但这一次可不是闹着玩的。整栋大楼弥漫着放射性粉尘，一旦吸入就意味着死亡。

实验室异常忙乱，有 27 个人还在里面。一半的潜在受害者是管道工，他们当时正在那里建造一个水槽。首批逃出来的 26 个人聚集在楼外，伯克利的安全小组赶来了，他们用棉签从人们的鼻腔中提取样品以判断他们受到的辐射量。人们被要求脱光衣服，衣物被贴上标签，然后放进水泥袋中予以销毁。一个名叫维克·维奥拉的员工决定采取进一步的除污手段，他赤身裸体就近冲进一间实验室，把头发浸泡在水池里。（维奥拉忘了这件事，坚持认为他那时剪掉了头发。）安全小组还拿来了干净的工装让大家换上，以便保持尊严和抵御湾区的寒风。

吉奥索是最后一名撤离实验室的人。他戴着口罩、手套，穿着工装和靴子。他一声不吭地脱掉衣物，朝最近的除污淋浴室走去，用冰水把全身浇了个遍。劳伦斯辐射实验室刚刚经历了它的第一次重大事故。

美国团队一直在寻找 102 号元素，他们依然认为瑞典的声明是一个错误。但在钔的后面，潜在元素的半衰期和反应截面微乎其微（它们的原子更大，也更不稳定），其衰变速度之快，就算你开着一辆大众甲壳虫汽车也追不上。为了应对原子变幻莫测的性质，吉奥索尝试使用一种新方法来检测它。他不再寻找元素本身，而是寻找它的"女儿"：它在 α 衰变后可能生成的已知元素。102 号元素会衰变成元素周期表中它之前两位的镄。当聚变生成 102 号元素时，他只需要在探测器中寻找镄的踪迹就行了，这样就能验证他的发现。

但这可不像听起来那么简单。α 辐射遵循牛顿运动定律：每当一个原子衰变

并释放出一个 α 粒子时，它的原子核会朝相反的方向弹射。假如吉奥索就像发现钌时那样只使用一张捕集箔，那他永远也发现不了任何东西：任何生成的元素在衰变的一瞬间都会飞出金箔。身为发明家，吉奥索很快就想到了解决办法。他需要某种类似于台球击球技巧的技术。

首先，就跟所有其他实验一样，离子束会撞击靶子（本次实验使用碳离子撞击铜靶）。如果发生聚变，新生成的 102 号元素会和之前一样在离子束的作用下飞到加速器的尽头。接下来的步骤就显示出吉奥索的聪明才智了。舱室后面有一个带负电的传送带，所有生成的 102 号元素会被立即吸引过去并沉积在传送带上；接下来，传送带会把这些元素从靶舱中送出来，放到一张捕集箔下面。如果传送带捕捉到 102 号元素并且它又发生衰变的话，新生成的锘会被弹到等候多时的捕集箔上。吉奥索把他的新"玩具"叫作"哈迪斯"。①

这台机器马上就取得了成功。1958 年，吉奥索报告称他检测到了锘的踪迹，而它只可能来自 102 号元素。在一年的时间里，伯克利团队收集到更多的数据来支持他们的发现。在吉奥索看来，那可比瑞典人的证据有力得多——他只需再做几个实验就能确定结果。

那起事故正是在做最后的实验时发生的。"哈迪斯"中充满了氦气，用于消除撞击期间生成的所有裂变产物和多余的放射性噪声。系统需要定期冲洗以便清除多余的积存气体，这就像给一台巨型暖气片放水。在某次冲洗过程中，释放出致命的 α 粒子的铜靶被留在了机器里。

吉奥索忘记打开阀门并接通电路。多余的氦气没能排出去，反而积存得越来越多，它们需要找到另一个排气口。"哈迪斯"存在一个设计缺陷——一张 0.1 毫米厚的镍箔。随着氦气的气压不断增加，镍箔受到的压力越来越大，最终镍箔穿孔，整个系统随即爆裂，致使铜靶"炸成了粉末"，结果就如同戳破一个装满放射性闪光粉的气球。

设计"哈迪斯"外仓的时候并没有考虑到会发生这种事故。一股穿堂风挟裹着铜粉飞出辐射防护罩，落到了大楼屋顶的木梁上。通风系统又从这里把铜粉撒向大楼，让 1500 平方米的办公区笼罩在一层薄雾中。在几秒的时间里，放射性烟

---

① 它的官方名称是重原子探测设备室。私下里，吉奥索给它起这个名字是因为从辐射的角度来说，这东西像地狱一般灼热。（译者注：哈迪斯是古希腊神话中的冥界之王。）

尘就充满了整栋大楼。

吉奥索听到镍箔破裂的声音，他立即关闭了阀门。即便如此，在快速查看了盖格计数器之后，他发现铜粉已经被撒得到处都是了：地板上、机器上，甚至自己身上。吉奥索打开对讲机，给管理员苏·哈吉斯发出警报，让所有人都撤离大楼。随后，他留了下来，蹲在"哈迪斯"舱室入口处关闭机器，以阻止铜粉进一步扩散。哈吉斯展现出了冷静的头脑和巨大的勇气，她让所有人撤出大楼，随后又找到吉奥索并递给他口罩和工装。

实验室在 5 分钟内疏散完毕。10 分钟后吉奥索走出大楼。大概一小时后，一名医生来到这里，建议所有人都提供一份尿样。只有 5 个人这么做了：研究员们很清楚，如果他们真的受到了辐射，现代医学根本无能为力。

没有人受到严重的伤害，这也算是一个小小的奇迹。经过计算，哈吉斯得出每个人可能受到的最大辐量是 1.5 希沃特（相当于 1500 万个香蕉的辐射量）；以 70 年的寿命来说，这个剂量会极大地增加员工罹患癌症的风险，但绝大多数撤离人员受到的辐射要比这低得多。作为距离铜粉最近的人，吉奥索运气很好。他本能地蹲下身子，所以他头顶上方的铜粉就被吹散了，因此，他并没有受到持续的影响。受辐射最严重的维奥拉成为健康专家的研究对象，他们给维奥拉准备了一个桶，用来收集他随后 6 个月的粪便。维奥拉回忆道："研究结果让这些健康专家写出了一篇出色的论文，但他们居然没在致谢中提我的名字，这让我很是恼火。"

但对想要制造 102 号元素的伯克利来说，就没那么幸运了。重离子直线加速器实验室充满了放射性颗粒，动用了 30 个人，花了 3 周的时间才消除了污染。即便如此，吉奥索回忆道："多年以来，人们还会不断地在这栋大楼某个不起眼的角落里发现少许铜粉。"人力、物力、清污费用、损失的设备，以及重离子直线加速器损失的工作时间——这是其中最昂贵的东西，意味着这起事故给伯克利造成了58 500 美元（相当于今天的 50 万美元）的损失。"这起事故还让我们在使用高反应性的靶子时变得提心吊胆，这不难理解。"吉奥索继续说道。寻找 102 号元素的计划被终止了，伯克利转而开始寻找 103 号元素。

人们很快重建了"哈迪斯"，并给它起了个新名字。（团队不确定它能否配得上"天堂"这个名字，他们认为它应该处于中间地带，于是把它叫作"林波"，意为中间状态。）1961 年，它造出了 103 号元素。吉奥索强烈要求以刚刚过世的实验室带头人劳伦斯的名字把它命名为"铹"（lawrencium）。照片记录下兴高采烈的吉奥索把它的缩写（Lw，后来被改为 Lr）写在元素周期表对应位置那一刻的情景。

美国人相信他们已经发现了所有的锕系元素，为寻找超重元素开辟出了一条道路。

但他们万万没想到，苏联人比他们先行一步。

★ ★ ★

弗廖罗夫核反应实验室并不以它的室内设计出名。只需穿过几条走廊便来到它的核心区域，沿途经过的混凝土墙上安装着用金属网罩着的警报灯。拾阶而上，未经铺设的通道给人的感觉更像是建筑工地，而非一间实验室。实验室机器工作端所在的房间满是活塞和压力阀，它们会突然发出嘶嘶的响声，仪表的指针在来回摆动。举目皆是标识、报警器和清污喷头。

与之相比，尤里·奥加涅相的办公室则漂亮得多。它仿佛一间耗费数十年精力打造的博物馆，里面充满了回忆和思想。大多数科学家的办公室要么干净朴素，要么缺乏个人特色。奥加涅相的办公室则完全属于另一种风格。这间办公室面积很大，够得上总统办公室的规格，宛若科研界的白宫。光可鉴人的办公桌上摆放着要看的论文和笔记、钢笔以及一部计算器。房间里不见计算机的踪迹。座椅后面是全家福照片，包括一张 A3 纸那么大的他孙子的照片，照片中的这个年轻人对自己在纽约曼哈顿举行的一场跑步比赛中取得的成绩倍感自豪。书架上摆满了教科书、奖杯、奖品、证书、纪念品和礼物，甚至还有一块美国新墨西哥州罗斯威尔市的汽车牌照。角落里放着一块黑板，上面的粉笔字和图表用玻璃罩起来。

"这是弗廖罗夫写的。"奥加涅相指着这些符号说道。他把他的导师的手写笔记保护起来留给子孙后代。这些红色和橙色的粉笔字潦草凌乱：苏联人当时正在讨论能否把原子弹埋在地下，以便在引爆它之后生成大量富含中子的锔。这个想法并不像它听上去的那么疯狂。在整个 20 世纪 60 年代，美国和苏联都因为各种原因引爆过原子弹——寻找元素只是理由之一。在提及自己的导师时，奥加涅相的声音依然还会颤抖。这两人年龄相差近 20 岁。他们并不是朋友，但比朋友还要亲密——这是导师与学生之间一种罕见的纽带。隔壁的办公室就是弗廖罗夫的，现在已经被改造成了一间小型博物馆，里面都是他的遗物。我最喜欢的是一个巨大的螃蟹标本，它是弗廖罗夫在堪察加半岛科考时抓的。

如今，奥加涅相负责监督实验室的科研项目。俄罗斯有这么一个笑话，就是人们相信亚美尼亚人拥有创造性的头脑，能以不同的视角认识世界。这句话或许不适合所有亚美尼亚人，却绝对适合奥加涅相。"当你来为尤里工作时，那种感觉不像是在实验室，"一位俄罗斯研究员在进门前对我说，"你会觉得自己在剧院里，而他就是导演。"在拜访前我还得知了另外一个秘密："当你和尤里见面时，他会让你坐下来，然后跟你谈论他想谈论的东西，而不是你认为你想要谈论的东西。等结束时，你会好奇为什么你从来没有这么清楚地审视过这个世界。"

我们坐了下来，精美的瓷器里已经倒满浓郁的俄罗斯咖啡。我问他为什么会走上寻找元素的道路。"我加入弗廖罗夫的团队，团队（工作）由弗廖罗夫安排!"奥加涅相对我的天真报以温暖的笑容，"我们不光研究（元素）性质。我们还研究核反应、相互作用、衰变类型、核裂变、α放射——核物理学和化学的各个领域。"

他靠在椅子上，就像一个讲故事的老爷爷。他回忆道："对我来说，一切都从 1962 年开始。"那时距他第一次来杜布纳已经过去 4 年了。到那个时候，苏联人已经尝试制造 102 号元素 4 年了，每次都很接近目标，但每次的数据却又自相矛盾。"我那时候还很年轻，弗廖罗夫团队中的其他人想做这个实验（来制造 102 号元素）。后来弗廖罗夫对我说：'好吧。我们现在试试你。'我彻底改造了检测仪器。那是我设计的。"

这台经过改装的机器很快取得了苏联在元素发现上的首次突破。1964 年，联合核子研究所的 3 位科学家用氖撞击铀，并在分离生成的镄时发现了鐪 -256——吉奥索当初也试图这么做。随后几年他们接连展开后续实验。这对于美国人来说可不是什么好消息：伯克利团队在工作中犯了一个错误，尽管他们造出了鐪，却把它误认为其他东西。他们造出了半衰期不同的两种同位素，却以为它们是同一个东西。

这就足以让苏联人否认美国人的发现，并宣告该元素是他们发现的。他们不打算把它叫作鐪，而是决定以弗雷德里克·约里奥 - 居里的名字把这种元素命名为 "joliotium"。约里奥 - 居里是伊雷娜·约里奥 - 居里的丈夫，他们夫妻二人共同发现了人工放射性。

寻找 102 号元素的惨败显示出寻找元素的竞争变得多么疯狂。瑞典人（或许）造出了某种东西，美国人在证明这个发现归他们所有时差点杀死了自己，苏联人在得出关于该元素的首个确凿证据之前先指出了美国人犯的一个错误。

102 号元素的发现成为今天记忆中"超镄元素之争"的导火索：这场在美国伯克利团队和苏联杜布纳团队之间的纷争贯穿了整个冷战高潮期。[①] 这场"战争"大约从 1957 年"伴侣号"卫星的发射开始，一直持续到 1974 年理查德·尼克松辞职。在 100 号元素，或者 101 号元素之前，关于谁发现了什么元素并不存在真正的争议。[②] 但自此之后，从发现 102 号元素开始，直到确认 108 号元素为止，所有事情都存在争议。

在 102 号元素被发现后没多久，苏联人宣布他们发现了 104 号元素。假如说先前的发现已经惹恼了美国人的话，那么苏联人宣布发现第一种超重元素的消息则彻底激怒了他们。弗廖罗夫选择以他的几年前去世的导师伊戈尔·库尔恰托夫的名字为该元素命名。这一举动的目的是庆祝苏联取得的成功，却进一步刺激了美国人：毕竟，库尔恰托夫是苏联核科学的奠基人，也是苏联第一颗原子弹之父。

1967 年，苏联团队宣称是他们发现了 103 号元素，而非美国人，并坚持认为伯克利又把它搞错了。联合核子研究所的科学家们不准备称它为"铹"，而决定以原子核的发现者欧内斯特·卢瑟福的名字把它命名为"𬬻"（rutherfordium）。一年后，他们又发现了 105 号元素，并以创建原子模型的丹麦专家尼尔斯·玻尔的名字将其命名为"铍"（nielsbohrium）〔他们认为"bohrium"的发音和硼（boron）接近，很可能会造成误解〕。苏联人不仅跟美国人并驾齐驱，而且他们有时还处于领先地位。

吉奥索团队开始紧追不舍。当他们研究到苏联人已经造出的元素时，伯克利的科学家们拒绝接受杜布纳团队的实验结果，并宣称这些发现属于他们。吉奥索认为 104 号元素才是真正的"𬬻"；105 号元素的名字也不应该是"铍"，而是以德国化学家奥托·哈恩的名字命名的"铧"（hahnium）。

---

① "超镄元素之争"这个说法由化学家保罗·卡罗尔在 20 世纪 90 年代初期提出。"超镄元素"指的是"100 号之后的元素"。

② 当然也有例外存在：1907 年，三位科学家同时独立发现了镥（luterium，71 号元素）。最终，法国科学家乔治·于尔班胜出。"鲁特西亚"（Lutetia）在拉丁语中是巴黎的意思。但在差不多 50 年的时间里，德国人坚持认为该元素应该叫作"cassiopeium"（意为希腊神话中的仙后座）。

"争议最大的是 104 号元素，"1965 年搬到伯克利并成为吉奥索的得力助手的芬兰研究员马蒂·努尔米亚回忆道，"我们正在对它开展实验，却被苏联人打了个措手不及。我们团队感到很懊恼——苏联人居然打败了我们！不过，在研究了他们的实验之后，我们认为其证据并不充分，达不到（发现元素的）所需的要求。你要测量的第一个数据就是同位素的半衰期。苏联人认为他们看到某个东西持续了 0.3 秒。我们没找到那个东西，但我们发现某个东西持续了 0.08 秒——其半衰期非常短。这就是存在争议的地方：苏联人试图为他们的实验辩解，说他们犯了一个错误；而我们则认为（这个发现）缺乏科学依据。"

如果你没听明白，不要担心，大家都一样。到 1970 年，两个竞争对手的元素周期表看上去是这个样子：

元素编号	美国名字	苏联名字
102	锘（nobelium）	joliotium
103	铹（lawrencium）	𬭳（rutherfordium）
104	𬬻（rutherfordium）	kurchatovium
105	𬭛（hahnium）	𬭊（bohrium）

在不到 10 年的竞争中，伯克利和杜布纳使用了 7 个不同的名字来为 4 种新元素命名（还有一个名字被用来给 2 种不同的元素命名）。在这种混乱的局面中，全世界的专家也因到底是哪个团队先做了什么而各执一词。

超锿元素之争给世界留下了两张元素周期表。

你或许会好奇这种乱局是怎么出现的。科学需要论文、数据和证据。实验必须能够重复，否则毫无意义。两个超级大国的超一流实验室缘何会对我们本可以证明的东西有如此大的分歧呢？

浏览那个时期的研究论文并没有多大帮助。坦率地说，那一时期发表的很多文章都是错误的。很多声明缺乏足够的证据，而证据充足有力的其他科研成果也因偏见而遭到忽视。最大的问题或许是缺乏理解专业知识的中立科学家——只有少数实验室具备制造超重元素的能力，大多数专家会因偏向于伯克利或杜布纳而遭受风险。超镄元素之争就像一场校园纷争，其背后是两个争斗不休的超级大国，这让科学濒于险境。

对某些研究人员来说，答案很简单。联合核子研究所的安德烈·波皮科解释说："如果美国人发现了什么东西，我们的首要任务是证明那根本不可行。如果我们发现了什么东西，那么美国人也会这么干的。"

保罗·谢尔研究所的瑞士化学家海因茨·盖格勒曾在伯克利和杜布纳都工作过，他也认同这种说法："物理学家在杜布纳完成了完美的实验，美国人却总是吹毛求疵。当然，苏联人对伯克利的某些不那么严谨的研究成果也会鸡蛋里面挑骨头。"

据努尔米亚称，围绕元素周期表的政治斗争一直延续到了白宫，在这里，西博格能在总统面前说得上话。他说："政府放出消息说他们想跟苏联建立更好的关系，因此最好不要跟他们把关系搞得太僵。"超镄元素之争变成了冷战的另一个战场。"寻找元素变得越来越有政治意味，对我而言，它已经失去了吸引力。"

尽管政治给这两所实验室的竞争蒙上了一层阴影，但光凭它们自己是无法解释超镄元素之争的：美国并不否认尤里·加加林是第一个进入太空的人，苏联也不否认美国人登上了月球。在冷战这出大戏之外，超镄元素之争实际上只跟一个简单的问题有关：如何证明发现了一种新元素？

在 20 世纪 50 年代之前，人们并不需要回答这个问题。元素曾经属于实实在在的存在，因此新元素的发现一般都很简单明了，虚假的声明很容易被发现，错误也会得到纠正。对于超重元素，这就不可能了：它们的半衰期非常短暂，它们只能存在几小时，甚至几秒。

对格奥尔基·弗廖罗夫来说，所需的证据显而易见。他曾经发现过自然界的自发裂变，那是证明某种东西在没有被粒子撞击的情况下发生分裂的证据。如果你在远离靶子的地方发现了自发裂变的证据，那它只可能来自某种刚刚生成的聚变产物，这种物质在放射性衰变的过程中发生了分裂。自发裂变很容易就能检测到（这对苏联人很重要，因为他们的检测仪器不如美国人的仪器那么好），它就是某件事情正在发生的明显证据。

然而，自发裂变的问题在于人们无法确定到底是什么分解了。随着苏联人不断改进实验，他们针对这个问题发表了一系列论文，经常宣称发现了不同的半衰期。对美国人来说，这些论文就是证明苏联人犯错的证据，吉奥索和西博格把这一说法斥为"捕风捉影"。"实验目标变成了一个移动靶，"他们在《超铀人》中回忆道，"每当伯克利的新实验证明（苏联人所说的）活动不存在时，杜布纳团队又会提出一个新数值，或者一些反对这些实验的有效性的新理由。"

美国人的研究方法则较稳健。他们找到某条 α 衰变链，然后让他们的数据跟某个已知同位素的半衰期在这条衰变链上一一对应起来。吉奥索宣称："一个 α 粒子值得 1000 次裂变。"但即便如此，美国人的技术也远非完美。如果某条 α 衰变链跟预期不符，苏联科学家就有充分的理由指出他们的实验中存在的错误。

时至今日，苏联科学家总给人以他们做的实质性工作不如美国同行多的印象，这主要是因为现代发现的价值通常取决于能够证明该发现跟已知同位素的 α 衰变链有关。但实际情况却更为复杂。盖格勒指了指伊沃·茨瓦拉的著作，他是苏联团队中的一员，曾经通过化学分析确认他们发现了 104 号元素。盖格勒解释道："如果你翻翻教科书，会看到元素的化学性质写得很明白。你可以展开一项化学实验并说：'好的，如果产生了什么东西，那它一定是 104 号元素。'但美国人不接受它。他们想要 α 衰变，这根本不公平。"

即便有 α 衰变，情况也远非明朗。20 世纪 70 年代，马蒂·莱伊诺曾在伯克利工作过，他解释了某些看上去很简单的东西为什么实际上那么复杂的原因："寻找衰变链的过程很简单。我们把在实验中产生的数据称为'活动'。这些活动都被打上了时间标记，检测器最重要的参数是时间、能量和位置。"这里会出现 4 种可能的撞击方式。你可能会得到一个真正的超重元素，或者一次真正的衰变；又或者你会得到一些看上去像是超重元素或者衰变的东西，但它们只是机器里的一丝残留痕迹。"人们寻找的是一条衰变链，"莱伊诺继续说道，"它以原子核的出现开始，会经历至少一次衰变，一切都发生在同一位置。在这种情况下，没有人敢保证这个衰变活动来自那个原子核，也不敢说它就是真正的原子核，而非某些随机的背景。人们只能根据统计数据估测这条衰变链是真实存在的。"在超重元素领域，发现事物的希望很渺茫，这会导致人们做出一些惊人的预测。莱伊诺说："我的经验是，假如它出现的概率还不到百万分之一，你就真的应该担心了。"

"主要问题是没有人完成过一锤定音的实验，"盖格勒继续说道，"这一次发现了 104 号元素，发现了 105 号元素。两个团队完成了这么多实验，它们都加深了人们的理解，但都不是最终起决定作用的实验。最终，这两所实验室得出了深刻的见解，所有人都在说："104 号和 105 号元素显然已经被发现了，我们可以在工作中使用它们了！'"这就跟火的发明一样——没人知道是谁擦出了第一颗火星，但人类从此以后都在享受着它带来的好处。

或许，最后我们应该听一听某个置身其中的人说的话。奥加涅相说："研究超重元素真的太难了，正是从这个时候起，我们决定也去研究'稳定岛'。"

超重元素的半衰期只有几秒或者几分钟，至多也就是几小时。人们已经发现了早期重元素的用途，但这些最新的超重元素消失得太快了，人们根本无法开发其潜力。

如果你可以让它们永远持续存在，会怎么样呢？

11

空格和幻数

科学就是把或简单或复杂的东西加以提炼，直至所有事情都能解释得通。你马上就能想到原子结构示意图，很久之前它就得以确立，这得感谢欧内斯特·卢瑟福和尼尔斯·玻尔等人。原子核居于正中，电子在外围旋转，仿佛一个微型太阳系（尽管它们遵循不同的物理法则）。还有比它更简单的东西吗？如今学校里还在讲授这一知识。

我们又给它增加了一层复杂性。当莉泽·迈特纳发现裂变时，她认为原子核就像一滴带有磁性的水。这就是"液滴模型"，在大多数情况下，该模型很管用。

但当说到寻找元素时，液滴模型就无法对所有事情做出解释了。比如说，为什么某些同位素要比其他同位素更稳定？为什么某些束流和靶子的组合反应截面比其他的反应截面更高，使反应更有可能发生呢？答案就隐藏在增加的最后一层复杂性中，隐藏在 1949 年连续两期《物理评论》中首次发表的两篇独立论文里。这两篇论文之间毫无关系，美国理论物理学家玛丽亚·格佩特－梅耶和一个由汉斯·延森带领的德国研究小组就原子核如何运转这个问题分别提出了类似的激进观点。格佩特－梅耶和延森不愿相互竞争，而是决定合作出版一本关于该研究课题的书。这本书叫作《核壳结构的基本理论》。今天，核壳模型广为人知。①

这一构思相对简单。人们已经知道围绕着原子核的电子会形成壳层。在这一模型中，原子核不再是磁性液滴，而是也拥有壳层，每个壳层由一组质子和中子构成。如果你把这些壳层填满，原子核就会变得稳定；如果没有填满，原子核就很有可能分裂。格佩特－梅耶在解释这种构想时把它比作一个满是华尔兹舞者的舞厅，舞者们满屋子绕圈（相当于原子轨道），判断着该朝哪个方向迈步以及该什

---

① 这只是核物理学的冰山一角而已。就像俄罗斯套娃一样，随着研究对象变得越来越小，模型也变得越来越复杂。好消息是它们的复杂程度恰到好处。

么时候旋转（相当于原子自旋）。如果舞者太少，场面会不好看，这些华尔兹舞者似乎只是在木地板上疯狂地转圈，并没有一个明确的方向。如果舞者太多的话，他们又很难移动，整个舞厅看上去拥挤不堪。但如果跳舞的人数恰到好处，即原子核的壳层被填满时，一切都变得井然有序起来。舞者布满舞池，但又留有足够的空间，这让他们在地板上舞动的时候显得优雅且有序。

这种新的核子模型是 20 世纪 30 年代以来基本粒子科学发生的最大转变。化学世界如同一幅地图般徐徐展开，其轴心就是质子和中子的数量。稳定元素位于一个狭长的半岛，这个拱形半岛一直延伸至地图顶部，随后又沉入海底。岛的两边是"不稳定海"——核子就是在此处解体的。所有已经被发现的同位素都位于这个半岛之上；增加或减少中子会使核子结构变得不那么稳定，半衰期也越来越短，这就相当于把元素推向了半岛的边缘。尽管从理论上说元素可以一直排到 173号，但稳定半岛已经没有空间了。①

这个理论解释了人们在研究超重元素时发现的现象：伯克利和杜布纳团队想要创造的元素就位于这个虚拟半岛的悬崖边缘，半岛从这里沉入大海，标志着元素变得不再稳定。锎最稳定的同位素的半衰期是 898 年，镄元素最稳定的同位素的半衰期就是 100 天，而 102 号元素则是 58 分钟。迟早有一天，即便最稳定的同位素也会在 1 秒内消失。假如真是那样的话，超重元素只不过是实验室里的奇思妙想。研究它们有什么用呢？

还有另外一个问题。假如关于核子壳层的构想是真的，那么这就意味着某些质子和中子组合的内部结构更加稳定。这就跟有时候大家觉得舞厅里人多了跳舞才好玩一样，有时候更多的质子和中子数也会形成某种核子平衡。

这种构想几乎超出了人们的理解范围。格佩特 – 梅耶的一位名叫尤金·维格纳的同事（正是他把橡树岭打造成一所国家级实验室）承认其理论的证据令人信服，但他又认为这种虚构的、不断递增的稳定性只可能在"幻数"中出现。"幻数"这个名字由此流传开来。1963 年，格佩特 – 梅耶、延森和维格纳凭借他们的研究获得了诺贝尔奖。格佩特 – 梅耶因此成为玛丽·居里之后首位赢得物理学最高荣誉的女性。

---

① 这个稳定核子半岛并不直接等同于满壳，岛外甚至还存在着质子和中子壳层都是满壳的双幻核（比如锡 –100，它的半衰期为大约 1 秒）。科学真的很复杂。

"幻数"这一概念改变了寻找元素的面貌。在美国和苏联，研究团队意识到，如果他们能制造出质子和中子数都是"幻数"的原子核的话，那这种新生成的元素将比他们之前创造的所有元素更稳定。他们延续了半岛和大海的主题，并称这些核素位于"稳定岛"上面。假如元素制造者能用某种方法跳过他们正在寻找的那些不稳定元素，那么一切将会改变。"你会得到很长的半衰期，"奥加涅相解释道，"我可以告诉你我们估算的时间。半衰期不会只持续几秒钟，它们有可能长达100万年，10亿年也说不定。"

这一构想吸引了整个业界的注意。"这是从悲观主义到乐观主义的显著转变，"西博格写道，"这些新的超重元素或许比99号至105号元素更稳定……（并且）人们有望研究其化学性质，并决定它们融入元素周期表体系的方式。"

西博格和弗廖罗夫立即对这一设想产生了兴趣。他们绘制出虚构的草图，想象着元素先驱们乘坐小船驶离这个半岛，去寻找新的疆土，并最终抵达中子数为幻数的元素构成的"岛屿"（图6）。吉奥索一直都是一个特立独行的人，他跟西博格打了一个100美元的赌：元素会变得越来越不稳定，而且他的神奇小岛根本不存在。

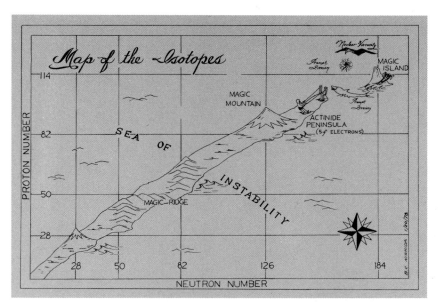

图6　同位素地图，展示了稳定的"幻岛"，由 B. C. 西田在 1978 年为格伦·西博格绘制。"幻山"展示了铅元素（126，82）与其余元素相比突出的稳定性

没人确定这个"稳定岛"从哪里开始，又到哪里结束，但关于它的最佳理论显示，它的中心位于尚未被发现的 114 号元素附近。这不仅仅只是一个幻数：如果你能制造出中子数为 184 的同位素，那它就会是双幻数，这意味着它的质子数和中子数恰好可以维持其稳定性。突然之间，人们对创造新元素的兴趣又高涨起来。假如"元素猎人"可以一个原子接一个原子地造出 114 号元素的稳定同位素，那它将有可能成为现代史上最伟大的发现。豌豆粒大小的东西就能为一座城市提供能源。

在此之前，没人相信超重元素能存在于地球上。随着稳定岛理论的提出，一切都改变了。太阳系在 46 亿年前形成，如果稳定岛意味着样品每 4.6 亿年分解一半的话，那人们依然可以在地球上找到在恒星碰撞中生成的足量超重元素。

假如真是那样的话，它们又在哪儿呢？

在地球上是有可能找寻到超铀元素的踪迹的。早在 1943 年，人们就从沥青铀矿的中子俘获中发现了天然镎 –239。我们知道，如今位于非洲西海岸的加蓬在大约 17 亿年前还是地球上的"天然核反应堆"。遗憾的是，这是很久之前的情况，根据最新的估算，你需要 2.1×10^{32} 千克的铀矿才能生产出一个镄原子。这比太阳的质量还要大 100 倍。

超重元素出现在地球上的另一条途径是超新星和中子星爆炸的残骸。借助这些残骸，像镉这样的元素会以宇宙射线的形式来到地球——从本质上说，它们就是来自外太空的高能粒子流。

但这些发现都没能找到自地球形成以来比铀更重的元素今天依然存在的证据。

稳定岛理论引发了第一股超重元素"淘金热"。几乎一夜之间，人们不再利用高端离子炮来寻找元素了，而是采用几乎人人都会的技术。"我们鼓励所有人参与其中，"德国物理学家金特·赫尔曼记录道，"这些实验几乎不需要任何东西……精心挑选一种自然样品，你在自家厨房的角落里就能完成一项杰出的发现。"人们开始到处寻找超重元素。

超重元素界分成了不同的派系，每派都在不同领域寻找答案。不出所料，弗廖罗夫的办法是寻找自然界发生自发裂变的证据。如果某种超重元素的原子分裂，它会产生 10 个中子。假如某种超重元素的半衰期是 10 亿年，那就意味着 1 毫克该元素每秒将发生大约 400 次衰变，这很容易就能检测到。唯一的挑战是，宇宙射线（来自宇宙的高能粒子流）可能会干扰检测数据。"我们利用地下深处的盐矿，"波皮科说道，"它们可以使其（我们的探测器）免受宇宙射线的干扰。我们安装了中子多重性计数器。"

美国人的想法大同小异。不过伯克利团队没有使用盐矿，而是请当地的地铁系统（旧金山湾区捷运系统）帮忙。湾区捷运此前为了拓展线路，在伯克利和奥林达之间挖了一条 250 米深的隧道。1970 年 5 月，在斯坦利·汤普森的陪同下，西博格夫妇在湾区捷运的隧道里徒步 2 千米去安装中子多重性计数器。

苏联的一些实验显示中子数有高于背景辐射的迹象，但还不足以让其他人信服。

接下来，两个团队开始寻找超重元素裂变后留下的痕迹。苏联人把目光转向了岩石样本，开始研究橄榄石晶体——这是地表一种常见的绿色透明石块。橄榄石很容易受到周边环境的破坏，如果某个裂变碎片击中了晶体，它就会留下一条痕迹，在显微镜下很容易识别。通过研究痕迹的深度，你就能判断出这次撞击的力量有多大，因而也就能判断出引发这次撞击的原子有多大。在美国，一个研究小组开始分析一颗 6000 万年前的鲨鱼牙齿，希望能找到类似的超重元素踪迹。

人们依然没能发现令人信服的东西。

弗廖罗夫和西博格不愿意轻易放弃。比铀更重的元素一定存在于某个地方。于是，他们将目光投向元素周期表。正如前文提到的那样，性质相近的元素会形成一个族（被称为同系物）。假如元素周期表正确的话，那未被发现的超重元素会排在第七排。如果 114 号元素存在的话，那它的性质很有可能跟铅类似，甚至它可能就隐藏在铅中。根据这条化学推论，波皮科去了教堂，具体说来，他是去查看教堂里的玻璃花窗的。"我的想法是，教堂里的玻璃都是镶嵌在铅制边框里的。如果（铅中隐藏的某种物质）发生了超重元素自发裂变，那么玻璃就会发生化学反应。"苏联团队甚至开始收集一家工业铅加工厂里的烟尘。

汤普森的伯克利团队开始根据类似的化学常识寻找 110 号元素，它的性质与铂相近。团队对铂样品进行了分析，精确度达到十亿分之一。汤普森还收集了 40 多种天然矿物样品，其中包括金块，希望能从中找到 111 号元素。人们还开始寻找氦气和氖气等气体的稳定同位素，它们也有可能是超重元素衰变时的产物。

苏联人再一次报告称发现了超重元素的迹象，但人们依然不为所动。

人们又把寻找范围扩大到海底和外太空。那时在联合原子研究所任职的海因茨·盖格勒说："我们研究形成于深海的锰块，它们的生成速度很慢，由凝固的重金属构成，因此弗廖罗夫开始成吨地收购这种锰块。我拿到一个锰块，把它加热，蒸发掉其中的铅。"盖格勒什么也没有发现。此外，在处理完 100 立方米里海卤水后，茨瓦拉发现了自发裂变的证据，但速率远低于预期：一天只有一个原子发生裂变。按照同样的思路，美国团队派出一支科考队前往加利福尼亚的索尔顿湖（位于圣安地列斯断层上方的浅咸水湖）调查从地幔中涌出的金属。

与此同时，美国团队说服美国国家航空航天局送给他们 3 千克由"阿波罗"号宇航员带回来的月岩。随后，他们从环绕地球的天空实验室空间站收集数据，还利用高空气球收集空气，就是希望能找到哪怕一丝一毫超重元素的迹象。苏联人虽然没办法登上月球，但他们有成袋的陨石研究就很满足了，他们希望能从中找到一些超重元素落到地球上的证据。在某次实验室合作中，伯克利甚至送给杜布纳 20 千克太空垃圾让他们筛选。人们在阿连德陨石中发现了超重元素存在过的迹象，这块陨石在 1969 年落在了墨西哥，是迄今为止地球上发现的同类型陨石中最大的一个。

但就是没有办法确认超重元素的存在。

有一次差点就成功了。1976 年，橡树岭国家实验室、佛罗里达州立大学以及加利福尼亚大学戴维斯分校组成的联合小组宣布他们在自然界中找到了一种超重元素：126 号元素。在某些材料中，辐射会产生一种奇特的光环效应——辐射损伤引起的球形变色区。一般来说，切开这些光圈，把它们置于显微镜下观察，你会看到一种整齐的环形结构，这跟砍树很像，每个环形都代表着某些 α 粒子扩散得有多远。这个新团队一直在从马达加斯加海滩上找到的黑云母中寻找光圈，这些黑云母上的光圈跟人们预测的 126 号元素的一个 α 粒子的能量相吻合。

如果结果是正确的，这就意味着成吨的 126 号元素就躺在印度洋的海滩上等着被人发现。如果真是那样的话，可能存在于其 α 衰变链上的未被发现的元素（124 号、122 号、120 号、118 号、116 号，等等）就变得唾手可得。更棒的是，海洋中的甲壳纲动物经常会吞食钋，这就意味着它们也有可能吃掉钋的同族元素，即 116 号元素。超重元素正等待着发现它的第一位科学家，他只需前往马尔代夫，堆着沙堡吃着大虾就能找到它。遗憾的是，在不到一年的时间里，人们就对这个团队的结果做出了解释："126 号元素"的踪迹是铈发生反应的结果，铈是天然存在于晶体中的一种放射性元素。这个发现又失败了。

尽管存在着些许希望，但试图在自然界中寻找超重元素还是失败了。"锰块、深海卤水、地质样本、流星……"盖格勒叹了口气，"我们什么也没找到。"这个团队的设备十分先进，探测精度可以达到 10^{-23} 克每克①：地球上任何测量手段都难以企及这样的精度。什么东西也没有。如果有的话，它早就被发现了。

然而，还有一条令人惊讶的消息。200 多年以来，科学家一直以为地球上最重的元素是铀。但在 1971 年，当所有人都忙着寻找超重元素时，一个来自美国洛斯阿拉莫斯国家实验室的团队证明这种想法是错的。

这个团队的带头人是达琳·霍夫曼。她完成了 20 世纪最不可思议的（却被人遗忘的）科学发现之一。

1945 年春，18 岁的达琳·克里斯蒂安抱起双臂眯着眼睛坐在爱荷华州立学院的辅导员面前。克里斯蒂安来自西尤宁，那是一个充满田园风光的宁静小城，成片的玉米地构成了美国的心脏地带，她的父亲是当地学校的校长。她身材娇小，只有 1.52 米高，一头金黄色的秀发如瀑布般倾泻在肩头，而她玫瑰般的笑容征服了不少男孩甚至成年男子的心，但他们都参战去了。她就像一个邻家美国女孩。她可不愿接受任何人的性别歧视。

克里斯蒂安来办公室是想调换专业。她最早报的是应用美术，这个专业的一门必修课是家政化学，她之前从来没有接触过这门科学。内利·内勒教授启发了她。"我发现自己对化学比对之前学过的任何东西都感兴趣，"她后来在《超铀人》中回忆道，"（教授）让这门课既具有逻辑上的美感，又跟日常生活息息相关。"去他的家政学：达琳·克里斯蒂安要当化学家。

她的辅导员不同意，并叫来克里斯蒂安准备改变她的想法："你真的认为化学是适合女人的职业吗?"

① 在每克样本中发现某物的克数，即你可以在 1 克样本中发现 10^{-23} 克某种物质。

克里斯蒂安甜甜地笑着，回答道："我确定它很适合。"

克里斯蒂安高中毕业时的分数是这所学校有史以来的最高纪录。在闲暇时，她轻松读完了高等数学和三角学的函授课程，她还学习吹萨克斯，并代表学校参加篮球比赛（鉴于她身高方面的劣势，去打篮球这件事本身就非常了不起）。她的偶像是玛丽·居里，这位科学家在养育了两个女儿的同时还发现了新元素，研究了放射性，并赢得过两次诺贝尔奖。达琳·克里斯蒂安就像现实生活中的丽莎·辛普森，她和这个卡通人物一样顽固和不屈不挠。如果居里夫人能做到，为什么她不可以？

辅导员对克里斯蒂安的态度早有准备，于是拿出了撒手锏：即便克里斯蒂安成了化学家，她也不可能在化工行业找到工作；她最终会成为一名化学老师，而女老师在婚后也是要辞职的；克里斯蒂安还是喜欢男孩子的，不会因此不婚。辅导员指望她放弃执念，继续学习应用美术。

克里斯蒂安并没有退缩。"这么说吧，"她主意已定，脸上带着挑衅的笑容，"我永远不会去教书。我要以玛丽·居里为榜样。我想结婚的时候就会结婚，想生孩子的时候就会生孩子。"

辅导员无言以对。对克里斯蒂安来说这也没什么：她原本就不准备征得辅导员的同意。尽管第二次世界大战期间班级中能打仗的男孩子都被征召走了，在余下的本科课程中，她是化学课上唯一的女生。当然，她的成绩十分优异。

由于缺钱，克里斯蒂安靠在暑假当服务员和银行出纳赚取学费。到1947年，她厌倦了这些无聊的暑期工作，于是申请了爱荷华州艾姆斯实验室的一个研究职位。这所实验室位于校园边缘，由几间平房构成，校园里流传着关于这些建筑里面发生的神秘实验和深夜出现的诡异闪光的传奇故事。这些故事都是真的：艾姆斯实验室曾经是曼哈顿计划的附属实验室，主要研究如何提高铀的产量。克里斯蒂安递交了申请，得到一份制造盖格计数器的工作，就跟艾伯特·吉奥索之前的工作一样。但和吉奥索不同的是，克里斯蒂安很喜欢这份工作——不给钱她都愿意去做，更别说她每月还能挣到170美元（图7）。

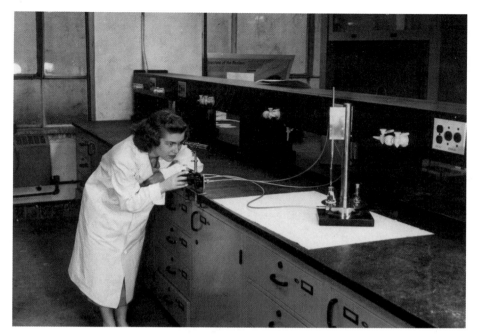

图7　达琳·克里斯蒂安在艾姆斯实验室，1950 年

在艾姆斯实验室，她职业生涯的道路上障碍重重，对于男性来说，这些障碍似乎就被遗忘了。就拿出入证来说，要求是每个人的名字得有三个首字母，但克里斯蒂安没有中间名。假如实验室的工作人员以为这就能让她退缩的话，他们可是小看了跟他们打交道的人。克里斯蒂安耸了耸肩膀，在表格中写上"DXC"三个字母，并告诉他们她现在的名字是达琳·空格[①]。没有人会蠢到跟她争辩。

克里斯蒂安很快开始朝着核化学家的方向发展，但她遇到的阻力却越来越强。两年后，她的父亲去世了。尽管十分悲痛，她仍然打起精神来到大学，询问教授她能否不参加第二天的量子化学考试，因为她要回家处理葬礼方面的事宜。教授嘴上说很同情她，实际上却残忍地强迫她必须参加考试。克里斯蒂安眼含泪水，心早就不知道飘到了哪里，即便如此她依然得了 B。

没有了父亲的收入，克里斯蒂安一家顿时变得穷困起来。她们失去了房子，财产也被拍卖了。克里斯蒂安成为这个家的顶梁柱，她安排母亲和弟弟跟她一起

---

① 　X 在英语中常用来表示空格。——译者注

住在学校里。毕业之后她开始攻读博士学位，但她发现狭小的宿舍不适合学习。于是，她每天晚上会与马文·霍夫曼一起度过，他正好有达琳想要的东西：半夜使用同步回旋加速器来研究光核诱发的齐拉 – 却尔曼斯效应的权利。1951 年 12 月，她取得了博士学位，并嫁给了马文·霍夫曼。

这些障碍却没有消失。她现在成了达琳·霍夫曼，这位年轻的化学家先在橡树岭国家实验室工作了一段时间，随后来到洛斯阿拉莫斯国家实验室带领一个核化学团队。她刚到那里，人事部的工作人员看她的眼神带着不加掩饰的轻蔑。"肯定发生了什么误会，"有人告诉她，"那个部门不招女人。"一个月后，入职文书还未办妥，她不得不在一场鸡尾酒会上找到她所谓的主管。这位主管马上联系了人事部，事情立即得到了解决。然而障碍依然还在。那时，人们至少接受了她来到洛斯阿拉莫斯国家实验室这一事实，但达琳·霍夫曼的出入证却神秘地丢失了。又坐了三个月冷板凳之后，达琳·霍夫曼厌倦了等待，她叫来美国联邦调查局，这个"丢失的"证件几乎立即出现了。

在达琳·霍夫曼深陷官僚主义泥潭的时候，她错过了两种元素的发现。洛斯阿拉莫斯国家实验室是在常春藤迈克氢弹试验中收集到的过滤器在美国停留的第一站（见 06）。等达琳·霍夫曼拿到了通行证，这些过滤器已经分析完毕并被送去了其他实验室，这最终催生了 99 号和 100 号元素的发现。对达琳·霍夫曼来说，这个不可原谅的疏忽让她失去了彪炳史册的机会。"当我坐在洛斯阿拉莫斯国家实验室的一间小公寓里与体系抗争的时候……我没能成为锿和镄的发现人，"她后来在《超铀人》中写道，"我再也不相信人事部了，不仅因为'我们那个部门不招女人'这句话——事实并非如此，也是因为他们大多迟钝、无能且偏狭。"

如果说她的处境有所好转，那就是在撒谎。杰克琳·盖茨记得达琳·霍夫曼曾经告诉过她，有时候当她走进机器加工车间时，有人会故意把《花花公子》的封面女郎图片贴在墙上吓唬她；还有人会在无意间表露出性别歧视，想当然地以为她是一个秘书；还有很多次，她被看作一个"可爱的小姑娘"而遭到低估。那些把达琳·霍夫曼当作软柿子，以为她会退缩的人很快就不那么想了。多亏了她，洛斯阿拉莫斯国家实验室人事部对于搞科研的女性的看法很快销声匿迹了。

达琳·霍夫曼的能力与她钢铁般的意志相得益彰，某些她完成的 20 世纪最出色的化学实验让批评者们也缄口不言。她成为研究裂变、新同位素，以及细菌如何与金属发生反应方面的专家。她还成为不知疲倦地支持科研领域的女性的活动家（尽管她最大的乐趣是以化学家的身份获奖，而不是因为她是一名女性）。你可以问问今天的新一代核化学家（无论男女）谁对他们帮助最大，霍夫曼的名字一定会被反复提及。尽管霍夫曼比西博格小 13 岁，但在 10 年的时间里，她的照片一直作为灵感来源挂在格伦·西博格办公室的墙上。（毫无疑问，这让海伦·西博格不开心了，最后西博格把这张照片换成了一张他和电影明星安 – 玛格丽特的合影。）

到 1971 年，霍夫曼已经具备了 20 年研究化学的经验，她还是一名杰出的研究员，在监督核化学领域某些最细致的研究工作时，她会戴上极具特色的猫眼眼镜。此时，研究超重元素已经风靡世界。霍夫曼把自己的目标定得很低：她只想证明地球上存在比铀更重的东西。为此，最显而易见的目标是钚 –244——这种同位素是在常春藤迈克试验后洛斯阿拉莫斯国家实验室首次探测到的，它的半衰期为 8000 万年。

霍夫曼的计划很简单。她需要找到一块重元素富集度超高的矿石样本并对它进行检测。在寻遍了整个美国之后，她的团队找到一块距今 460 万年的前寒武纪氟碳铈矿石，美国钼矿公司正对其加工以用来制作磁铁、激光器和自洁烤箱的部件。这块岩石是在寻找氧化铈时被开采出来的，但其二氧化铈的含量是地球上正常储量的 50 万倍。

霍夫曼是一位勤勉的化学家，她知道假如钚真的存在的话，它一定存在于这个氟碳铈矿中。更棒的是，提取二氧化铈的方式不会消除任何宝贵的钚。她给美国钼矿公司打电话，询问能否将所有废料送给她。这家公司愉快地同意了。霍夫曼跟另一位名叫弗朗辛·劳伦斯的研究员合作，开始小心翼翼地处理这些样品。这份工作非常辛苦，需要特别仔细，它就跟斯坦利·汤普森在曼哈顿计划期间完成的那些事情一样复杂。

霍夫曼把样品送到纽约州斯克内克塔迪市的通用电气公司，她在这里的一个朋友拥有世界上最灵敏的质谱仪（一种为样品中不同成分称重的工具）。如果其中有钚的话，他们就会找到它。

那天夜里，霍夫曼去圣塔菲欣赏一场露天歌剧。她抬头望向天空，看着那些闪烁的陌生恒星，它们每一个都在猛烈地制造元素并准备将它们抛向整个宇宙。她后来在《超铀人》中写道："当我看着舞台背后新墨西哥州澄澈夜空中的明星时，我不禁产生了一种感觉，我们这一次可以找到从银河系最后一次重元素核合成中遗存下来的钚-244残留，它们诞生于50亿年前。"

她说对了。当她第二天回到实验室时，从纽约发来的检测结果显示确凿无疑。样品中含有8飞克的钚——这一样品即便放在当时世界上最先进的显微镜下也看不见。这点纯金属可以追溯至地球的诞生之日：太阳系附近发生了一次超新星爆发，生成的气体在结合和冷却之后形成了我们的家园。

这个来自爱荷华小城的姑娘，通过她的技巧和才智取得了就连她的偶像玛丽·居里也会感到自豪的成就。她找到了地球上最重的岩石，有了它，霍夫曼触摸到了我们的起源。①

不出所料，在取得成功后，霍夫曼的身边围满了科学家，他们问她，既然已经通过在大自然中寻找超重元素的方式第一次检测到了钚，为何不延续这一成功？她的回答很简单：找到钚已经足够难了。想要寻找一种原子序号、质量和化学性质只能靠猜测的元素吗？这几乎是不可能做到的事情。

---

① 如果它不存在争议就不是重元素科学了。后来的研究无法重复达琳·霍夫曼的成就，而且还有人依然对她的实验是否有效心存疑虑。此外，针对她发现的钚到底是不是宇宙射线导致的结果，或者能否追溯到地球的起源等问题还存在着一些争议（这都是无法确定的）。这或许不太科学，但毕竟她都完成了，我姑且相信达琳·霍夫曼所说的话。

12

科学边缘的生活

实验室生活有其节奏，随着人员的流动，它也依照自己的节奏发展变化着。到 20 世纪 70 年代，伯克利实验室摆脱了各种不良情绪的阴影，发展成一个兼容并包的实验中心，并获得了 8 项诺贝尔奖。在劳伦斯和麦克米伦（于 1972 年以主任的身份退休）的带领下，这所位于山丘之上的实验室成了实验物理、计算机技术、能源乃至最前沿的生物学领域无可争议的王者。重离子直线加速器不在了，取而代之的是超级重离子直线加速器。（研究团队原本想要功能更强大的机器，但越南战争让研究资金被挪作他用。）现在，负责重元素研究项目的是艾伯特·吉奥索，他用自己那独特的、疯狂的聪明才智感染着实验室。西博格曾经做过详细笔记的实验室日志变成了这位团队带头人乱涂乱画的地方，上面那些抽象的、生动的涂鸦就像一个色彩斑斓的旋转万花筒，使人想起了瓦西里·康定斯基或者亨利·马蒂斯的画作。人们经常能在楼下大厅里听见这位团队带头人说话的声音，他大声抱怨着军队把他的研究资金全都占用了。

伯克利山下的情况也大同小异：到处都弥漫着《爱之夏季》引发的反主流的躁动情绪，戴维·鲍威、约翰·列侬、罗贝塔·弗莱克和史蒂夫·旺达的音乐回荡在街头巷尾；附近的奥克兰运动家棒球队赢得了 3 次棒球大联盟冠军。湾区对面，在美洲原住民为抗议一些部落遭到不公正待遇占领恶魔岛 19 个月之后，小岛上陈旧的联邦监狱布满了涂鸦。稍远处的金门大桥成了世界性的地标建筑。旧金山周边的一切都变得欣欣向荣，当科学家终于变成一件很棒的事情。

1973 年 5 月那一期《乌木》杂志展示了科学是如何与时尚混搭的。那期杂志字体精美奢华，除了大量的香烟广告外，还刊登了很多浮华的照片，展示了夸张的喇叭裤和繁复的衣领。当月的封面明星是爵士歌手南希·威尔逊，特稿是小萨米·戴维斯在白宫献唱。但人物传记专栏中的人物则被撰稿人称为"相对来说没那么大名气，朴实无华却又极其自信……一个时髦的搞科研的黑人兄弟。"他叫詹姆斯·哈里斯，是第一位发现元素的非洲裔美国人。[①]

1955 年，哈里斯还是一个四处寻找工作的 23 岁的退伍兵。他出生在美国得克萨斯州的韦科市，由母亲在加利福尼亚州的奥克兰抚养长大（父母在他小时候离婚了），并在得克萨斯州奥斯汀的休斯敦蒂罗森大学取得了化学学士学位。哈里斯清楚回归平民生活将会十分艰难，但他没想到科研领域的种族歧视如此根深蒂固，即便在旧金山湾区这样的自由港也是如此。他被拒绝了十几次，那些面试官见他走进来时都惊呆了，而秘书坚持认为他应聘的是看门人，而不是专业的化学家。有一次，有人让他参加能力倾向测验，里面的题就是一些基础的加减法，简单到连小孩都可以通过。哈里斯看了看试卷，把它还给秘书，语气坚定但彬彬有礼地告诉她，他并不需要那份工作。

最终，他在湾区一家公司找到一份放射化学家的工作。五年后，他来到伯克利实验室，成为吉奥索团队的一分子。哈里斯是个异类——跟吉奥索一样，他根本不愿花时间考取学士以上的学位，但他是清理轰击靶的最佳人选，这一过程需要对仅有 60 微克的放射性金属完成 22 次艰难的化学分离。这是伯克利整个研究项目中最精细的环节。这就意味着哈里斯必须得是实验室最优秀的化学家之一，换言之，他得是世界上最优秀的化学家之一。

伯克利实验室的另一位重要人物是格伦·西博格。这位元素领域的元老在华盛顿待了 15 年，成为世界上最杰出的科学家之一——他的简介在《世界名人录》中是最长的。在华盛顿任职期间，他成功转型成一位成熟的政治家。在西博格最后一次政府听证会期间，一位路易斯安那州的参议员想为难一下他："西博格博士，对于钚你知道些什么？"曾经年轻气盛的西博格或许会说是他发现了钚，现在他年纪大了，也更睿智了，他只是微微一笑，对这位参议员说他对此所知甚少。

西博格放手让吉奥索负责寻找元素，自己则按部就班地上班。每天早上，他会沿着那段"声名狼藉"的台阶爬上爬下。随后，他会回到办公室，为可能突然造访的学生敞开房门。如果有学生来找他，西博格会立即放下手上的工作（通常

---

① 他不是唯一一位发现元素的非洲裔美国人。2009 年，克拉丽斯·菲尔普斯协助提纯了锫元素，该元素对于 117 号元素的发现以及 115 号元素的确认至关重要。你可以在第 20 章中读到更多这方面的内容。

是答复美国总统）帮助解答他们的问题。假如有学生提出一个异想天开的疯狂想法，尽管西博格知道它没什么用，但他依然会鼓励学生去尝试。即便实验失败了，学生也有机会搞清楚其中的缘由。等他完成了当天的工作任务，西博格就会去实验室转一转，他把头探进房门，用沙哑的美国中西部口音问道："有什么新进展吗?"伯克利实验室的员工得确保总能告诉他点儿什么东西。

向他汇报新情况的人通常是马蒂·努尔米亚。此时，这位芬兰研究员已经成为吉奥索最亲密的助手。1968 年，努尔米亚从他在芬兰赫尔辛基大学的团队中带来两名学生，他们是一对夫妻，名叫皮尔科·埃斯科拉和卡里·埃斯科拉，他们接手的工作是分析实验室计算机不断输出的数据。实验室中芬兰人和美国人的比例是 3∶2。后来加入伯克利团队的另一位芬兰人马蒂·莱伊诺开玩笑说只有北欧科学家（后来又变成了日本科学家）才能跟得上吉奥索的节奏（图 8）。

图 8　劳伦斯辐射实验室，伯克利团队，1969 年 4 月。从左至右：马蒂·努尔米亚、詹姆斯·哈里斯、卡里·埃斯科拉、皮尔科·埃斯科拉、艾伯特·吉奥索

跟达琳·霍夫曼一样，皮尔科·埃斯科拉发现美国的科研文化充斥着性别歧视。"女性科学家不太常见，至少在美国不太常见，"努尔米亚回忆道，"埃斯科拉太太是一位可爱的金发女士。她有过各种各样的遭遇。有一次她给另一所实验室打电话询问科学方面的问题，对方问她：'你是秘书吗？'研究核科学的女性太少见了。"埃斯科拉远胜过男人。即使她在反驳吉奥索时也了无惧色。当吉奥索不断想尝试新东西的时候，埃斯科拉通常不会听他的，而是要想更多的数据。据努尔米亚称，这两人间的"激烈讨论"通常会以埃斯科拉大获全胜告终。

"元素猎人"们懂得如何享受好时光。当某种元素被创造出来并得到吉奥索满意的确认后，研究团队会举办一场"重离子直线加速器派对"——他们痛饮美酒，分享笑话，并在一面墙那么大的棋盘上玩蛇梯棋游戏。直到今天，伯克利实验室大厅里依然流传着关于各种疯狂举动的传闻。其中一个是，吉奥索把放射性材料塞进网球里（胶皮的厚度足以阻挡辐射）并和同事打起了网球。

尽管有这样的乐事，找到超重元素却遥遥无期。稳定岛及其周围的元素就如同幽灵一般，团队多次尝试制造它们，但就跟在自然界中寻找超重元素一样，他们的努力失败了。唯一声称有所发现的是欧洲核子研究中心一个由阿莫农·马里诺夫带领、由以色列人和英国人组成的团队，他们撰写了数不胜数的论文，声称发现了 112 号元素。引用一位超重元素研究员的话："大家都知道那是胡说八道。"[1]

问题的根源是中子。正如前文提到的那样，人们使用的技术是让原子核抛弃中子以便延缓裂变。这意味着生成的任何同位素剩余中子数都会相对较低，这一点不可避免。在寻找稳定岛时，这就是一场灾难。第一个有效的中子幻数是 184。即便使用最好的束流和轰击靶，元素制造者们能够得到的最接近的中子数是 173：离到达稳定岛还差 11 个。实验室的反应在核素图上表明显示出"向北漂移"的倾向：他们没有接近稳定岛，而是让元素变得更加不稳定而且难以检测。

那艘航行在不稳定海上的虚构小船的舵坏了，吉奥索也没了主意。

---

[1]　马里诺夫后来声称在一份钍样品中发现了 122 号元素（"或者某种周边元素"）存在于自然界中的证据，这意味着要从一万亿个原子中检测到一个原子。但超重元素领域的同行们还是对他的论文不屑一顾。

★ ★ ★

杜布纳联合核子研究所拥有自己的科学节奏。该机构已经过了"出牙期"，现在正自豪地摘取荣获列宁奖章和诺贝尔奖的科研果实。杜布纳的成员解释了切连科夫辐射（在核反应堆中看到的蓝光），探索了量子物理学的新领域，并开创了苏联的计算机科学。一切都进展顺利。

即便如此，苏联的生活与加利福尼亚的大相径庭，西方访客通常甫一到达就能感受到文化差异。当科学家们在城里闲逛时，他们会发现两旁是面无表情的随身保镖。然而还有一部分访客表示，在人们的目光注视不到的地方，仍有着美好的、牢不可破的友谊纽带。在某次科考活动中，一群到访的美国人与苏联同行们一起宿营。等树林中只剩下他们时，苏联人拿出一台晶体管收音机，调到一个非法频率。没一会儿，整个宿营地——苏联人和美国人都一样，都随着约翰尼·里弗斯《秘密特工》的旋律摇摆起来。一位美国化学家告诉我："一旦没了政府的干扰，让科学家们畅所欲言，你会发现他们的文化语言虽然不同，但技术语言却一模一样。"约翰尼·里弗斯超越了所有边界。

格奥尔基·弗廖罗夫依然以自己独一无二的方式负责实验室工作。海因茨·盖格勒回忆起他在 1975 年初次与这位苏联元素之王会面时的情景不禁笑了起来。"他很喜欢聊天，"盖格勒说道，"他经常会在办公室前来回踱步。要是看见了某个人，弗廖罗夫就会问他正在做什么。"在盖格勒简单地介绍了自己的研究项目后，弗廖罗夫问起这位瑞士研究员有什么兴趣爱好。"我说我对登山很感兴趣，弗廖罗夫也喜欢登山。所以，我告诉他我想去爬列宁峰（海拔 7134 米，苏联最高的山峰之一）。当时，人们需要莫斯科体育部的帮助才能去那样一个奇异的地方，作为外国人，我本来是没有机会的。格奥尔基为我敲开了体育部的大门。我只是一个无名之辈，但他却很有名气。"盖格勒的通行证不久就送来了，他在那年晚些时候带领了一支瑞士团队去爬列宁峰。（由于天气恶劣，他们未能登顶。）

跟弗廖罗夫最亲近的人是奥加涅相。到 20 世纪 70 年代中期，两人已经共事 15 年了。尽管他们并不是严格意义上的朋友，但他们形成了紧密的工作伙伴关系，有时候形影不离。"是他为我打开了科学和物理学的大门，"奥加涅相在网络上的定期视频中说道，"我下午 6 点回家，晚上 9 点我会接到（弗廖罗夫打来的）电话：'你在干什么？'我说我什么也没干。'那你来找我吧。'每天如此。每天晚上9点到10点，我们会进行一个小时的讨论。有时候他会一大早就给我打电话，开口就说：'不好意思这么早给你打电话……'"这是给奥加涅相的叫醒电话服务——如果弗廖罗夫在工作的话，他也要工作。

尽管待人友善，但弗廖罗夫（同事们通常会以他名字的首字母GN来称呼他）是一个坚持原则的人。他无法容忍独立研究，并要求成员不能"浅尝辄止"。任何不按要求行事的人会被冠以"游击队员"的称号。杜布纳的历史记录告诫道："如果'游击队员'被发现甚至被证明是对的，GN只会冷淡地承认其工作的重要性，语气中不会流露出丝毫鼓励或夸奖。"

在开会的时候，弗廖罗夫会带上一面锣。一旦敲响，议题就被确定下来，接着再讨论下一个问题。联合核子研究所的历史记录这样写道："他是个做事专注、充满激情并且坦率直接的人。他勇于承担责任，从不要花招。他讨厌工作的时候心不在焉，并警觉地保护着成员们以免他们误入歧途。"

跟伯克利团队一样，苏联人也遇到了同样的绊脚石。但和美国人不同的是，一个研究员想到了重新燃起寻找超重元素希望的方法。令人遗憾的是，弗廖罗夫拒绝接受这个想法。咣！下一个议题。

弗廖罗夫放弃的这个想法就是冷聚变。但奥加涅相认为，他的导师犯了一个错误。正如当年弗廖罗夫给斯大林写信那样，奥加涅相决定以他的职业生涯作为赌注去赌自己是对的。

这个年轻的亚美尼亚人成了"游击队员"。"冷聚变，我可爱的化学反应。"奥加涅相回忆道。说到这个名字时他不禁笑了起来："我的冷聚变。这……这是真正的新鲜事物。"

★ ★ ★

大多数科学家很可能对"冷聚变"这个术语不以为然。这个术语也曾用于描述某种发生在室温下的核反应——这是20世纪80年代后期引起全世界关注的纯科幻小说。但在寻找元素的过程中，冷聚变却是真实存在的。

这个概念简单易懂，最早是由在杜布纳工作的捷克科学家亚·马利在20世纪60年代中期提出的。到那时为止，人们都是通过把某种轻元素射向重元素的方式来制造新元素的。但如今已经出现了能够发射更重的投掷物的技术。为什么不使用元素周期表上位置比较靠近的元素呢？

这可不像听上去那么简单。当两个体型相近的原子核相互靠近时，库仑势垒会变得更加强烈——就像把一块较小的磁铁推向一块较大的磁铁比把两块磁场强度相近的磁铁放在一起更容易。大家都认为这意味着发射投掷物需要更高的能量，这样才能突破库仑势垒，而更高的能量则意味着发生裂变的概率更高。

但如果这种情况根本不会发生会怎么样呢？想象一下两滴水相互撞击，在它们相撞的一瞬间，新形成的水滴会被迫改变形状以适应。同样的情况也会发生在两个原子核上。美国物理学家肯·穆迪在《超重元素的化学性质》一书中写道："液滴状物质的微调起到的作用就像散热片，它吸收了（新生成的）复合核产生的激发能量。"这就意味着，使两个体型相近的原子核结合起来所需的能量，实际上比轻离子反应所需的能量少 2 到 3 倍。较低的能量意味着原子核在变稳定的过程中释放的中子更少，而更多的中子意味着元素更稳定。

冷聚变也有缺陷。轻离子诱发的核反应是两个原子核剧烈碰撞，如果将其比作特警一脚踹开原子大门的话，那么冷聚变就像一次外科手术式的忍者偷袭，以尽可能少的能量潜入到库仑势垒的下方。为了取得成功，两个核子必须完成一次完美的撞击，否则它们会相互弹开。冷聚变对于靶材的选取也有具体要求，如此方能完成整个过程。在实际操作中，这就意味着你只能使用铅靶或铋靶。（铅，尤其是铅 -208，具有双幻数，因此格外稳定；铋 -209 显然与它距离相近，因而也具备一些同样的优点。）

没有人相信它会成功，但在 1973 年，奥加涅相愿意去冒这个风险。当弗廖罗夫去西伯利亚度假时，他的这位得力助手组建团队开始工作。"他去徒步旅行了，"奥加涅相回忆道，一想起自己的顽劣就不禁笑了起来，"他不相信这种方法。但是，当我发现他不在身边时，我就开始做这个实验。"

奥加涅相认为，能够证明这一概念的证据是制造出镄 -244。它是一种不稳定的同位素，半衰期大约为 4 毫秒，此后它就会在自发裂变中彻底自动销毁。"正常情况下，镄是铀元素通过中子俘获的方式生成的，"奥加涅相继续说道，"我们打算朝铅发射氩气。这种方法之前被认为是不可能的——人们认为氩太重了，不适合聚变。但我设计了一台装置，可以调整离子束的强度。"

他们接连 5 天用氩气撞击铅靶。联合核子研究所的实验报告这样写道："实验结果令人惊叹，检测器中充满了裂变碎片。"正如预测的那样，镄发生了自发裂变。但奥加涅相检测到的半衰期不是 4 毫秒，而是 1.1 秒——是预测时长的 270 多倍。这个团队创造出一种完全不同的同位素。

"它太大了！"奥加涅相惊呼道，"它超过了 1 秒钟！我非常惊讶、激动。即便在我不得不使用的束流强度下，反应截面依然高出了 1000 倍……在那一瞬间，我知道我们完成了冷聚变！"

当弗廖罗夫回到实验室后，他像对待其他"游击队员"一样对待奥加涅相。联合核子研究所的记录这样写道："他不但没有表现得特别高兴，而且实际上看上去很淡漠。"弗廖罗夫命令实验室继续完成之前的计划。不要浅尝辄止。

没过多久，苏联科学院的院长来杜布纳实验室参观。弗廖罗夫把奥加涅相叫进他的办公室并向他点头示意。"他制造了成千上万（铀之后的元素）。"弗廖罗夫漫不经心地告诉他的客人。这位院长知道这意味着什么，他把手搭在这位物理学家的肩上。"他在这个幸运的家伙脸上亲了三下，这是对他违抗命令的奖赏。"联合核子研究所如此记录。

★ ★ ★

有了冷聚变，全新的机遇为他们敞开了大门。1974 年，奥加涅相利用这种技术朝铅发射铬离子，结果产生了自发裂变，并且首次检测到了 106 号元素。苏联人异常激动，他们准备在即将到来的美国纳什维尔会议上宣布这种元素。尽管没有说明原因，但他们让全世界都知道格奥尔基·弗廖罗夫将会亲自出席这次会议。

几乎与此同时，伯克利团队也准备宣布他们发现了 106 号元素。那时，这个团队的构成也发生了变化。吉奥索依然是负责人，努尔米亚还是他的副手，但哈里斯和埃斯科拉夫妇已经离开了。接替他们的是出生于德国物理学家迈克·尼奇克和另一对来自美国耶鲁大学的夫妇：卡罗尔·阿隆索和何塞·阿隆索。与他们一起加入竞赛的还有一支来自美国劳伦斯利弗莫尔国家实验室的团队，由肯·休利特和罗恩·拉菲德带领。休利特曾经是伯克利的一名卫生化学家，作为格伦·西博格在战后的学生之一，他也走进了超重元素的世界。

利弗莫尔不再是伯克利的一个分支机构，而是美国能源部下设的实验室之一，美国正是在这些实验室中设计出了核武器。寻找超重元素并非休利特的全职工作，这只是他的一个业余爱好。如果有什么事能让全国最优秀的人才为美国政府服务，那政府就会很乐意去支持。

美国团队寻找 106 号元素的工作进展顺利。休利特和拉菲德准备锕靶，吉奥索则负责检查氧 -18 束流。与此同时，何塞·阿隆索用团队最新的计算机分析 1971 年的部分数据来对其进行检测。让他惊讶的是，计算机显示美国人早就造出了 106 号元素，却没人发现。这一次，当机器生成的 α 衰变链与已知同位素完全一致时，这个由伯克利和利弗莫尔组成的团队立即发现了它。

苏联人和美国人几乎同时发现了同一种元素，并且都想第一个宣布这条消息。参加纳什维尔会议的人察觉到有些不对劲，发现新元素的传言开始扩散。田纳西州变成了一部冷战惊悚片的拍摄场地。

伯克利团队唯一来纳什维尔的成员是卡罗尔·阿隆索，其他人都留在大本营以获取更多的数据。会议的第二天，她和其他演讲嘉宾受邀乘坐一艘游轮游览坎伯兰河，这艘游轮就像马克·吐温笔下富丽堂皇的漂浮宫殿。阿隆索是船上唯一的女性，她很快发现身边围满了迫切想知道关于 106 号元素的传言是否属实的研究员。她证实了他们的猜测，随后，她在船尾紧邻巨大桨轮的地方坐下来，变身成一名王牌间谍。她在藏身之处派四位朋友向弗廖罗夫打探苏联人是否也造出了 106 号元素。弗廖罗夫很精明，"没有，"他戏弄一名研究员道，"（我们准备宣布）108 号元素！"

那天晚上在上岸之后，阿隆索给吉奥索打电话请求命令。这位怪才决定先不宣布美国的发现，他告诉阿隆索："最好先让苏联人当出头鸟，看看他们会不会被枪打。"第二天，阿隆索依然扮演着王牌间谍的角色，设法从会议组织者那儿拿到一份弗廖罗夫论文的高级副本，并证实了他的计划。当弗廖罗夫发表完演讲并宣布了苏联人的发现时，阿隆索表现得若无其事，完全没有理会这项声明。这个伎俩很卑鄙——由于美国人没有公布自己的实验结果，苏联人的宣传效果和可信度都大打折扣，但它很有效。

一周后，苏联人来伯克利参观。两个团队互相详细通报了研究 106 号元素的实验。苏联人被美国团队的一丝不苟感染了；美国团队虽然对苏联人的努力不以为意，但也没有确凿的理由反对他们实验结果的有效性。一种元素的发现首次陷入了僵局。

两支团队相互竞争了 15 年（图 9）。双方——西博格和吉奥索、弗廖罗夫和奥加涅相都没有兴趣继续争斗下去。伯克利和杜布纳都同意在实验结果得到确认之前，先不给元素命名。

106 号元素已被发现，但它的位置依然还是空白。超锕元素之争的白热化阶段结束了。

图 9　苏联团队和美国团队在苏联的杜布纳举行会议，1975 年。从左至右：尤里·奥加涅相、格奥尔基·弗廖罗夫、V. A. 德鲁因、艾伯特·吉奥索、格伦·西博格、肯·休利特

13

冷聚变

两辆汽车疾驰在旧金山的乡间小道上，它们不断抢占着有利位置，车轮几乎碰在了一起。艾伯特·吉奥索紧握方向盘，拼尽全力让汽车保持直行，他的队员紧紧抓住座椅，汽车的发动机已经超过了极限。在他旁边，弗廖罗夫和奥加涅相像沙丁鱼一般挤在车里，他们急速驶过，抢在了前面，挡住了美国人的行进路线。

吉奥索打起精神，猛打方向盘，空气中传来橡胶燃烧的气味。他辗转腾挪，试图从苏联人旁边挤过去。吉奥索咬紧牙关，把油门一脚踩到底，终于将这辆甲壳虫汽车开上了路肩。车后扬起碎石、黑烟和尘土，美国人慢慢超过他们的苏联同行。吉奥索扭头瞟了一眼他的手下败将，嘴角露出胜利的笑容，随后回过头目视前方。前面除了一堵砖墙之外什么也没有，吉奥索急忙踩下刹车，却不起作用。伯克利实验室的小伙子们大难临头，他们的车失控了……

吉奥索醒了，他惊恐地喘着粗气，但噩梦依然历历在目。他现在安全地待在伯克利的家中，威尔玛就在他的身边。那天是 1976 年 7 月 17 日。他从床上爬起来洗了个澡。失控。他紧闭双眼长叹一声。他刚刚在潜意识中完成了其职业生涯中最伟大的发现。

在过去的 18 个小时中，吉奥索被告知团队发现了稳定岛。伯克利团队和利弗莫尔实验室展开合作，他们用一种新的离子束——钙 -48 来轰击锔。（在重离子直线加速器发生爆炸 19 年后，吉奥索很高兴能再一次使用放射性材料。）这是一个绝妙的想法。天然钙并不是寻找元素的理想同位素——它没有足够的中子。但大自然的造化神功意味着大约 0.19% 的天然钙是钙 -48，它额外含有 8 个中子，足以让新生成的元素稳定下来。更棒的是，钙 -48 具备"双幻数"：20（质子数）和 28（中子数）都在格佩特 - 梅耶的"幻数"名单上。唯一的问题在于成本。今天，

1 克钙 -48 价值 20 万美元。一台加速器每小时需要 0.5 毫克钙 -48。在伯克利昔日的辉煌岁月中，几个小时的轰击就能生产出元素。到了 20 世纪 70 年代，新元素的反应截面极其低下，一项实验每次必须得持续数周乃至数月才能得到一个原子。钙的成本很快涨起来了。即便如此，如果伯克利能找到稳定岛，这钱就花得很值。

伯克利和利弗莫尔联合团队曾经尝试制造 116 号元素。当科学家们检查捕集箔时，他们看见上面有一层薄薄的黑色污垢。为保险起见，他们对这层污垢连同其他东西一道做了分析。当它被放进探测器中时，它很快开始自发裂变。他们不仅造出了 116 号元素，还通过化学方法把它分离了出来。实验室里群情鼎沸。它很有可能是自裂变之后最伟大的发现。

吉奥索抓起电话，将这个消息告诉斯坦利·汤普森。虽然汤普森只有 64 岁，却身患癌症，恐不久于人世。正是这位伟大的化学家提出了分离钚的技术方案，也正是他在美国汉福德监制了第一颗原子弹，而现在他奄奄一息，无力回复。吉奥索后来在《超铀人》中写道："（我）与他交谈，我很确定斯坦利明白我们完成了什么。"

在就寝之前，吉奥索检查了实验结果。有什么东西一直在困扰着他。他半夜又回到实验室检查滤纸，这些滤纸本该是干净的，但它们也具有放射性。吉奥索感觉很迷惑，他决定先去睡觉，噩梦很快就来了。

早上洗澡的时候，吉奥索终于意识到发生了什么。伯克利团队根本没有见过超重元素。放射现象是裂变产生的，而那层神秘的污垢则是烧焦的胶水，它是用来固定箔纸的。这只是一场虚惊。但现在去告诉汤普森为时已晚，他在跟吉奥索通话后不久就去世了。①

在悼词中，汤普森的女婿肯尼斯·林肯给他起了一个拉科塔族名字：Cante Ksapa——"智慧的心"。格伦·西博格的悼词非常有说服力："他是一个受人喜爱和尊敬的人，他有着古老的价值观，喜欢基础和简单的生活方式……他是一个善良的人，跟社会各界人士都结下了友谊。在第二次世界大战期间，其放射化学研

---

① 汤普森曾经工作过的汉福德核试验场现在以"美国最毒的地方"闻名于世，泄露的核废料造成的污染需要耗费数以亿计的美元才能清理干净。2018 年，华盛顿州政府签署了一项法令，批准对汉福德的工人进行赔偿，赔偿范围包括多种癌症。

究的重要性不亚于玛丽和皮埃尔·居里分离出镭，他在发现 5 种超铀元素的过程中展现出的领导能力，必定与他那个时代最重要的化学成就比肩……化学失去了一位杰出的实践者，我失去了一位毕生的挚友。"

斯坦利·汤普森是第一位陨落的超铀元素巨人。但在德国，新一代研究员正在崛起，一系列新元素也将随之而来。

★ ★ ★

维克斯豪森（Wixhausen）不是一个得体的行政区名字。这个小镇在八百多年前兴建时叫作维肯胡森（Wickenhusen），意思是"池塘边的房子"。这个名字慢慢发生改变，德国俚语也不断演变。时至今日，让当地人既尴尬又好笑的是，"wix"的发音在德语中听上去十分不雅，难怪人们在提到当地的实验室时通常都会以最近的城市达姆施塔特来代指。

德国亥姆霍兹重离子研究中心（以下简称 GSI）就坐落在城市的边缘。要想前往这所实验室，你首先要经过一排排汽车销售服务 4S 店和汽车维修店，然后再穿过开阔的农田和茂密的林地。眼前的景象逐渐变得奇怪起来，树木不见了，取而代之的是装着玻璃幕墙的豪华会议中心；路标提醒你注意成群迁徙的蟾蜍；园区里散布着粒子加速器的遗迹，它们像艺术品一般被精心保护起来。直到此时你才会意识到自己来到了欧洲最先进的实验室之一。尽管它看上去仿佛与世隔绝，但当地人对这颗德国科学皇冠上的明珠如数家珍。在最近一次开放日，11 000 名参观者来到实验室门前。园区里面依然还是一片建筑工地，不过工程器械不太多，GSI 正在建造反质子与离子研究装置，它将汇集来自 50 个国家的科学家，他们联手对撞粒子，湮灭物质，尝试寻找宇宙的起源。在实验室的另一个区域，核科学家发明了能杀死癌细胞的靶向治疗离子束，他们的机器能够调整离子束的强度，使其在穿透组织和骨骼时不会对人体造成伤害，同时还能以绝对精度使肿瘤受到辐射。GSI 正在解开世界的秘密并拯救生命。

这所实验室是联邦德国经济奇迹的产物，是这个国家在经历了第二次世界大战后惊人的重建速度的证据。到 1969 年，整个德国的核物理学系都在相互竞争，建造加速器，全国共有 20 台中小型加速器。如此一来便形成了重复工作，达姆施塔特、法兰克福和马尔堡的大学决定把它们的资源整合起来。后来，吉森、海德堡和美因茨的大学也加入进来，于是就有了 GSI——这是第一所不但能与伯克利和杜布纳竞争，而且还能战胜它们的实验室。

"人们不清楚在哪里修建它，"格特弗里德·明岑贝格回忆道，此时我们正坐在一家咖啡馆里，要了一杯咖啡来放松一下。"海德堡和卡尔斯鲁厄也想加入竞争的行列……大家的想法是建在这里，因为达姆施塔特可以提供土地，并且这里距法兰克福机场也不远。"

明岑贝格是一个很好的采访对象。他显得轻松自在：温暖、和蔼、友善。他头发雪白，看上去像极了戴维·麦考姆在《海军罪案调查处》中饰演的达基，他一边分享着他的故事一边吃着馅饼。明岑贝格来自德国沃尔夫斯堡——艾伯特·吉奥索开的大众甲壳虫汽车就是这里生产的。他的英语是他在 20 世纪 60 年代赴英国的汽车城卢顿求学时学会的。当我告诉他那里变化不大时，他咯咯地笑了起来。

GSI 的建造地点一确定，德国人便开始建造他们的加速器。"当时的想法是建造一台可以加速所有元素的加速器，"明岑贝格回忆道，"人们还不清楚该朝什么东西射击，唯一清楚的就是伯克利的方法不管用！因此，我们必须建造一台加速器，我们必须建造一台能够检测所有东西的光谱仪。"

这样的雄心壮志在核科学史上绝无仅有。这个团队从无到有，自己摸索出了一条道路。明岑贝格从一开始就作为离子光学专家在这里工作，那时他还是一个满脸稚气的博士后，有着使不完的精力，领导让他做什么，他就去做什么。美因茨大学的物理学家金特·赫尔曼也是 GSI 团队中的一员，他打电话申请批准使用放射性材料做研究。（"现在你不能那么做了，这是禁止的，"明岑贝格说道，"但我们一旦获得了批准，就有了许可证……"）其他人研究轰击靶与物质的相互作用。让人万万没想到的是，离子源竟然是格奥尔基·弗廖罗夫送给德国人的。

德国团队全情投入研究，但他们并非只工作不娱乐。在准备机器时需要用酒精清洗冷凝器。明岑贝格和另一位同事在溶液中掺入了少量的"有机污染物"，它不会影响清洁工作，只是让整个实验室闻起来像威士忌。"我们玩得很开心。"明岑贝格眨了眨眼睛。

总负责人是彼得·安布鲁斯特。他相貌英俊，满头乌发，留着长长的鬓角。安布鲁斯特在德国达豪长大，当地集中营的阴影笼罩着他的成长过程。20 世纪 50 年代，他在斯图加特和慕尼黑的技术大学学习物理学，并逐渐对重离子裂变产生了兴趣。作为 GSI 的高级科学家，他有绝对权威来决定这所德国实验室应该研究什么。"安布鲁斯特正是那个最佳人选，"明岑贝格回忆道，"那是一个完美的团队。安布鲁斯特是老大，他从来都不像一个团队领导，而更像一名导演。他挑选（设备）。没有委员会，没有讨论。他来准备一切……我们做演讲，他连夜写出来，第二天再交上去。"

这标志着 GSI 的运转速度有多快。实验室从破土动工到建成世界上最先进的加速器——通用直线加速器，只用了 5 年。"这真的让人很激动，"明岑贝格笑道，"我们第一年启动项目，第二年完成设计，第三年建造完成……所有人都说'你们做的东西永远不会有用'……但我们的速度真的很快。我们非常幸运，上天待我们真是不薄。"

明岑贝格太谦虚了。在他的带领下，德国人即将让超重元素的数量增加一倍。

"这里就是我们制造重元素的地方。"迈克尔·布洛克是 GSI 超重元素物理学的现任带头人。他带着我参观这所实验室，我们首先看到的是硕大无朋的通用直线加速器。我们走进一条又长又直的混凝土隧道，身旁是一根巨大的紫色管道，它全长 120 米，一直通向轰击靶。它体量惊人，足够让好几个人在里面直立行走。管道的关键部位有一些凸出来的金属圆筒，它们像奶牛乳房上的吸杯一般插在这台庞大的加速器上。这些东西同粗大的黑色电缆连接在一起，这些线圈最终没入墙壁之中（图 10）。

回旋加速器让人印象深刻，它就像一架安放在你所见过的最大的磁铁下面的外星不明飞行物。直线加速器则更令人惊叹。它一直延伸至远方，外观和触感像极了科幻小说里的空间炮。GSI 相信它也是寻找元素的利器。"你需要高强度的束流，"布洛克说道，"如果你想要高强度，那你最好走直线。"

图 10 对通用直线加速器的内部进行维护，达姆施塔特 GSI

我们肩并肩走在隧道中，旁边就是那根巨型离子枪管，某些部位的部件已被拆下进行维护，我们不时停下来查看这些地方。从这些位置望去，加速器中空的内部一览无余。每一段构成了一个独立舱室，表面镀着一层亮闪闪的铜。舱室里面，一排状如甜甜圈的粗大金属环悬挂在管道中心的金属杆上。束流在电压的作用下穿过这些甜甜圈中间的孔洞：这种"胡萝卜加大棒"的方法经过 80 年的粒子轰击才逐步完善起来。在启动加速器时，研究人员将束流元素（以铀为例）放置在一个充满气体的舱室中。施加电压后，铀原子会损失部分电子，然后，铀离子会被电场拉进加速器之中。在适时改变电压产生的推力和拉力的作用下，这些铀离子会在加速器中以每秒 3 万千米（约为光速的十分之一）的速度撞击靶子，整个过程只需 10 微秒。

设计 GSI 系统的初衷就是能够同时展开多项不同实验。跟持续发射离子流不同的是，该系统每 20 毫秒发射一次脉冲为 5 毫秒的束流。大约 1% 的离子被转移到 GSI 的同步加速器中，这是一台闭合的环形设备，离子将在其中持续加速，它们在内部飞了成百上千圈之后，速度最终可达每秒 27 万千米。以这样的速度，从地球到太阳只需大约 9 分钟。一旦通用直线加速器启动，它那 1.1 千米长的环形加速器每次可以发射 5000 亿个铀原子，速度可达光速的 95%。

其余 99% 的离子会一直飞到最后，最终撞向一张比厨房用锡箔纸还要薄的轰击靶上。布洛克拿起一份样品，那是一小块经过轰击的铅 −208，其表面呈深黄色。"看到颜色不一样的地方了吗？我们不光只用铅，我们还会使用硫化铅。它在耗尽之前可以吸收更多的束流。在通常情况下，它能用几个星期。"由于铅很容易获取（铋也一样，它是另一种可能的轰击靶），GSI 会大量购入铅，并在一个快速转动的轮子上一次安装多个轰击靶：通过这种方式，束流会得到充分利用，而不是不停地撞击同一个位置。

"过去，我们一年可进行 6000 个小时的轰击实验，现在我们只有 3 到 4 个月的时间，其中会有维修期。因为要建造通用直线加速器，我们现在很缺人手。"布洛克说。

我们离开加速器，走进一间控制室，它看上去就像"进取号"星舰的舰桥。带有微型指示灯的控制台、不计其数的仪表、读出器和测量仪器全都安装在焦橙色的操作面板上，这种颜色在 20 世纪 70 年代之后就不再流行了。"它跟《星际迷航》有点儿像，你知道吗？"布洛克咧嘴笑道，"这是我们先前组装机器的方式。现在它已经大变样了，我们可以更加自如地控制一切：在元素、离子和束流线之间来回切换，改变脉冲的模式、束流的强度和能量。"一切都变得更简单。在 GSI 刚成立时，实验室有一个用于做实验的屋子，里面装满了各种设备。时至今日，计算机和数字测量技术的进步意味着一块台式计算机大小的控制面板就可以操控整个实验。

但通用直线加速器只是 GSI 取得成功的一半原因。能够制造一种元素当然很好，但你依然需要找到它。在 GSI 成立之初，反应截面非常低，你几乎无法从响作一团的离子背景噪声中找出你的生成物。GSI 的应对策略是使用重离子反应产物分离器——简写为 SHIP（有"船"的意思）。起这样一个名字并非偶然，德国人对不稳定海念念不忘，他们相信自己能够赶在那些实力强劲的竞争对手前面扬帆起航，寻找新元素。

布洛克带着我穿过迷宫般的过道、甬道、狭窄的缝隙和上锁的门道。我们正朝着这只巨兽的腹部走去，分离器就安装在这里。重离子反应产物分离器是一台复杂的设备，但其背后的原理却相对简单。如果（离子在轰击靶子后）生成某种裂变产物，根据物理定律，其移动速度会比束流中离子的速度慢。在磁场和电场构成的复杂系统中，高速移动的离子会进入一条死胡同，只有速度较慢的粒子能进入探测器。这种技术被称为飞行反冲分离。

没了束流的影响，裂变产物将在没有噪声的情况下通过探测器。现在你就可以测量你需要的任何东西以证明你创造出一种元素了。首先，你需要一个原子规模的超速监视区——两张相距 30 厘米的箔片——来记录飞行时间（通常大约 1 到 2 毫秒）。接下来，一组探测器严阵以待，准备探测 α 辐射的任何踪迹。"α 衰变没有固定方向，"布洛克说道，"因此，如果你只有一台探测器，你最多只能看到它们的一半。我们把粒子发送到一个遍布探测器的盒子里，大多数粒子会击中盒子的内壁或者使探测器停下。它的覆盖范围达到 80% 到 90%。"

我眨了眨眼睛，努力让大脑转起来。布洛克正摆弄着其中一块磁铁，他拿起一把扳手，把它举到离磁铁几英寸的位置，然后松手，看着它被抛射到半空中，随后又被吸附到磁铁的侧面。幸运的是，他看出了我的疑惑。"这样，一种新元素就生成了。新原子反冲出去，穿过过滤器（以除去束流），它将嵌入墙体之中，于是你就有机会记录 α 衰变了。"很简单，对吗？

这不是 GSI 唯一能做的事情。围绕着自发裂变和 α 衰变的猜测早已一去不返了：GSI 的设备可以在原子飞过时测量它的质量。由于不同的同位素质量各不相同，因此你能够准确辨别出你创造的东西。更重要的是，质量测定使你能够辨明你是否制造出稳定岛上某种物质的单一原子。尽管这些原子不太可能在探测器中发生 α 衰变或者裂变（别忘了，那将持续数百万年），但利用质量测定，你仍然可以发现是否生成了某种东西。

"你的质量测定有多灵敏呢？"我问道。

布洛克盯着天花板想了一会儿，在想到答案时深深吸了一口气。"想象一架巨型商务客机，"他开口说道，"一架空客 A380。我们的质量测定对于质量变化非常敏感，我甚至可以检测出你是否在头等舱的座椅上放了一枚硬币。"

这些不同的测定功能让 GSI 的机器具备惊人的灵敏度。"我们的反应截面达到了 90 飞米。"布洛克说道。那相当于 10^{-41} 平方米。我努力记住反应截面是概率的计量单位，而不是面积的单位。在那个层面上，即便最没有可能发生的反应——

发生聚变最小的概率最终也会在偶然情况下发生。你要做的就是让你的机器运转足够长的时间。

我想到了那些尚未被发现的元素。"那么，抛开成本不说，假如你让机器连续运转 10 年，你能有所发现吗？"

布洛克耸了耸肩膀，说："如果有足够的时间，你能发现任何东西。"

"还得有钱。"我补充道。

布洛克懊恼地点了点头："还得有钱。"

★ ★ ★

西格德·霍夫曼是个不打无准备之仗的人。一些受访者会坐在桌前追忆昔日的美好时光；还有一些人会告诉你他们的观点，然后看你敢不敢挑战他们的看法；而西格德·霍夫曼则带来了一份幻灯片和 26 页经过同行评议的科学论文。我们坐在 GSI 舒适的现代化办公楼里，一边喝着茶吃着饼干一边准备深入探讨制造元素这个话题。

西格德·霍夫曼也是 GSI 最早的工作人员之一。他于 1944 年出生在德国当时的苏台德地区，他父亲在那里生产用在台灯上的波希米亚玻璃。在他 16 个月大的时候，苏联军队进入该地区，捷克的胜利迫使他们一家开始逃亡，他们先去了德国图林根，随后又去了达姆施塔特。他们在这里定居下来，无意间将年轻的霍夫曼带到了联邦德国最先进的科技中心之一。为了能离家近一点儿，他选择在这座达姆施塔特技术大学学习物理学，他在大学里获得了核反应以及新兴的计算机编程技术的经验。"我有最早的计算机之一，"他回忆道，"它的内存只有 8Kb，我编写了一段程序来分析 γ 光谱。"当 GSI 在附近成立时，团队需要为重离子反应产物分离器找一名计算机专家。西格德·霍夫曼是最适合的人选。

GSI 的加速器于 1976 年首次启动。它是世界上唯一能够加速铀的实验室，因此他们在 5 年中主要发射的是铀束。（为什么要在其他人也可以做的东西上浪费世界上最好的加速器呢？）但 GSI 团队渴望参与到寻找元素中来。在 1976 年到 1977 年之间，这个团队用来寻找超重元素的轰击时间累计达到了 5 天半，他们的目标是制造出原子序数高达 122 号的那些元素。他们的运气跟其他团队差不多少。"我已经记不清我们经历的失望了，"西格德·霍夫曼在其《在铀之后》这本书中写道，"抑制失望很容易，但记录上并没有提到为庆祝胜利开香槟酒的经历。"

重离子反应产物分离器团队决定试一试冷聚变。自从奥加涅相发现这种技术之后，冷聚变似乎已经胎死腹中。弗廖罗夫对它没有兴趣，并坚持让杜布纳团队继续研究先前的科研项目。无独有偶，伯克利依旧对它抱着怀疑的态度，他们仍然专注于艾伯特·吉奥索的口头禅：1 个 α 等价 1000 个自发裂变。以当时的眼光看，他们的决定并不那么荒唐——奥加涅相的实验在很大程度上只是一种概念上的证据。任何可靠的发现都要用到粒子加速器，而且这台机器要比美国人或苏联人能够制造的重得多，此外，还需要世界上最先进的探测器。

幸运的是，这些东西 GSI 都有。

奥加涅相记得德国人曾经试图招募他加入 GSI，并为他提供机会去研究他心爱的冷聚变，他甚至可以把整个团队都带过来。他拒绝了，继续留在杜布纳，尽管一有机会他就会偷偷地做冷聚变实验。

另一方面，海因茨·盖格勒决定接受德国人的邀请。他曾在奥加涅相手下工作时亲眼看到过冷聚变，也明白德国人是唯一能够完成它的团队。"这并不是说他们在剽窃冷聚变（这个概念），"盖格勒强调道，"如果你想利用冷聚变制造元素，你需要优良的束流和先进的探测器。当时，苏联的技术不如西方的先进。GSI 拥有重离子反应产物分离器，但即便如此，他们依然经历了一段困难时期。他们在三年的时间里没有取得成功……尽管如今没有人会谈起那些事。"

三年的光阴如白驹过隙。时间并没有被浪费，这个团队一直在学习，一直在研究如何测量一些世界上最罕见的现象，它们能制造世界上最稀有的元素。

接下来，在 1981 年 2 月 12 日到 17 日这一周，明岑贝格的团队用钛轰击铋靶。可以肯定的是，这两个原子核发生了碰撞，并利用产生的反冲力突破了库仑势垒，随即释放出一个中子以避免发生裂变。这种反应生成了如今依然存有争议的 105 号元素，它随后发生 α 衰变，变成 103 号元素。

冷聚变是可行的。

一周之后，在 2 月 24 日上午，这个团队尝试用铬束（多出两个质子的质量）撞击靶子。上午 10 点 48 分，他们造出了某种东西。它完全符合团队先前探测到的衰变链：先是发生 α 衰变生成 105 号元素，接着再变成 103 号元素。9 小时后，他们又一次成功了，随后他们一次又一次地取得了成功。在 4 天的时间里，他们制造出多条完美的、全新的 α 衰变链，其中一些甚至在衰变前生成了锕元素。当原子落到探测器上时，研究人员根据它飞行的时间和能量确认它的质量。"在一周之内，我们测定了 6 条衰变链，"西格德·霍夫曼回忆道，"在此之后，西博格和伯克利团队产生了兴趣，杜布纳的弗廖罗夫也一样。他们来达姆施塔特参观我们的实验。"

西博格在 9 月到达，12 月的时候弗廖罗夫也来了。这两人给西格德·霍夫曼留下了深刻的印象：西博格是"一个身材魁梧的人，高大且严肃"……弗廖罗夫"也很魁梧，但更年轻，他没有那么高，也不那么严肃"。GSI 团队给这两位超重元素领域的伟人留下了深刻的印象。冷聚变并没有生成很多原子（到 1988 年为止只制造出 38 种原子）或半衰期较长的同位素，这都不重要。自从 1955 年以来，所有人第一次承认发现了一种新元素。德国人制造出了 107 号元素。

从林间空地发展到世界顶尖的重元素实验室，GSI 一共用了 6 年的时间。吉奥索带着锕元素飞到德国，希望能制造出 116 号元素。这个实验失败了。GSI 团队飞到美国，加入伯克利团队，但那一次尝试也失败了。明岑贝格敬慕吉奥索，但这两位巨匠就最佳的实验方式产生了分歧。吉奥索想跳过不稳定元素直接研究稳定岛，与此同时，德国人指出这无法得到证明。比如说，一条 α 衰变链在最终变成人们熟知的衰变链之前，将会先后出现 5 种未知元素，并且每一种元素的半衰期或发生裂变的概率都不明确。即便成功了，他们也要花费数年乃至数十年证明他们的论断。

相反，明岑贝格更倾向于另一种冷聚变实验，这一次要寻找 109 号元素。略过 108 号元素的理由很简单：偶数元素更容易发生裂变。通过这种方式，研究团队制造一条美丽的 α 衰变链的机会将大大增加，而且这条衰变链也能向所有人展示他们具体制造了什么。

新束流是铁 –58 发出的，这是一种昂贵的稀有同位素，大约只占自然界中铁元素的 0.28%。1982 年 8 月，研究团队开始进行实验。5 天之后，他们首次发现了 109 号元素的踪迹；又过了 10 天，他们又发现了另一个踪迹。这个团队运气很好——他们发现硬盘空间用完了，便更换了计算机文档，两分钟后，碰撞发生了。虽然两次碰撞并不能确切证明这个发现，但 GSI 实在好运连连。

"1984 年，"西格德·霍夫曼回忆道，"我们研究了铁和铅（26 号和 82 号元素），并发现了 3 条衰变链，这些衰变链最后都变成了我们先前研究过的衰变链。很明显它就是 108 号元素。"没有人料到这一点：大家都怀疑这些同位素会发生裂变而非 α 衰变。"这一发现引起了轰动，"安布鲁斯特和明岑贝格后来在《欧洲物理学报 H》中写道，"并且当我们在随后的实验中制造出……108 号元素的同位素 264 时，这种轰动效应变得更加强烈。"

由于新实验揭开了核力复杂的力学面纱，发现了更多的同位素和衰变链，因此 GSI 的结果得到了确认。及至 1989 年，当明岑贝格被提拔为主任，且西格德·霍夫曼接管团队时，德国人发现了 107 号至 109 号元素的事实已不容置疑。

现在德国人占据了主导地位，而其他人则开始拼命追赶。

14
改变规则

格伦·西博格在 1980 年实现了把重金属变成黄金的炼金术士之梦。他给伯克利的加速器安装了铋箔（铋在元素周期表上与铅是近邻，并且只有一种稳定的同位素，因而更容易分离），并连续朝它发射碳离子和氖离子。离子束剥离了铋的质子和中子，留下零星的金粉。西博格成了当代的迈达斯国王。这只是一个噱头而已：这项实验用了一天的时间发射离子束（价值约 12 万美元），生成数量却极其稀少，只有通过放射性衰变才能被检测到。"这项实验生产 1 盎司 ① 黄金的费用超过 1000 万亿美元。"西博格告诉美联社。即便如此，他还是向世人证明了科学胜过炼金术。

1984 年，正当 GSI 寻找 108 号元素之际，另一个奇迹发生了：达琳·霍夫曼打破了她坚守 40 年的誓言，愿意成为一名教师。她离开洛斯阿拉莫斯国家实验室，接受了伯克利提供的终身教授职位，并因此获得了重元素团队的领导权。吉奥索非常高兴能在她手下工作，他把自己旺盛的激情（有时显得过于旺盛）投入他们最新的研究项目。3 位美国科学界的超级明星——达琳·霍夫曼、吉奥索和西博格，现在聚在了一起，他们研究重元素的经验加起来有 125 年。

但在美国，寻找元素的大环境已经变了。1986 年 4 月 26 日，乌克兰北部边境的普里皮亚季市附近的切尔诺贝利核电站在一次深夜安全检查中发生了严重的事故。在凌晨 1 点 23 分，这座核电站的 4 号反应堆发生爆炸，它的部件被炸上了屋顶，整个核电站变成一片火海。将近 7 吨放射性物质被抛上了天空。

切尔诺贝利事故立即改变了美国公众对于核能的看法。1979 年 3 月 28 日，宾夕法尼亚州三里岛核电站发生过一次严重的事故，这本来就已经引起了公众的警惕，切尔诺贝利事故则把这种警惕变成了彻底的恐慌。核能反对者引用了一部电

---

① 1 盎司黄金约为 31.1 克。——译者注

影中的台词："如果堆芯熔毁了，它将凿穿地球直抵中国。"① 在 20 世纪四五十年代，世界因找到一种看似用之不竭的全新清洁能源而欢呼雀跃，而现在这种氛围消失了，核能被弃如敝屣。

对西博格来说，这种怀疑的态度仿佛一记重拳，几乎毁掉了他毕生的心血。"我不敢说自己毫无责任，"他在自传中写道，"我早期对核能的积极支持或许对后来出现的问题有责任……核电站的规模增长得过快，技术条件又不成熟，因而放大了事故的潜在后果，不管发生概率有多小。"

随着政治意愿的消退和预算的缩减，整个放射化学领域都受到了威胁。这个问题还因冷战的神秘面纱而变得更加严重。有时候，出于国家安全方面的考虑，一些信息不会被公布；而在其他情况下，怀疑和警惕的心态让一些原本可以并且应该被分享的细节被隐藏起来。此外，实验室也缺乏新鲜血液。由于上一代"元素猎人"不愿意退居二线，因此输送青年研究员之路水泄不通，减少了招募新人的机会。少数优秀的候选人另谋高就，更多的人则在其他领域另寻出路。

削减研究资金则最为致命，伯克利再也指望不上美国政府那鼓胀的荷包了。研究团队需要一种珍稀的镍同位素来寻找 110 号元素，却被告知他们没有资金了。他们想要一台像德国的重离子反应产物分离器那样先进的分离器，但资金却被挪作他用。他们最后只得利用零部件自己建造机器，它的应急阀门是由吉奥索的儿子比尔设计的，用老鼠夹子上的弹簧制成。吉奥索从来都不会错过一个好名字，他将其命名为小角度分离器系统（简写为 SASSY②）。

尽管小角度分离器系统具备临时的创新性，但它并没有要分离的新元素。这台巨型加速器将超级重离子直线加速器与质子同步加速器连接起来，用作喷射器，占据了整个山丘，面积堪比一座室内自行车赛场。这台新的"组合怪兽"（最初是吉奥索的点子）意味着如果其他研究小组的项目更为紧迫的话，他们就会占据所有的资金和使用时间。在超级重离子直线加速器难得的空闲时间里，霉运总是如影随形。在某个周五，当时 GSI 团队正在参观，整个实验室突然陷入一片黑暗。当地的电力公司曾与伯克利实验室达成一项协议，如果实验室的耗电量太高的话，他们就会切断电源，吉奥索的机器恰巧刚刚超过耗电量的额度。美国人和德国人

① 事实并不会这样，但事实什么时候影响过一段精彩的电影片段呢？
② 有"时髦""漂亮"之意。——译者注

在黑暗中跌跌撞撞的，交谈时也分不清说话对象。当时一片混乱，所有人都忘记关闭向分离器输送的氦气。这几乎就是 1959 年重离子直线加速器爆炸的翻版，氦气气压不断增加，最后冲破了入口窗户，击碎了锔靶。

幸运的是，这一次锔没有撒得整个实验室都是，而是只污染了小角度分离器系统。西格德·霍夫曼后来在《在铀之后》这本书中写道："可怜的吉奥索，他现在不得不利用周末来收拾残局。我们都对让他做这件事情很不好意思，但如果没有特别允许，我们不能去帮他。"

如果说美国人的处境不好过的话，那么在杜布纳，弗廖罗夫团队则感受到了苏联的解体对他们产生的影响。随着冷战的结束，联合核子研究所的科学家们发现他们的研究资金开始逐步减少直至枯竭。如果他们想继续工作的话，就必须要做一些极端的事情。

1989 年，弗廖罗夫参加了一场超重元素的例会，这场会议见证了科学界人士齐聚一堂。直到此时，苏联与美国之间的所有合作都是通过私立大学或者正式访问实现的（尽管有时候这些会议最后会随着美国歌手约翰尼·里弗斯的音乐变成一场摇摆舞聚会）。弗廖罗夫认为这种情况即将结束。他同利弗莫尔代表团的领队肯·休利特进行了交谈，提议携手合作。

他们两人进行了深入交谈。杜布纳有回旋加速器，利弗莫尔有轰击靶以及使用探测器和其他设备的专业技能。此外，虽然没有明说，但同样重要的是，利弗莫尔在科研界享有相当的可信度。虽然这些苏联人都是优秀的科学家，但与伯克利的竞争给他们的成就蒙上了一层阴影。如果杜布纳能同利弗莫尔联手，伯克利就无法再质疑其实验的有效性了。

休利特和弗廖罗夫——一位是化学家，另一位是物理学家——以握手结束了他们的谈话。这是一次史无前例的对话，美国人和苏联人弥合了分歧。杜布纳和利弗莫尔——一个是苏联实验室，另一个是美国核武器机构——成了合作伙伴。①

在弗廖罗夫同休利特达成约定几个月之后，柏林墙倒塌了。第二年年初，利

---

① 并非所有人都赞成这样的合作。马蒂·莱伊诺也受到了邀请，但他认为弗廖罗夫的工作方式不适合他。

弗莫尔的首批研究员肯·穆迪和罗恩·拉菲德来到了杜布纳。冷战遗留的问题一如既往：只有一部长途电话可供使用，苏联国家安全委员会在酒店安装了窃听设备，整个城市遍布密探。但一旦研究团队走进实验室，这里就只有科学。

格奥尔基·弗廖罗夫见证了核物理学在技术、战争和外交领域发展壮大的历史。最终，随着两个超级大国之间无声战争的阴影烟消云散，他策划了美国与苏联之间的团队协作。这很可能是弗廖罗夫最伟大的成就，但他没能看到它开花结果。1990 年 11 月，弗廖罗夫突然在莫斯科逝世，享年 77 岁。杜布纳团队为悼念他停工 3 天。穆迪和拉菲德当时还在苏联，他们参加了很多场纪念弗廖罗夫的活动和追悼会。尽管两国之间的合作失去了带头人，但工作还将继续进行。

弗廖罗夫还错过了超镄元素之争的终结。1986 年，在德国的要求下，化学和物理学的管理机构，即国际纯粹与应用化学联合会（以下简称国际化联会）和国际纯粹与应用物理学联合会（以下简称国际物联会），成立了一个工作组来解决超重元素的相关争议。这个小组被称为超镄元素工作组，其组员必须对元素的制造时间以及谁最先造出这种元素做出解释。这就像历史上第一场足球比赛，只有裁判才能解释规则，并在比赛结束后决定谁第一个进球。

科学正在改变它的规则。

★ ★ ★

在过去 120 年间，世界上的所有东西都逐渐变得越来越轻。这是因为巴黎郊区的一块金属没有很好地完成它的工作。

数千年以来，不必所有人都知道具体的质量——世界上没有什么东西需要那般程度的精度。但在维多利亚时代结束之际，这种情况开始出现问题。由于测量变得越来越精确，所以给质量制定一套标准就变得越来越重要了。[1]1889 年，科学家同意以国际标准公斤实体来定义 1 千克的质量，它是存放在法国塞夫尔国际计量局里的一根铂铱合金圆柱。国际标准公斤实体的质量正好是 1 千克，不多也不少。每隔 40 年，人们会把这块砝码从保险库中拿出来，用于检验存放在世界各地

---

[1]　测量时间也经历了相似的过程。船长们需要知道具体时间才能确定船只的位置，这促使英国海军部研发出了精密的钟表。铁路的出现也让固定时间变得重要起来。在此之前，人们出行的速度很慢，根本注意不到伦敦的时间比剑桥晚 4 分钟，比南汉普顿又快 2 分钟。

的 67 个复制品的质量。所有物品的重量，从你在浴室里称得的体重，到你在杂货店购买的商品重量，都是依照它制定的。

国际标准公斤实体和 6 块砝码一起存放在上了三把锁的恒湿恒温的保险库中。它的安全级别非常高，其中一把打开保险库的钥匙通常放在国外。将其如此密闭地储存起来的原因很简单：如果国际标准公斤实体发生了变化（比如，有人把它切下一小块），那么 1 千克的定义标准将会突然改变。这听上去很像詹姆斯·邦德电影中大反派的疯狂计谋，但你可不想有人拿全世界的质量单位标准胡闹。

我们暂且将这种天马行空的剧情放在一边，真正的问题在于，近些年来国际标准公斤实体的质量一直在增加。即便是在严密控制的保险库中，空气中微小的污染物，比如肉眼看不见的尘埃，也会落到它上面，让这块金属的质量略微增加一点。这就意味着千克的定义变得更重了，因此世界上的万物将会正式变轻。

这种情况不能再继续下去了，因此，国际计量局在 2010 年决定改变规则，不再根据国际标准公斤实体来定义 1 千克的质量，而是同意以普朗克常数来定义 1 千克的质量。普朗克常数是一个固定数值，是现代量子物理学的核心。[①] 奇怪的是，这又把千克同米和秒的定义连在了一起。但这至少意味着，即便国际标准公斤实体发生变化，我们也不必担心世界的质量单位会发生改变。当你读到这里的时候，或许这种变化已经发生了。（当本书英文版交付给出版社时，人们还在投票。[②]）

对我们以为是宇宙基本规则的事物的改变（你上一次怀疑千克是否真实是什么时候？）并不仅仅是毫无意义的修补。随着科学的不断发展，我们总是需要更好的定义。对于维多利亚时代的人来说，国际标准公斤实体就足够了；到了今天，我们对于精度的要求令它不再适用。

到 20 世纪 80 年代后期，寻找元素的领域也发生了同样的事情。对生活在 18

---

① 很明显，我们要问：“如何测定普朗克常数？”科学家使用了两种方法：第一，他们使用一种名叫基布尔秤的精密仪器，它利用电流和电压来称重；第二，他们制造了很多直径 93 毫米的硅球——它们是人类制造出的最完美的圆形物体，这些硅球含有已知数量的原子，使他们能够最终计算出普朗克常数。幸运的是，这些数字都是一致的，这让普朗克常数的定义——因而就是千克的定义——能够精确到十亿分之几的程度。

② 作者的交稿时间应该是在 2018 年 11 月之前，因为在 2018 年 11 月 16 日的第 26 届国际计量大会上，60 个成员方代表投票决定以普朗克常数重新定义“千克”，国际标准公斤实体于 2019 年 5 月 20 日退出历史舞台。——译者注

世纪的安托万·拉瓦锡来说，元素是某种无法被简化的东西；在欧内斯特·卢瑟福看来，元素是根据原子核中特定的质子数定义的。但核科学团队已经开始研究准裂变了，它生成的元素处于即将裂变但尚未裂变的状态。那也算是一种新元素吗？你需要哪些证据才能证明究竟发生过什么事情呢？

与此同时，人们在谈论起元素时都会遇到一个头疼的问题。比如，现在有人说"rutherfordium"，他指的到底是 103 号元素的苏联名字，还是 104 号元素的美国名字呢？这种情况让人们忧心忡忡，因此国际化联会不得不根据元素的原子序数引入"占位名"的概念：104 号元素变成了"unnilquadium"（意为 1-0-4 元素），112 号元素变成了"ununbium"（1-1-2 元素）。这种命名系统的发明人诺曼·霍尔登在《国际化学》杂志中解释道："在冷战中，你在公关战里最有力的武器之一是你为'你的'元素起的名字，你永远都不能丢弃这最强大的武器，转而接受另一个中立的名字。这会让你在争夺发现权时显得对自己的科研成果信心不足。"

这就是超锿元素工作组要面对的挑战。30 年来，美国和苏联发表了很多质量参差不齐的论文：有些论文错误百出，另一些论文闪烁着作者的科学才华，但其他团队拒绝承认其正确性。大多数错误的数据并没有得到纠正，而大多数正确的结论却被秘密保存在实验室记录中，其他人无从得知。[1]

超锿元素工作组在成立之初就被认为存在很大的缺陷。为保持中立，它决定不吸纳偏袒任何一方的人。不幸的是，寻找元素的圈子很小，每个人都有自己的看法。最终的结果是让英国的丹尼斯·威尔金森带领一群著名的科学家来组建工作组。他虽然是位杰出的核物理学家，却不具备超重元素或放射化学方面的专业知识。

超锿元素工作组周游世界，访问每一所声称发现了某种新元素的实验室。政治力量不断介入。最初，他们计划在访问伯克利之前访问杜布纳；但在最后一刻，他们决定最后访问杜布纳，这让吉奥索和达琳·霍夫曼分外恼火。美国人感觉受到了欺骗，指控苏联人不但使用卑鄙伎俩来确保自己拥有"最后的话语权"，还"在'回顾性再评估'数据方面与超锿元素工作组'勾结'，以此获得了极其可疑的巨大优势"。

---

[1] 成立超锿元素工作组并不是人们解决超锿元素之争的初次尝试。早在 1974 年，一个中立的委员会，再加上来自美国和苏联的 3 位成员，被要求对谁发现了什么元素做出裁定。在举行第一次会议之前，委员会主席要求双方提交各自的证据。美国这边，达琳·霍夫曼称所有元素都应归功于伯克利；苏联团队直接退场了。这个委员会一场会议也没能举行。

西博格和尤里·奥加涅相私下进行了多次讨论，想赶在超镄元素工作组介入前达成妥协。伯克利和联合核子研究所一致同意双方都至少为发现超重元素做出了贡献，但问题的症结在于 104 号元素：苏联人想以弗廖罗夫的导师库尔恰托夫的名字把它命名为"kurchatovium"，而美国人最不想要的就是"kurchatovium"。西博格和吉奥索当时给 GSI 的彼得·安布鲁斯特写了一封信，在信中他们强调了自己的态度："我们永远不会同意以库尔恰托夫的名字命名一种元素，"西博格和吉奥索怒火中烧，"正如我们不同意以美国的某位氢弹发明者来命名元素一样！"

事情完全陷入了僵局。双方只能等待超镄元素工作组的裁决，希望它能承认他们的主张以及给元素命名的权利。1991 年，超镄元素工作组公布了其调查结果。其提议前半部分（一种新元素由什么构成）相对没有那么多争议："在排除合理性怀疑的前提下，实验应证明某种原子序号尚未确定的核素是存在的，并且其存在时间不少于 10^{-14} 秒。"人们对于"排除合理性怀疑"到底是什么意思多有抱怨，但这份裁决在其他方面却是言之有理的：所需时间指的是带正电的原子核需要多久才能吸引带负电的电子，从而形成一个原子。很好。

接下来，超镄元素工作组宣布了每种元素的发现者。在这份充满争议的裁决中，有几种元素的发现权由几个团队共享，因为超镄元素工作组认为双方均在发现元素的过程中发挥了重要的作用。裁决结果如下。

101 号元素	伯克利实验室
102 号元素	联合核子研究所
103 号元素	伯克利实验室和联合核子研究所（共有）
104 号元素	伯克利实验室和联合核子研究所（共有）
105 号元素	伯克利实验室和联合核子研究所（共有）
106 号元素	伯克利实验室和利弗莫尔实验室
107 号元素	GSI[①]
108 号元素	GSI
109 号元素	GSI

① 尽管奥加涅相因在该元素的发现过程中做出的贡献而受邀成为它的"教父"，但如今人们认为，GSI 才对 107 号元素的发现拥有优先权。

所有人都对这一裁决感到不满意。苏联人和美国人觉得自己的工作没有得到认可，德国人左右为难，瑞典团队则声称 102 号元素被完全忽视了。

攻讦即刻开始了。伯克利团队抨击杜布纳对 104 号元素的所有权，坚称"接受这一结论将会对科研界造成伤害"（丹尼斯·威尔金森并不甘心忍受伯克利的指责，坚持认为该回复"对吉奥索先生和西博格先生不利"，并且拒绝改变报告内容）。

最终，美国人让步了。为了维护良好的国际关系，政治压力又一次在解决争端中发挥了效力。美国团队写信表示接受超镄元素工作组的提议，尽管在这封信中，马蒂·努尔米亚被排除在外。"除了我之外所有人都在那份协议上签了字，"马蒂·努尔米亚回忆道，"没有让我签字，是因为大家都知道我对苏联人的工作抱着批评的态度，我肯定不会同意这个结论的。"

但真正的问题依然没有解决：103 号至 105 号元素。两个团队本就使用了不同的名字，而超镄元素工作组又给双方同样的权利来给这些元素选择最终的名字。

这真是自找麻烦。

15

如何命名元素

1993 年，艾伯特·吉奥索接到《纽约时报》打来的电话。50 年前，他唯一引以为傲的事情是以非法方式打破了一项业余无线电纪录。根据超镄元素工作组的裁决，他正式获得了 11 种元素的发现权。这打破了英国化学家汉弗莱·戴维保持了 185 年之久的元素发现纪录。艾伯特·吉奥索，这个只有本科学历的私酒商的儿子，成为有史以来最成功的"元素猎人"。

对吉奥索来说，伯克利对 106 号元素的发现权得到了承认才是最美妙的胜利。虽然花费了 20 年的时间，但他的团队终于可以给它挑一个名字了。吉奥索一直想以他的朋友和同事路易斯·阿尔瓦雷茨的名字将其命名为 "alvarezium"。他还考虑过弗雷德里克·约里奥－居里（主要因为苏联人一直想以这个名字命名 102 号元素），以及历史上的著名人物，比如艾萨克·牛顿、列奥纳多·达·芬奇或者克里斯托弗·哥伦布，甚至还包括神话故事中的水手奥德修斯。马蒂·努尔米亚极力推荐另一个名字：finlandium（意为"芬兰"）。"那个时候，团队中有 2 个美国人和 3 个芬兰人……"努尔米亚解释道。

当吉奥索抓起电话的时候，这些名字依然在他的脑子里乱作一团。电话那头是记者马尔科姆·布朗。布朗最初是一名化学家，后来受到征调赴战场并被分配到《星条旗报》，从此开始从事新闻工作。他不断升迁，最终被指派为美联社的首席通讯员。后来，他因为拍摄到释广德那令人难忘的死亡影像而获得普利策奖。释广德是一名越南僧人，他在一场抗议活动中举火自焚。自 1977 年起，布朗在战争报告文学中又加入了科学要素。写发现元素的新闻跟写战争报告文学并没有太大的不同。

布朗想挖到一条独家新闻，于是顽皮地问道："你打算给 106 号元素起个什么名字？ ghiorsium（指吉奥索的名字）吗?"

　　吉奥索笑了。早在 1957 年的一次圣诞节聚会上，格伦·西博格送给他一个大瓶子，上面写着："110-ghiorsium：一种没用的金属……只能在午夜和早上 6 点之间备好……容易自燃……通常一着急就会破碎。同时它还有自动变速功能。"吉奥索没有跟布朗分享这件趣事。相反，他转移了话题，亲切地跟布朗闲聊了一会儿，然后就挂了电话。

　　突然，他灵光一现：布朗的话就像一颗火苗点燃了吉奥索脑子里的某样东西。历史上还没有哪种元素以在世的人的名字命名。然而，也没有规定禁止这么做——只是他在跟苏联人私下交流时被告知，应当尽量避免这样做。尽管如此，吉奥索还是想到了一个主意，并告诉了团队的其他成员。他们也都一致同意。1993 年 12 月 2 日，吉奥索给 106 号元素的相关文件夹制作了一页特殊的封面，然后去了格伦·西博格的办公室。在吉奥索的提示下，这位与他共事 50 年的朋友和同事打开了这个文件夹，看到了里面写的话：

　　　　亲爱的格伦，团队一致认为 106 号元素只应该以你的名字命名！

　　西博格非常惊讶。"我太感动了，"他后来在自传中回忆道，"这个荣誉比任何奖项都要伟大，因为它是永恒的。只要元素周期表还在，它就将一直存在。"1867 年，一位不会拼写 Sjöberg 这个姓氏的移民官在花名册中随手写了一个名字，如今这个名字即将为科学界的化学奖杯柜增光添彩。106 号元素——镇（seaborgium）。

　　到吉奥索和布朗聊天时，元素的名字已经慢慢确定了。101 号元素被命名为钔（mendelevium），这一点毫无争议。102 号元素基本上被定为锘（nobelium），尽管美国和俄罗斯都认为提出这个名字的瑞典团队根本没有发现这种元素。103 号元素被命名为铹（lawrencium）。

　　接下来的两种元素，也就是 104 号和 105 号元素的名字，则很难确定下来。美国人态度坚定，想把它们命名为"rutherfordium"和"hahnium"。与此同时，俄罗斯人坚持认为他们才拥有给这两种元素命名的权利，因为"这不光关乎发现者的殊荣，也是对其知识产权和实验室开销的认可"。他们给 104 号和 105 号元素起的名字依然是"kurchatovium"和"nielsbohrium"；如果要妥协的话，那么"dubnium"可以作为备选项。

这让 GSI 十分为难。他们对超镄元素工作组的回应最为大度，认为俄罗斯和美国都做出了贡献。即便如此，格特弗里德·明岑贝格对来自双方的压力依然记忆犹新。"我在半夜接到伯克利打来的电话，"他对我说道，"他们跟我说了一大堆诸如'西博格现在就跟我们坐在一起，我们想推荐名字'之类的话。他们不想以库尔恰托夫的名字命名元素，而想以西博格的名字给元素起名！这简直是自相矛盾。当我们公布我们选择的名字时，我们又接到了伯克利打来的电话，声称如果我们支持'kurchatovium'的话，他们就不会来（支持我们选择的名字）。"

德国人试图保持中立。他们支持𬭳（seaborgium），同时又建议把 107 号元素命名为"nielsbohrium"（希望此举可以缓解因 105 号元素产生的对立情绪），因为他们"完全同意杜布纳团队的说法，认为尼尔斯·玻尔完全有资格获得以自己名字命名一种元素的荣誉"。[①]

幸运的是，他们剩下的两种元素，也就是 108 号和 109 号元素，在起名字的时候没有什么争议。GSI 位于德国的黑森州，在拉丁语中，黑森州的名字是 Hassia。在看到其他人以地名给元素起名后，团队决定坚持传统，提议把 108 号元素命名为𬭎（hassium）。

明岑贝格打算利用 109 号元素来纠正过去的一个错误。德国对核科学最大的贡献是发现了裂变现象。美国团队已经提议以团队的一位领导者奥托·哈恩来命名一种元素，可德国人想让另一位功臣也能被人们铭记。由于性别歧视在诺贝尔奖委员会中大行其道，因此莉泽·迈特纳一直遭到忽视；她还因为犹太人的身份遭到迫害，被恶魔逼迫逃离家园，这个恶魔只因出生的偶然性就想让她死。以她命名一种元素是弥补的好机会。

"𬭩（meitnerium），"达琳·霍夫曼告诉我，"是一个显而易见的选择。在 20 世纪 30 年代纳粹的统治下，迈特纳身为科学家遭受了那么多苦难，并且她因为是犹太人不得不逃离德国。除此之外，她还是奥托·哈恩团队中主要的物理学家——在那个年代，女性是得不到承认的。"GSI 团队无法根除科研界中的性别歧

---

① 你们应该记得，加入"niels"是为了与硼元素（硼在德语中写作 Bor）区别开来。这么做还有另一个充足的理由：尼尔斯的儿子阿格·玻尔在 1975 年获得了诺贝尔奖，加上名字就可以避免到底指哪个玻尔的困惑。

视，但他们提醒人们，科学界也存在过伟大的女性。在以玛丽和皮埃尔·居里夫妇的姓氏命名锔之后，直到今天，锿依然是唯一完全以非神话传说中的女性的名字命名的元素。①

德国人没有坐等世界接受他们的元素——他们已经耽搁 10 年了，不想再这么等下去。1992 年 9 月 7 日，他们举行了一场仪式，正式宣布了元素的名字。

所有团队能做的就是等着看国际化联会和国际物联会能否接受他们的选择。

★★★

在科学教材里，你看不到伊恩·弗雷泽·凯尔密斯特（莱米的本名）这个名字。作为摇滚乐团摩托头乐队的主唱，莱米相貌粗犷，嗓音沙哑，并以其标志性的络腮胡和牛仔帽为人熟知。他放荡不羁，烟不离手。我曾经在英国曼彻斯特看过他的现场演出，那是一个阴冷潮湿的夜晚。他发出一声低沉的吼叫，开始放声高唱他的热门单曲《黑桃 A》，但他在第二段开始前停了下来。随后，他拖着吉他走到扩音器前面，把音量调得更高，然后接着演唱。我的听力 3 天都没有恢复。

莱米还引发了史上最受欢迎的元素征名活动。这位歌手幸运地（或不幸地）在 2015 年年末去世，当时正好有一批新元素得到了确认。大众受到通告的启发也参与到给元素起名的活动中来，莱米的名字位列前茅。等元素的名字最终确定下来时，157 438 名支持者发起请愿，要求把 115 号元素命名为"lemmium"。"你还能想到比它更适合超重金属的名字吗？"他们说道。

令人遗憾的是，新元素永远都不会以莱米的名字命名。在超镆元素之争的喧嚣过后，国际化联会为元素的命名方式制定了一些指导意见。这些意见在 2016年正式公布。元素名字的选取范围很广，但仍有所限制。首先，元素名字应当以"-ium"结尾。（如果它属于卤族元素，例如氯或碘，则以"-ine"结尾；如果它属于稀有气体，比如氖或氪，那就以"-on"结尾。）其次，元素只能以 5 种事物命名：科学家、元素的性质、出产元素的矿物、地名，或者神话人物。这跟传统基本相符，但这些取名范围已经足够宽泛，令科学家们为之疯狂。最后还有一条

---

① 铈（cerium）、铕（europium）、铌（niobium）、硒（selenium）、碲（tellurium）和钒（vanadium）都是或直接或间接以女神的名字来命名的。

终极规则，目的是消除所有误解：你不能使用已有的元素名字，或者曾经被广泛使用，但后来又被撤销的名字。

这些规定终结了恩里科·费米的"ausonium"和"hesperium"（它们曾被广泛使用），也让莱米的歌迷把偶像送上元素周期表的梦想破碎了：尽管莱米算得上一位传奇人物，但这位英国特伦特河畔斯托克城中最受欢迎的摇滚之神①并不属于神话人物。"国际化联会必须得非常中立才行，"国际化联会执行董事林恩·索比博士解释道，"我们跟指定的实验室和科学家一道掌管工作流程。我们有一些限制标准，如果你愿意，把它们叫作指导意见也行。如果有人想用神话人物命名的话，他的选择余地依然很广泛。给元素起一个与众不同又创意十足的名字的机会有很多。"

如今，国际化联会的工作流程很简单。如果证明发现了某种元素的证据充足，审议小组会对其进行认定。接下来审议小组会宣布哪所或者哪些实验室拥有优先权：即称自己为发现人的权利。作为发现人，实验室将获得向国际化联会推荐新元素名字的荣誉。如果他们没能在 6 个月内提交的话，他们就将失去这个机会，国际化联会为这个元素起名。为了避免再次发生超镄元素之争，假如某种元素是由不同实验室共同发现的，但未能在规定期限内就名字达成一致的话，那么命名的荣誉将默认属于国际化联会。

自从 1947 年以来，决定权就牢牢掌握在国际化联会委员会的手上。理论上说，国际化联会可以拒绝某个名字并提出自己的选择——尽管这是不到万不得已才会使用的办法。

接下来就会进入公众讨论阶段。总的来说，这是一种合理性检查，以确保这个名字听起来不愚蠢，或者不会冒犯全球受众。"没有人知道公众会想到什么，"索比说道，"其中一个问题是这个名字会被多种不同语言使用。我们需要检查它是否含有负面意义，其他语言中是否有它的发音，以及它是否在某些方面比较敏感。"不能因为某个名字在英语和法语中没有问题，就以为它在土耳其语中不粗野。"我们想让人们看看这些推荐的名字，并用母语对它们认真评估，看看是否有问题。"比如说，"wixhausium"在德语中的含义很低俗，因而就不太

---

① 在这里我得向枪炮与玫瑰乐队的斯拉什道歉，他也来自英国斯托克城，并且在征集名单上位列第二。

可能获批。

只有经过公众讨论之后，元素的名字才会最终得到承认。即便在这个时候，由国际化联会和国际物联会组成的联合工作组也需要好几个月的时间才会正式批准这一决议。一旦批准，这些名字就被永远确定下来——即便后来发现该元素是由别人发现的。

至少理论上如此。但在 1994 年，国际化联会宣布新元素名称的过程并不顺利。伯克利、杜布纳和 GSI 的提议被收集起来，交由世界各地 20 多位化学家组成的审议组进行考量。面对着具有同等优先权的团队推荐的这些相互竞争的名字，工作组试图达成妥协，于是便把美国、俄罗斯和德国的选择混在了一起。

这些新元素是：

101 号元素	钔（mendelevium）
102 号元素	锘（nobelium）
103 号元素	铹（lawrencium）
104 号元素	𨧀（dubnium）
105 号元素	joliotium
106 号元素	𬬻（rutherfordium）
107 号元素	𫓧（bohrium）
108 号元素	𫓸（hahnium）
109 号元素	鿏（meitnerium）

这些新名字犯了极其严重的错误。105 号元素从来没有使用过 "joliotium" 这个名字。107 号元素去掉了尼尔斯的名字，让它的读音很像硼（boron）；而 "hahnium"（这是美国的建议）则用在了毫无疑问由德国人发现的元素上面。更糟糕的是，"rutherfordium" 曾被用来命名 103 号和 104 号元素，而现在却又被用于命名 106 号元素，这是 30 年来它第 3 次在元素周期表上挪动位置，它很快成为国际化联会最具争议的决定。美国团队向世界宣布他们的选择是"𬭳"（seaborgium），这个名字得到了德国人的支持。国际化联会没有跟美国人争辩，而

是决定制定一套新规则：元素不能以在世的人命名。于是"镨"这个名字不予讨论。正如《经济学人》当时指出的那样："当涉及起名时，科学家们习惯把逻辑扔出窗外。"

超重元素界并不甘心接受这样的决定。据说，作为国际化联会最大的赞助者，美国国家科学院发出威胁，声称如果国际化联会不支持这些名字并保留"镨"的话，他们就要撤资。"我想不通国际化联会为什么要这么做。"化学家保罗·卡罗尔回忆道。卡罗尔如今是国际化联会和国际物联会联合工作组的成员，负责认定元素的发现时间，当时他非常愤怒，于是他写了一本白皮书来抨击工作组的决定。"他们建议不以在世科学家命名元素，这我能理解，但这仿佛变成了一道敕令。他们没有经过公众讨论，因此立即遭到了指责。大家都认为西博格是一位科学伟人，他做出过巨大的贡献。那个规定太愚蠢了。"

卡罗尔觉得美国人很冤枉，他们被描绘成了元素世界里的"小恶霸"，而俄罗斯人却通过向国际化联会施压使其放弃考虑"镨"，从而达到了自己的目的。卡罗尔的怀疑是正确的——尽管俄罗斯人的动机或许不那么单纯，更多的还是在履行他们跟伯克利缔结的君子协定。"（在他们宣布'镨'之前）双方同意（涉及发现争议的）有关人员不得以在世科学家的名字命名元素，"波皮科回忆道，"大家都同意了。在杜布纳这边，我们同意撤回'kurchatovium'。我们反对'镨'是因为大家都同意过了！我对格伦·西博格并没有意见。但是，这是双方都同意过的。"①

国际化联会突然发现自己腹背受敌。来自赞助者的压力让他们屈服了，工作组很快放弃了"不得以在世科学家的名字命名元素"的规定，他们再次举行会议，又拟定出另一份名单。这一次，为了安抚俄罗斯人并且降低因西博格的名字造成的伤害，他们决定把格奥尔基·弗廖罗夫也加进元素周期表，并且采用了很多俄罗斯人推荐的名字：

① 我无法从伯克利团队依然在世的成员那里证实有这么一个协议，但这种强调并不是在演戏。即使已经过去了25年，它依然能够激发强烈的情绪。

101 号元素	钔（mendelevium）
102 号元素	铁（flerovium）
103 号元素	铹（lawrencium）
104 号元素	𬬻（dubnium）
105 号元素	joliotium
106 号元素	𬭳（seaborgium）
107 号元素	𬭛（nielsbohrium）
108 号元素	𬭶（hahnium）
109 号元素	𫟼（meitnerium）

　　玻尔找回了它的"niels"，"𬬻"（rutherfordium）——曾用于命名过 3 种不同元素——彻底消失了。即便如此，国际社会依然怒气难平。美国人得到了"𬭳"（seaborgium），但认为"它是以放弃美国人推荐的其他名字作为交换条件才被留下的"。世界各地的化学机构纷纷发表自己的意见。

　　超𫟼元素之争的混乱再次被点燃。在 1996 年，德国人决定举办一场活动来庆祝彼得·安布鲁斯特 65 岁的生日，他们还邀请了美国人和俄罗斯人。格特弗里德·明岑贝格给我讲了接下来发生的事情："安布鲁斯特邀请了西博格、吉奥索和奥加涅相。他们发表了讲话，到了晚上我们又和西格德·霍夫曼一起探讨关于元素的问题。我们为他们倒上葡萄酒，吉奥索说：'我们不喝酒。'于是我们又叫了苏打水，吉奥索又说：'我们不想喝苏打水。'接着我们又给他们端上纯净水，吉奥索说：'我们要喝自来水！'当时的氛围就是那样……我们保持中立，对名字没有兴趣，我们的目标是找到解决方法。"①

　　1997 年，在忍受了两年的威胁、抗议、争吵和抱怨之后，国际化联会遍体鳞伤，疲惫不堪，他们在瑞士日内瓦举行会议，提出了最终的名单：

---

① 　西格德·霍夫曼记得是西博格说要喝自来水，但你明白就行了。

101 号元素	钔（mendelevium）
102 号元素	锘（nobelium）
103 号元素	铹（lawrencium）
104 号元素	𬬻（rutherfordium）
105 号元素	𬭊（dubnium）
106 号元素	𬭳（seaborgium）
107 号元素	𬭛（bohrium）
108 号元素	𬭶（hassium）
109 号元素	𰾊（meitnerium）

虽然德国人因𬭛（bohrium）上的"niels"被去掉了而不高兴，但至少他们5年前推荐的名字得到了采纳。美国人是最满意的，虽然他们依然认为 105 号元素应当叫作"铪"（hahnium）。俄罗斯人没能以库尔恰托夫和弗廖罗夫命名任何元素，还被迫接受了给 102 号元素起的这个瑞典名字。但这一次却没有抗议之声，这些名字最终确定下来了。

这个决定差点引起一场无妄之灾。西博格的一个女儿正沿着加利福尼亚州的海岸线开车，此时收音机上公布了新元素的名字。她知道新元素不能以在世的人命名的规定，却不知道规定已经被修改了。当她听到父亲的名字作为一种元素被念出来时，她唯一能想到的结论就是：他去世了。她的眼泪喷涌而出，差点就把车开出公路，最后她平静下来，靠路边停下车，给她（依然在世的）父亲打电话。

最终，超锿元素之争结束了。在这期间，人们用"𬬻"来命名 3 种不同的元素，并给 102 号元素起了 3 个不同的名字，此外，还有 2 种写法不同的"𬭛"。人们总算可以做些其他研究了。

因为"不得重复使用元素名称"的规定，一些核化学界的先贤将永远没有机会以自己的名字来命名元素：弗雷德里克·约里奥 - 居里和奥托·哈恩的名字被永远放弃了。对于哈恩来说，这一过程真的是离奇曲折。在哈恩的搭档莉泽·迈特纳被人遗忘时，他却受到了诺贝尔奖委员会的缅怀；如今迈特纳出现在了元素周期表上，而哈恩却被遗忘了。化学有着维持平衡的奇怪属性。

对格伦·西博格来说，这又是另外一个故事："𬭳"得到了确认。这是一项至高无上的荣誉，正如他机敏的同事们指出的那样，他成为唯一一个可以把元素用作收信地址的人：

西博格（𬭳，Seaborgium）

劳伦斯 – 伯克利（铹、锫，Lawrencium Berkelium）

加利福尼亚（锎，Californium）

美国（镅，Americium）

尽管西博格当年已经有 86 岁的高龄了，但他的工作日程仍然繁忙，哪怕年龄只有他一半的人也会疲惫不堪。他手上有两本在写的书，还要为美国总统出谋划策，此外，他还一直在教育界为科学铺路搭桥，劝说加利福尼亚州州长把教育作为重中之重。1998 年 8 月，西博格飞往波士顿参加美国化学协会的秋季会议：这是世界上最重要的化学盛会。在几天的活动中，将近 18 000 名化学家来到这座城市，酒店和会议厅全满了，就连系奖章的饰带都卖光了。与会代表来自各个学科：材料学、农业化工、有机和无机化学、分析学、地质化学、毒理学、药物化学，等等。

在同行面前，西博格在会议上获得了终身成就奖——这个奖项在历史上绝无仅有。美国化学协会的 15 万名成员参与了投票，将西博格选为过去 75 年中最伟大的化学家的第 3 名。另外两位化学家是莱纳斯·鲍林和罗伯特·伯恩斯·伍德沃德，他们都已离世。因此，在美国化学协会眼中，格伦·西奥多·西博格就是世界上最伟大的化学家。

西博格领完奖，接着发表了一篇演讲，然后穿过大厅，给印有他名字的新元素周期表签名。当天晚上，西博格决定去活动一下腿脚——这是他保持了 60 年的老习惯，于是便在酒店的疏散楼梯上爬上爬下。他在那里得了中风，瘫倒在地上，周围没有其他人。等救援人员赶到时，几个小时已经过去了，西博格几乎已经完全瘫痪。6 个月后，1999 年 2 月 25 日，卧床多日、饱受严重的关节炎折磨的西博格选择用绝食结束了生命。

随着西博格的离世，超重元素巨人的时代也成了历史。在最早那批寻找元素的人中，只有艾伯特·吉奥索健在。寻找下一个元素的竞赛仍然在继续。在整个 20 世纪 90 年代，伯克利、GSI 和杜布纳 – 利弗莫尔团队继续拓宽西博格年轻时想象不到的边界。

　　在某次拜访朋友时，吉奥索不得不拿出 100 美元兑现几十年前打过的那个赌（见 11）。看到稳定岛的海岸一直是格伦·西博格的梦想。在奥加涅相的带领下，杜布纳－利弗莫尔团队发现了 114 号元素一个单独的原子。它的性质本该极不稳定，甚至都达不到国际化联会规定的元素定义。然而，它的半衰期却有 30 秒。

　　"我想让格伦知道，"吉奥索在《超铀人》中回忆道，"我走到他床边告诉他这个消息。我想我看见他的眼中有一道光闪过，但到了第二天，当我再次去看望他时，他已经不记得跟我见过面。作为科学家，他在中风的那一刻就已经死去了。"

　　杜布纳发现 114 号元素并不是 20 世纪 90 年代唯一取得的超重元素突破。即便是在命名之争愈演愈烈之际，寻找依然在继续——杜布纳和 GSI 都很忙。

 第三部分

化学的终结

16

墙倒之后

20 世纪 90 年代初期，苏联的生活非常艰苦。当世界还在为新元素的名字吵作一团时，苏联人的生活变得愈发艰难。1991 年 8 月，也就是超镄元素工作组发布首份报告的那一年，苏联经济急剧下滑，男性的预期寿命减少了 8 年。

在杜布纳，尤里·奥加涅相看着越来越少的员工，拼命想着办法。他知道弗廖罗夫一定会有办法，这位大师总是能靠着强大的意志达成他的目标。尽管联合核子研究所的其他实验室经历过起起伏伏，但弗廖罗夫总能设法让超重元素研究项目位列科学前沿。然而，这位研究元素的大师已经不在了。

对于联合核子研究所来说，苏联时代的余波是毁灭性的。研究资金一夜之间消失了，高级研究项目也被冻结了，齐聚于此的各国专家开始另谋出路。没有人会责怪他们。私营企业报酬高且安全，而留下的那些人根本拿不到工资。

奥加涅相努力让团队保持昂扬的精神状态。在某些夜晚，实验室员工以及奥加涅相的亲友会聚在他家里。他的妻子伊莉娜是毕业于莫斯科音乐学院的小提琴演奏家，她会举办一场小型个人音乐会。尽管物资短缺，大家又心绪不宁，但她的音乐却能抚平人们的烦恼，让他们重新振作起来。来自利弗莫尔实验室的美国人知道他们新伙伴的日子过得有多艰苦，每当问起能从美国给他们带些什么东西时，答案总是一成不变：种子。大家把实验室的一块地改造成了菜圃，这样员工和他们的家人就有东西吃了。联合核子研究所岌岌可危，他们离变成苏联海军那些锈迹斑斑的舰艇，或莫斯科河沿岸破碎的巨大雕像只有一步之遥。

奥加涅相习惯于解决各种不可能完成的任务。在 20 世纪 70 年代，当接替退役的 U300 的 U400 回旋加速器建成之后，他得想办法就地制造一块 2100 吨的磁铁。这些铁板是从克里沃·罗格冶金厂运来的，每块长达 15 米。杜布纳没有足够大的作业平台来加工这些轧制金属，于是奥加涅相就设计了一组轨道和滑轮把车床运到铁板旁边，而无须把铁板送到车床旁边。安装加速器的场地最初并不是为了容纳 U400 这样体积庞大的加速器而建的，奥加涅相不得不重新拾起他心爱的建筑学，以便让所有设备都能安装到位。当安装不下的时候，施工团队就直接用电钻把墙凿穿，留下满地的电缆和水泥块。"苏联人，"一位美国化学家开玩笑道，"效率太高了。"

对任何一位现代"元素猎人"来说，设备中最重要的部件是能够排除噪声干扰的分离器，该机器能让他们探测到更低的反应截面。在 1989 年，奥加涅相监制了一台全新的充气设备，它比苏联人之前使用过的所有设备还要敏感 1000 倍：那时它探测新元素反应截面的极限达到了 10 纳靶恩（纳米面积单位，10^{-36} 平方米）。与此同时，U400 回旋加速器的性能也得到了提升，它发射的离子束强度举世无双。

在利弗莫尔实验室的帮助下，杜布纳团队逐步做好了再次寻找元素的准备。这一次，他们采用了一种新技术：热聚变。该技术的原理跟早期的轻离子诱发反应一样，只不过它的离子束使用的是具备双幻核且富含中子的钙-48。由于技术不够先进，之前所有使用钙-48 的实验都失败了。到 20 世纪 90 年代，合作双方相信，它能用于把已知元素推向稳定岛的边缘。

当奥加涅相把科技人员叫到一起时，大家都认为寻找元素的计划已经结束了。超重元素没什么用处，全苏联的人都在为面包排队。20 世纪驱动人们去寻找元素的力量——原子弹、开发核能的竞赛，以及事关国家尊严的沙文主义"战争"全都消失了。为了科学而去研究科学，是支付不了账单的。

但奥加涅相拒绝放弃。他对聚在一起的科学家们说："我们可以哭，我们可以流泪，我们可以为自己的不作为找借口。但是，我们要想办法走出困境，我们会找到新的资金来源和解决问题的新办法。"他已经给有兴趣同杜布纳建立关系的外国机构和打算借用加速器的私人企业写了信。这些新措施将确保资金来源，使他们能够继续工作。

在随后的几年中，俄罗斯人努力维持着寻找资金和追逐梦想之间的平衡。首先，他们对 108 号元素——镙的相邻区域进行了探究，想搞清楚它为什么会比其相邻元素更稳定。答案似乎是核变形生成的一个小型稳定岛（稳定石？），这是一项检测设备的完美实验。肯·休利特已经退休了，利弗莫尔团队现在由肯·穆迪、罗恩·拉菲德、约翰·怀尔德和南希·斯托耶组成。随后，南希的丈夫，物理学家马克·斯托耶也作为外援加入进来。"我们花了 8 年时间来改进设备和提高束流强度，"马克·斯托耶回忆道，"很多东西需要改进，于是我们一边围绕 108 号元素展开实验，一边改进设备。"杜布纳和利弗莫尔团队携手发现了很多新同位素。

一开始，团队把注意力全都放在寻找 110 号元素上面。但到了 1998 年，他们有了可以进一步研究未知领域的设备和束流：向钚-224 靶发射钙-48。尽管奥加涅相很乐观，但团队成员根本不相信他们会发现一种新元素。马克·斯托耶说道："我们预计……好吧，我们设定了限制，提高了（使我们能够探测到某种东西的）最低反应截面，但我们可能什么也发现不了。我们只是希望把（反应截面）设置为世界最低的程度。"然而，钙-48 是一种理想的热聚变束流，它的双幻核生成了完美的稳定原子核。有了美国人和俄罗斯人的经验，研究终于取得了成功：他们制造出了 114 号元素一个单独的原子，正如吉奥索向病榻上的西博格耳语的那样。这还不足以被称为发现了一种新元素——它或许只是一次偶然事件，一个飘荡在机器里的幽灵，但"元素猎人"们终于可以甩开回报日渐稀少的冷聚变技术了。

遗憾的是，团队没有发现稳定岛。尽管钙-48 富含中子，但他们造出 114 号元素只用了 176 个中子：离到达稳定岛所需的 184 个中子幻数还差 8 个。即便如此，奥加涅相也没有灰心。"如果不稳定的话，"他说道，"（114 号元素的原子）半衰期将只有 10^{-19} 秒。我们看到的现象是一种可以按秒测量的衰变，比原来的半衰期高出 19 个数量级。"稳定岛是真实的，只是可望而不可即。但实验结果足以让杜布纳和利弗莫尔团队相信他们必须继续进行下去。

联合核子研究所的记录称："多亏了尤里·奥加涅相，弗廖罗夫实验室才渡过难关，并展现出活力和韧性。"这句话有些轻描淡写了。多亏了这位亚美尼亚人聚拢人心的天赋，俄罗斯的研究项目才从毁灭的边缘发展成 21 世纪元素发现领域的先锋。首先，他们将寻找 114 号和 116 号元素（偶数元素更容易生成），然后再填补元素周期表上的空白。

未来属于杜布纳。但与此同时，GSI 的西格德·霍夫曼团队依然还处于领跑位置——他们宣布了 3 项新发现。

★ ★ ★

在 20 世纪 90 年代，德国在很多方面也发生了改变。自从柏林墙倒塌之后，这个曾一分为二的国家经过改革和重建，成为欧洲最重要的国家之一。虽然统一对经济产生了冲击，引发了经济萧条，但到了 1994 年，情况发生了改变，德国一派欣欣向荣的景象。

在 GSI，西格德·霍夫曼团队万事俱备，只等进入下一个发现元素的狂欢节。问题在于离子束的轰击时间。利用冷聚变技术发现的超重元素，其反应截面会按照大概每个元素降低四分之一的速度递减，这说明下一个元素，也就是 110 号元素的反应截面将会是 1.5 皮靶恩。半衰期也将缩减。首次发现的𬭲的同位素𬭲–266 的半衰期只有 1.7 毫秒，之后就会发生衰变。德国人深陷于"不稳定之海"中，完全不在那个存在稳定原子核的半岛上。为了造出一个𬭲原子，GSI 需要连续用离子束轰击两个星期。在同样的条件下，想要发现 110 号元素，他们就得一刻不停地让机器连续运行 6 个月的时间——每天 24 小时，天天如此。

即便德国人下定决心要找到它，这样的挑战仍然让人望而却步。而且其他项目也要使用 GSI 的加速器——比起朝铅块发射离子并祈祷有所发现，人们还有更重要的研究去做。没人怀疑 110 号元素就在那里，等着被发现。人们反对的理由是这项实验没有实用价值，也没有明确的目的；即使德国人真的发现了 110 号元素，他们也只会说一句："嘿，看看我们做了什么。"在一些人眼中，这就是一个耗资百万的"面子工程"。

唯一能让这个研究项目获得通过的办法是提高它的效率。"我们在 1988 年就开始考虑寻找 110 号元素，"西格德·霍夫曼回忆道，"它成了我现在的工作。我们必须得提高十倍的速度，我们必须要把离子束轰击时间从 150 天减少到 15 天。"

他们花了 5 年来改进机器。"在离子束停下来的地方的后面，我们安装了冷却水系统，"西格德·霍夫曼想起了他们其中一项改进的效果，开口说道，"当我们发射离子束时，有一块金属板出了问题。离子束的强度太高了，立刻在它上面烧出一个窟窿。"最好的创新或许是他们给重离子反应产物分离器特别增加的一段弯道。生成的元素在穿过电磁偏转器后，将在偏转磁铁的影响下在管道中偏转 7 度（其他东西则会撞在管道壁上）。这段弯道能降低 90% 的背景噪声、裂变碎屑和浮动离子。

西格德·霍夫曼团队还选中了超重元素界的一颗新星。维克托·尼诺夫是一名保加利亚天才，他给这个团队带来一股强烈的、具有感染力的激情。这位年轻的研究员充满活力，留着一头卷曲的黑色短发，仿佛是从文艺复兴时期走出的人物：他无论做什么都很有天赋，不管是科学、音乐还是体育运动。尼诺夫有一种古怪的幽默感——他电子邮件的标准落款是"你疯狂的保加利亚人敬上"。他的爱好也同样五花八门。他曾经和马蒂·莱伊诺（此时也在 GSI）一起"测试"达姆施塔特的意大利餐厅，他们只点同一道卡尔博纳拉意大利面，目的是找出这个城市最棒的意大利面。"我们关系很好，"莱伊诺说道，"他本该在我的婚礼上拉小提琴的，但他在骑自行车时出了场事故，弄伤了他拉琴的拇指。"他的另一项爱好是登山，在不做实验的空闲时间里，尼诺夫会住在海因茨·盖格勒位于瑞士阿尔卑斯山中的家里。"他非常聪明，"盖格勒回忆道，"他是一个活力四射的明日之星……我们都很喜欢他。"在工作中，尼诺夫在团队中的作用非常关键。"他在计算机编程方面是专家，"西格德·霍夫曼说道，"我们在 1988 年得到一些新计算机，维克托就成了唯一的专家。"尼诺夫设计了一套名为"Goosy"的程序，这套程序可以分析"撞击"并提交电子版的新元素报告。飞快地开着大众甲壳虫汽车去看制造出来的东西，或者围在模拟检测器前等待听到叮的一声，这样的日子已经一去不复返了。

在 1994 年年末的时候，GSI 的通用直线加速器空出了一段时间。西格德·霍夫曼面临着一个艰难的决定：加速器的发射强度应该调多大？在过去 20 年间，GSI 团队对于超重元素的原子核会发生什么的意见一直不统一。很明显，随着元素变得越来越重，将原子核捏合在一起的斥力和引力打破了原本微妙的平衡。这给他们留下两个选择：要么增加离子束的能量——这种理论被称为"额外推力"，要么降低能量以便偷偷溜过库仑势垒。"安布鲁斯特想增加（离子束的）能量，"西格德·霍夫曼回忆道，"我想降低它。我们就是没办法做出决定。"在这个问题上犯错就意味着整个实验白费力气：他们把时间花费在了错误的研究方向上。

GSI 团队决定展开实验。"我们需要非常精确地测量出激发函数。我们决定先制造 108 号元素，也就是𬭳，然后再制造 110 号元素。我们需要铁和铅，"西格德·霍夫曼回忆道，"问题是，如果想要运行 3 到 4 周的话，我们就要用到 4 克铁-58。在那个时候，1 克铁-58 的价格是 50 万德国马克。"今天，它的价格约为50 万英镑。俄罗斯人救了他们。"杜布纳给我们送来了铁，将近 21 克的浓缩铁。

我把它们放在我的办公桌里——我可是达姆施塔特最有钱的人了!"德国人知道俄罗斯人的困境,他们马上决定投桃报李,给奥加涅相团队送去了电子设备和探测器,他们从其他地方是得不到这些东西的。奥加涅相新的协作方法开始结出果实。

制造𬭳的实验起了一定的作用,但团队依然不清楚最佳的离子束能量应该是多少。与此同时,GSI的大门口排起了长队:另一个团队也要使用加速器。西格德·霍夫曼有一个为期4周的窗口期来寻找行踪诡秘的110号元素,但他还在与安布鲁斯特为最好的方式争辩不休。最终,西格德·霍夫曼决定自己做主。"安布鲁斯特去了法国格勒诺布尔,我在没有他的情况下做了所有这些改进。因此,我认为我也可以在没有他的情况下完成实验!"

1994年11月9日,西格德·霍夫曼团队把铁换成了镍,并降低了强度。"一天之后,我们得到了第一条衰变链。就一天! 4周后,我们得到了所有衰变链。"

时隔10年,GSI再一次发现了新元素。西格德·霍夫曼、尼诺夫和团队的其他成员欣喜若狂。这个消息来得差点儿就晚了:在1995年新年那一天,明岑贝格接到了尤里·奥加涅相打来的电话。俄罗斯人也在寻找110号元素,GSI只比杜布纳和利弗莫尔团队早一个月而已。[①]

他们随后又听到了更加令人激动的消息:排在他们后面等待使用加速器的实验还没做好准备。GSI的超重"元素猎人"们又额外获得了17天的时间。他们已经发现了一种元素,为什么不再发现一种呢?"当时是11月底,"西格德·霍夫曼说道,"我记得我放进去一块铋靶(比铅重一个质子)来制造111号元素。到12月底时,我们得到了3条衰变链。那一年真是太美好了。"

西格德·霍夫曼发现的两种新元素,即110号和111号元素,是无可争议的。这个团队在加速器旁工作了24小时,早已身心俱疲,但他们还在想能否再深入一步。反应截面继续减小,新生成的同位素的半衰期已经低至170微秒。他们看起来不会成功,但最终,至少试一试能否再发现一种新元素的诱惑实在难以抗拒。1996年1月,霍夫曼、尼诺夫和其他成员再一次做好了准备,这一次他们把锌射

---

① 伯克利也声称发现了110号元素(尽管证据不那么充分)。吉奥索等人在报告中称,他们在1994年6月利用冷聚变技术制造出一个原子。但是,正如吉奥索本人承认的那样,一个原子不足以作为证据,在寻找元素领域中没有第二名一说。

向铅来制造 112 号元素。让所有人都惊讶的是，GSI 好像很快就挖到了宝贝。

"一周之后，尼诺夫找到了我，说我们观察到了什么东西，"西格德·霍夫曼回忆道，"我对他说'好的，我先看一下吧'，然后让他把原始数据打印出来。能量、时间、位置。打印这样一份东西并不难。当时马上快吃午饭了，尼诺夫便说：'行，吃完午饭我就去做。'他并没有去打印，于是我又问了他一次——那就是给计算机输入一条命令而已，但他只是一个劲儿地说：'好的，好的，我现在没空。'几小时后他带着打印稿找到我。其中一些数据不见了，这不是我预想的衰变链。我告诉他我们不能发表这份数据，我们必须得等另一个结果。"

"一周后，我们得到了 112 号元素的一条完美的衰变链。所有东西——能量和位置都能对应上。我们高兴坏了，这才是我们要宣布的主要内容。之前（尼诺夫的）那条衰变链只是在论文里简单地提了一下。"

接着是一段令人不自在的停顿。

"幸亏我们这么做了。"

17

尼诺夫造假案

达琳·霍夫曼的办公室坐落在伯克利校园上方的山丘上，整个旧金山湾区的美景尽收眼底。极目远眺，她可以看见恶魔岛上陈旧的联邦监狱，它是这座城市主要的旅游景点；在稍远一点的地方，金门大桥下雾气蒸腾，仿佛一张张白色的床单。那一天是 1999 年 4 月 19 日，周一，本该是格伦·西博格 87 岁的生日。

在差不多 50 年前，当她坐在洛斯阿拉莫斯国家实验室外面，等着人力资源部门认识到女人也能当科学家时，她错失了发现镄和镄的机会。现在，她的团队领导想告诉她一件重要的事情。她原本担心是什么坏消息，但对方在电话里保证说那是个好消息。

古稀之年的达琳·霍夫曼给人的感觉就像一位和蔼可亲的老奶奶。一些研究生还以为她好说话，于是就傻乎乎地加入她的团队。这种印象很快就会被打消——尤其是当你胆敢不把 105 号元素（正式名字是钚）叫作"铪"的时候。达琳·霍夫曼性格强硬，但同时也乐于助人，因而在化学领域广受尊敬，她毕生都在努力让核化学薪火相传，哪怕每次只带一个学生。

伯克利依然还在追赶其他实验室的脚步，但事情终于出现了转机。超级重离子直线加速器在 1993 年关停，各项实验转移到 88 英寸的回旋加速器中，SASSY 也被一种新型的充气式分离器替代了（这一次安装了一个密闭性更好的应急阀门）。有了它，研究团队希望达到更低的探测极限。

马蒂·努尔米亚回到了芬兰，接替他的是三名新援。第一位是达琳·霍夫曼以前的博士后肯·格雷戈里奇。他个子很高，长得精瘦结实，留着一把修剪整齐的山羊胡子，光秃秃的脑袋上只剩下一圈头发。格雷戈里奇是美国硅谷那种"努力工作，放肆玩乐"态度的典型代表，在实验室里他是一个不知疲倦、一丝不苟的研究员，回到家里他则会以跑超级马拉松为乐。他从 20 世纪 80 年代中期就开始跟达琳·霍夫曼共事，属于没有受到冷战影响的新一代人中的先锋。他才思敏捷，行事稳重严谨。对格雷戈里奇来说，超镄元素这场风波已经过去了。他只是想好好搞科研而已。

接下来一位是罗伯特·斯莫兰丘克，他曾获得波兰华沙索尔坦核研究所的富布赖特科学奖学金。（伯克利没有预算再给团队招募一位正式员工，因此临时借调是最好的解决办法。）斯莫兰丘克是一名理论物理学家，当他还在 GSI 工作时就曾发表过一些惊世骇俗的言论。根据他的说法，114 号元素之后的元素的反应截面并非无法统计，而是大到可以探测：高达 670 皮靶恩。在 20 世纪 40 年代，人们觉得如此低的反应截面不可能达到；但到千年之交，"元素猎人"的装备已经得到了极大的改进，它仿佛成了一个无人防守的空门——达到的反应截面每周可以生成数以百计的原子。如果伯克利愿意给斯莫兰丘克一个机会的话，他有信心超过杜布纳并找到 118 号元素。这与人们已知的情况完全不符，因而非常具有争议性。但话又说回来，寻找元素不就得这样吗？

最后一位的到来被认为是一个意外之喜：伯克利居然吸引到元素超级明星维克托·尼诺夫，他离开 GSI，转投到伯克利麾下。名义上已经退休的吉奥索每天早上依然还会骑着他的卧式自行车来上班，在他眼中，这个新人代表了寻找元素的未来。"维克托·尼诺夫，"吉奥索会对每一个听他说话的人说，"让我想到了年轻的……嗯，年轻的艾尔·吉奥索！"由于同事热情洋溢的推荐，而且尼诺夫在 GSI 的同事也写信夸赞他的天赋，达琳·霍夫曼给予了尼诺夫所有的信任。格雷戈里奇带领团队操作机器，尼诺夫则从 GSI 带来他独一无二的计算机程序以分析实验结果。他是唯一知道程序如何运作的人，伯克利不需要其他人：尼诺夫是全世界做这个工作的最佳人选。

达琳·霍夫曼对斯莫兰丘克那疯狂的想法一直拿不定主意。当杜布纳宣布发现 114 号元素时，伯克利团队已经准备好做同样的实验了，只不过晚了 8 个月而已。然而，伯克利无法获取大量必需的钚–244 或钙–48（或者在美国人口最密集的都会之一的山中使用钚的许可）。他们别无他选，只能尝试一下"罗伯特反应"了：向铅发射氪。

达琳·霍夫曼和吉奥索都要求尽快去做这项实验——假如斯莫兰丘克是对的，那就没有什么可以阻止 GSI 或者杜布纳率先进行实验。"（它是）一种奇怪的反应，没人认为它会发生，"吉奥索后来在接受《纽约时报》采访时回忆道，"但由于它相对比较容易，我们想：'管他呢，我们也没有什么可失去的。'"格雷戈里奇同意了，他说 88 英寸回旋加速器的效率很高，即便他们没有找到 118 号元素，这也能给他一个改进系统的机会。最终，尼诺夫心软了，像往日那样热情地投入分析工作中。

实验开始于 1999 年 4 月 8 日，为期 4 天。最初，正如大家预料的那样，什么也没发生。大家都去过复活节了，只留下尼诺夫来掌管机器。到那时为止，实验已经进行两周了。

达琳·霍夫曼看着 3 名研究员——格雷戈里奇、尼诺夫和沃尔特·洛夫兰走进她的办公室，洛夫兰来自美国俄勒冈州立大学，正利用休假时间在伯克利学习如何进行实验。他们随身带着一页数据。

在实验过程中，尼诺夫的分析工具 Goosy 发现了 3 条聚变产生的不同寻常的衰变链。其中两条完全符合斯莫兰丘克的预测。尼诺夫分析得出的数字非常准确，不可能是随机产生的。

尼诺夫笑道："罗伯特是不是求过上帝了呀？不然怎么会这样？"

伯克利发现了 118 号元素。

在把分析结果送到达琳·霍夫曼的办公室之前，他们的反应各不相同，有人激动，也有人怀疑。洛夫兰的第一反应是"这到底是怎么回事？"；格雷戈里奇也很惊讶；尼诺夫很吃惊，他让大家不要声张，先别告诉达琳·霍夫曼（洛夫兰和格雷戈里奇没有同意）；对达琳·霍夫曼来说，她小小地激动了一下，但她还是保持冷静。她知道科学需要验证：这项实验必须得再做一遍，否则结果就没有意义。她经验丰富，不会对幻象怀抱希望。

"好，"她说道，"我们再做一遍实验。"

伯克利团队开始进行第二轮"罗伯特反应"实验。到 5 月的第一周，他们又发现了另一条完全符合斯莫兰丘克预测的衰变链（之前那条与模型不符的衰变链被放弃了）。杜布纳只制造出了 114 号元素的一个原子，这不足以让国际化联会相信他们的发现；而伯克利制造的 3 颗原子可是毋庸置疑的确凿证据。达琳·霍夫曼和吉奥索开始做起从奥加涅相眼皮底下再抢走一种元素的美梦，甚至开始给它想名字了。伯克利已经有了镥，为什么不再来一个"ghiorsium"呢？

为了避免出现冷战时期那种虚假的发现报告，伯克利实验室决定小心行事，并进行了一场内部审核，来排除任何尴尬的错误。工作人员再次检查了整个设备：离子源、加速器和探测器。一切正常。达琳·霍夫曼和吉奥索终于确信无疑，于是便在 1999 年 6 月召开了一场新闻发布会，完整地公布了他们的发现。所有参与过实验的人都被写进了论文，而尼诺夫则是第一作者。"不用说，"达琳·霍夫曼和吉奥索在那一年出版的《超铀人》中写道，"这个消息对于科学界来说是一个巨大的惊喜。毫无疑问，超重元素（稳定）岛真的存在！……我们得到了 114 号、116 号和 118 号元素的有力证据！这打开了一个全新的研究领域。"

在格伦·西博格生日那天，达琳·霍夫曼终于有了自己的元素。它完美得有些不太真实。

的确如此。

达琳·霍夫曼、吉奥索和他们的团队成了科学史上最胆大妄为的造假案的受害者。

★ ★ ★

每个科学家都会犯错。科学通过"在失败中前进"取得进步，它不断修正观点，改进实验和调整策略，从而逐步接近正确答案。研究造假——伪造实验结果，欺骗自己和世界——与科学秉承的一切背道而驰。当你被发现后（你总会被发现的），你、你的同事以及你所在的实验室的名誉都会毁于一旦。在物理学界，最著名的丑闻很可能是扬·亨德里克·舍恩的研究成果。他似乎在半导体研究方面取得了独一无二的神奇突破。当他学术不端的消息爆出后，其 28 篇发表在核心期刊上的论文被撤销了。

118 号元素的丑闻几乎发生在同一时间，而且影响更大。在伯克利团队的论文发表数月之后，人们从他们的发现中看出了问题。在德国，GSI 团队正努力重复伯克利的实验。自 1996 年起，这家研究所的超重元素项目就没什么成绩了。新上任的主任汉斯·施佩希特认为，研究超重元素是毫无意义的表演，有这功夫还不如去搞真正的科学研究，为此西格德·霍夫曼 ① 曾与他发生过争执。当伯克利宣布发现 118 号元素时，施佩希特的态度马上就变了。"这件事让我们非常难受，"西

---

① 与达琳·霍夫曼没有亲属关系。——译者注

格德·霍夫曼回忆道，"我们立即安排时间重新做 118 号元素的实验，氪和铅靶都很容易生产。一周之后，我们没有任何发现，主任对我们喊道：'你们不会做这样的实验，你们太笨了！'但又过了两周，我们还是什么也没发现。"

法国和日本的研究团队也在重复这项实验，他们都没有找到美国人在报告中所说的那些神奇的衰变链。更奇怪的是，当尼诺夫参加会议时，他不太愿意谈论伯克利取得的非凡成就。他会转移或者岔开观众的提问，或者漫不经心地忘记问题，就像在 GSI 那样。这位风云人物似乎想对他最伟大的成就避而不谈。

2000 年春天，伯克利团队决定重复这项实验，以便让批评者们全都闭嘴。曾经轻而易举生成的东西，这次却无迹可寻：118 号元素的衰变链没有出现。第二年，实验室将数据检查了一遍，甚至请来一个独立团队分析实验并提出建议。

2001 年 4 月，伯克利团队又用氪去轰击铅靶。在实验进行到三分之二的时候，尼诺夫给了大家一直等待的消息：他的分析显示了 118 号元素一条衰变链的清晰证据。

这个消息本该让大家都松口气的，但它却适得其反。洛夫兰回忆道："在这期间，有些人也变成了使用 Goosy 的专家，其中就有我的博士后唐·彼得森。"彼得森急于确保一切正常，于是决定再检查一遍原始数据，即未经尼诺夫分析的数据，想看看衰变链是否有问题。"唐看着这个东西，然后开口说道：'我找不到衰变反应！'在那一刻，我想着：'我的天呐，发生了什么？'"

洛夫兰从机器中拿到原始数据，亲自检查了一遍同事的工作。彼得森是对的：尼诺夫宣称的 α 衰变链并不存在。"尼诺夫和唐·彼得森都使用过这个软件，使用者不同，得到的结果也不相同，"洛夫兰解释道，"这就有些不合理了。在那一刻，我朝所有人高声叫道大事不妙。"

2001 年 6 月，他们再次检查 1999 年的原版数据带——没有经过尼诺夫处理和筛选的原始信息。他带到达琳·霍夫曼办公室的衰变链没有一条是存在的。伯克利委员会中有三分之一的人承认：没有 118 号元素的迹象，从来都没过。

几十年来，伯克利一直在公开嘲笑和质疑苏联人的数据，现在他们自己的研究却出现了致命的错误。它本该是达琳·霍夫曼职业生涯的亮点和吉奥索至高无上的荣耀，现在却变成了他们生命中的污点。经过小组会议表决，除尼诺夫外其他人都同意撤回声明。尽管尼诺夫承认记录并没有显示他的元素，但他依然坚信自己经过分析得到的东西。

没有人听他解释。Goosy 有时会生成奇怪的受损数据，但分析显示它并没有出错；并且，即便它出错了，生成 3 条完全符合预期的衰变链的可能性也不大。委员会也排除了有人涂改原版数据带上的数据的可能性。那就只剩下一种可能，委员会判定：

> 有确凿证据显示，在 1999 年公布的 118 号元素的衰变链中，至少有一条是捏造的，而且 2001 年的数据也是如此。捏造者将数据分析软件的输出信息录入一个文本编辑器中，然后系统性地改动和编造活动信息，使其看上去像 118 号元素的一条衰变链。

有人在 1999 年和 2001 年把 118 号元素的证据复制粘贴进了原始数据当中。这个人分析的数据只有一个人能看到，而且这个人使用的计算机程序也只有一个人能解释。

"总之，"委员会裁决道，"除非是尼诺夫捏造了 118 号元素的衰变链，否则这些情况很难说得通。"2002 年，伯克利实验室判定维克托·尼诺夫科研行为不端，并将其解雇。

追责很快开始了。团队的其他成员受到了尖锐的批评，被指责不该只让一个人检查结果，从而留下利用科学方法进行干扰的可乘之机。"我招聘了一位享誉世界的专家，我们曾相信他能胜任工作。"格雷戈里奇对《纽约时报》说道，没有预防措施是因为发生的事情太难以想象了。

吉奥索的评价很直率。他对《纽约时报》说："西博格在这件事之前去世挺好的，否则，他可能成为合著者之一。这会害死他的。"

★ ★ ★

在尼诺夫离职之后，GSI 又对 110 号、111 号和 112 号元素进行了确认，以排除德国的发现也被动了手脚的可能性。即便如此，西格德·霍夫曼依然想确保万无一失。他让一位同事又检查了一遍 1994 年至 1996 年间的旧档案。会不会有人也对那上面的数据造假呢？

"这花了大概三四个小时，"西格德·霍夫曼告诉我，"我们仔细地看了一遍，剩下的是一条从钍到铅的 α 衰变链。"这对元素团队来说根本不值一提：那只是在粒子加速器中随机遇到的放射性噪声而已。"接着我们查看了之后的打印文件。在旧计算机中，它们有版本编号，我们在计算机中心的帮助下找到了它们。尼诺夫旧计算机中的版本编号是不一样的……他把背景活动的信息改成了 112 号元素。然后他又逐步增加了额外的编号，以便让它看起来像 112 号元素生成的一条 α 衰变链。它并不完全精确，我能发现有些地方有问题。"

西格德·霍夫曼想起了 1996 年发生的一件事，尼诺夫在午饭前突然带着"发现的" 112 号元素冲进他的办公室，但在犹豫了几个小时后才最终给了他一份简单的打印文件。这种奇怪的拖延突然就能解释得通了：尼诺夫是不是急匆匆地去修改数据了呢？

"我告诉新来的主任（接替施佩希特的沃尔特·亨宁），"西格德·霍夫曼解释道，"他给了我一些很好的建议：把尼诺夫经手的所有数据通通再检查一遍。我们发现了第二条遭到篡改的衰变链，它来自 110 号元素。"在 34 条衰变链中，这两条假衰变链格外刺眼。GSI 立即发表声明撤回遭到篡改的衰变链，婉转地将其称为数据"不一致"。大家都知道这句话是什么意思。

西格德·霍夫曼和德国人非常幸运，他们一直都对尼诺夫伪造的衰变链慎之又慎，他们其余的研究成果无可指责：在一篮子苹果被污染前先把两个烂苹果扔掉。10 年内，GSI 发现的元素经过认定全都是真实的。

GSI 的元素也有了自己的名字。1997 年 12 月 10 日，西格德·霍夫曼把他的团队成员、马蒂·莱伊诺以及来自杜布纳和布拉迪斯拉发的客人叫到一起，宣布这一天是 GSI 的"命名日"。霍夫曼一边读同事们建议的名字，安德烈·波皮科一边将它们记在黑板上。随后他们又顺着桌子浏览了一遍，最后得到了 30 个备选名。"大家越吵越激烈，"西格德·霍夫曼写道，"我们费力地用红粉笔在名字上画圈，一次一个，最后终于找到 3 个我们想要的名字。"

110 号元素被命名为"𫓧"（美国有个学校的学生们建议把它命名为"policium"①，这个建议被拒绝了，因为在德国，110 是报警电话）。至于 111 号和 112 号元素，GSI 打算用它们来纪念划时代的著名科学家。111 号元素被命名为"𬬭"（roentgenium），以此纪念 X 射线的发现者威廉·康拉德·伦琴；112 号元素被命名

① 有"警察"的意思。——译者注

为"鎶"（copernicium），用来纪念文艺复兴时期的科学家尼古拉斯·哥白尼——他向世人证明地球围绕太阳旋转。

它们是迄今为止 GSI 发现的最后两种元素。1999 年，德国人梦想建造一座"超重元素工厂"，将有可能一直探索到 126 号元素。西格德·霍夫曼申请使用钙–48 和锕系元素轰击靶，他相信 GSI 可以轻易超过杜布纳和利弗莫尔团队。他的申请被拒绝了。"我们本来可以开展热聚变方面的实验，"霍夫曼告诉我，"但这个提议被拒绝了，而且语气很不客气。这个计划就这么胎死腹中了。"[1]

★ ★ ★

维克托·尼诺夫一直坚称自己是无辜的。他在 2002 年 2 月对伯克利的调查做出了坦率的回复："我绝没有故意参与任何形式的数据曲解和科研不端……我从未故意修改、虚构、捏造、损毁、删除或者隐瞒数据……我坚守自己的科研诚信。"

我的足迹遍布全世界，但从来没有遇到过一位相信他的重元素研究员。大多数人只想要一个了结，只是单纯地想知道为什么。

这是一个很难回答的问题。发现一种元素带来的荣耀不是一个很合理的动机，编造一条完全与真实结果相符（本该最终出现）的 α 衰变链，以此来愚弄一位经验丰富的"元素猎人"，这样的机会几乎为零。西格德·霍夫曼打眼一看，马上就发现 112 号元素的衰变链是假的，这就是证据。

尼诺夫也没有必须取得成功的压力。没有人在任何时候向尼诺夫暗示过，如果他不发现另一种元素的话，他的工作就岌岌可危。尼诺夫已经发现了 3 种元素，他没有什么要去证明的。

经过推测，艾伯特·吉奥索认为尼诺夫的本意可能是想为伯克利赢得一些时间：通过插入一条假衰变链，团队将赢得更多的时间去寻找真正的 118 号元素。但另一方面，这样的理由根本站不住脚。罗伯特·斯莫兰丘克的想法被认为是孤注一掷——没有人真正相信他们会取得成功。为什么要为一项没人认为会成功的实验赢得时间呢？

---

[1] 我看过内部报告，西格德·霍夫曼没有开玩笑。但如果认为这是 GSI 在元素竞赛中落后的唯一原因，那么，这样的想法既具有误导性，并且对所有参与其中的人来说也不尊重。真实情况要复杂得多。

"我们没有一个人能真正理解维克托的所作所为，或者他这么做的原因，"洛夫兰说道，"大家对他的评价非常高，他是一个才华横溢的人。如果你问我原因，我真的不知道。他或许对自己的预测能力过度自信了吧。我从来没有真正地了解过他，我每天都会跟他说话。他曾经暗示是其他人做的，而不是他，但那不可能。"

西格德·霍夫曼的猜测可能是最合理的。"这件事情的吊诡之处在于它发生在11月11号（110号元素的数据首次被篡改的时间）。维克托这条衰变链的半衰期是11.19分钟。如果你对德国的狂欢节有所了解的话，你会发现它们都是在11月11日上午11点11分开始的。我想他本来是想开个玩笑的。但是，因为这个玩笑，他意识到自己可以操控事情并且没人能发现。"或许，在格伦·西博格生日那天"发现"118号元素也算不得什么惊喜吧。

对洛夫兰来说，尼诺夫这出闹剧也有积极的一面："科学很有用。你得出一个异常结果，如果它是对的，它就会变得越来越强（随着实验被不断重复）。有时候这种情况却不会发生，比如，人们宣布发现了一些了不起的现象，但随后又将它们撤回，因为这些实验无法被重复。在这种情况下，一些附加元素让它看起来仿佛是在弄虚作假。"长远来看，科学有自动纠错的能力，它会找到答案并不断进步。尼诺夫被抓了，发现也被撤销了。是时候继续前进了。

即便如此，尼诺夫丑闻仍深深震动了整个超重元素界。海因茨·盖格勒跟尼诺夫曾经以朋友相称，还让尼诺夫在爬阿尔卑斯山时住在自己家里，他感觉自己遭到了背叛。"维克托刚来伯克利的时候很受欢迎，"盖格勒告诉我，"他得到了全力支持。正因如此，人们没有仔细阅读他的分析报告。这完全是一场灾难，它毁了伯克利吗？当然。伯克利还是伯克利，外面的世界不需要假新闻，这场戏结束了。"

这个丑闻也给艾伯特·吉奥索卓越的寻找元素的职业生涯画上了一个不光彩的终止符。对肯·格雷戈里奇来说，它的余波才是最具破坏力的。直到今天，即便已经过去20年了，它依然还是一个令人难堪的话题，而那原本有可能是他职业生涯中最闪亮的一笔。当我问起他时，格雷戈里奇礼貌地拒绝了我，不愿再一次去回想那件事。"那是一段黑暗的时光，它已经结束了，就这样吧。"我无法责怪他。

然而这个团队中最令人同情的还是达琳·霍夫曼。她曾因为性别歧视没能获得发现镄和镍的机会；这一次，成为一名元素发现人的梦想已经触手可及了，但这个梦却戛然而止。之前在伯克利工作过的一位研究员告诉我："当我们以为自己发现了（118号元素）时，我们是为了她而做的。它是达琳的元素。比起撤销声明，真正压垮我们的是她没有得到元素。"

18
新希望

1977 年，道恩·肖内西见到了她人生中最伟大的东西。跟大多数 20 世纪 70 年代末生活在加利福尼亚的年轻女孩一样，她的朋友们痴迷于芭比娃娃，但肖内西最爱的却是《星球大战》。当她第一次看到银幕上出现的黄色字体，听到约翰·威廉姆斯的配乐，目睹一艘星际驱逐舰追逐逃亡的莱娅公主时，她完全被电影中的场景震撼了。这部电影包罗万象：光剑和宇宙大战、尘土飞扬的沙漠和寒冷的宇宙空间站、绝地武士欧比旺·肯诺比睿智的言辞和黑武士达斯·维德发出威胁时顿挫的语调。那年她在电影院里把这部电影看了 20 遍，当电影玩偶在 1978 年陆续面世时，她便写信去购买它们。她打开包裹，开始在卧室地板上重新演绎发生在一个遥远星系中的冒险故事。"快别玩芭比娃娃了，"她对朋友们说道，"玩这个才酷呢。"

她和家人在 1985 年搬到了美国埃尔塞贡多，这座城市位于圣莫尼卡湾和洛杉矶国际机场之间。那时，《星球大战》引发的狂热已经消散，周围小孩的兴趣早就转向了下一部大片或变形金刚。肖内西却始终如一。她看到银河帝国把奥德朗星炸成碎片，于是也想摆弄一下那些大得吓人的激光炮。这意味着她要成为一名科学家。

跟美国成千上万的小孩一样，肖内西也从父母那里收到了很多科技装备——从简单的电路板到小型实验室，各种东西应有尽有。大多数收到这些礼物的孩子在玩了几天后就把它们忘得一干二净，有时候还会因为把保险丝烧断，或者不小心把铁屑撒到地毯上而被父母关在家里不能出去玩。肖内西拿到这些装备后，很快就把它们研究了一遍，还想要更多。埃尔塞贡多高中的化学实验室很陈旧，科学课也很枯燥，于是她便在自己家里做实验。最终，她考上了加利福尼亚大学伯克利分校的化学专业。她在大学里喜欢上了核科学，并想参与其中。

她晚了十年：在 20 世纪 90 年代初期，核化学已经开始衰落了。发生在美国三里岛和乌克兰切尔诺贝利的事故削弱了政治意愿，而这项工作的保密性质又极大地限制了宣传，使外人无从了解。没了充足的研究资金，各个国家实验室便将重点放在其他项目上。"哦，好极了，"肖内西对自己说道，"我选了个愚蠢透顶的研究领域。"她感到十分沮丧，于是就去找一位依然健在的著名科学家聊天，希望能得到帮助。

她找的那位教授正是达琳·霍夫曼。这位上了年纪的超重元素世界女强人在肖内西身上看到了这个领域需要的那种研究员：才华横溢、心无旁骛且奋发向上，并且她也渴望在实验室之外过上正常的生活，就跟半个多世纪前的自己一样。"来这儿吧，"霍夫曼告诉她，"来攻读研究生吧，那会完全不一样的。你会跟我一起待在山上。"

这是一种有趣的教育。肖内西的专业是环境科学。美国意识到它还没有制订出一个妥当的计划来处理研究机构制造的放射性废物，于是研究重心转到了清理污染上。在达琳·霍夫曼手下，肖内西得到了更多令人兴奋的机会。她最终参与到伯克利寻找超重元素的工作中来，每天晚上，她负责操作 88 英寸回旋加速器，肯·格雷戈里奇和维克托·尼诺夫则对其进行调整。超重元素科学很像现代炼金术，但是，虚假的宗教和古老的兵器根本比不了你手边的一件好武器①。说到底，这件武器不正是 88 英寸回旋加速器吗？

随后，他们就宣布发现了 118 号元素。肖内西和聚在一起的学生以及博士后欣喜若狂。肖内西那时才二十几岁，还没博士毕业，她的名字就已经出现在一篇将被永远铭记的论文中。

事实很快证明，她被铭记的理由恰恰相反。当尼诺夫丑闻震动伯克利山时，肖内西与所有受此事牵连的无辜研究员一样，正拼命挽救自己的科研生涯。

★★★

"是啊，当你的履历上有这么一笔时，你看看试着去找工作会怎么样。"肖内西回想起撤回 118 号元素造成的影响时，不禁翻了翻白眼，"我们这个圈子很小，所以当你和人交谈时，人家就会说：'哦，你是伯克利的啊……'我第一次来利弗

---

① 这句话是《星球大战》中汉·索罗的一句台词。——译者注

莫尔开会时，南希·斯托耶说：'你的名字肯定也在尼诺夫那篇论文上。'我只好说：'是啊，谢谢你哪壶不开提哪壶……'"

肖内西如今已年过四十，依然保持着轻松的心态，在我们聊天时妙语连珠，还会跟我分享她在研究中获得的那种具有感染力的纯粹乐趣。她表情丰富，时而严肃，时而顽皮。她丝毫不掩饰孩提时代就根深蒂固的执念——科学和《星球大战》。当《星球大战7：原力觉醒》上映时，她的团队举行了一场比赛，看谁去电影院看这部电影的次数最多。肖内西以两位数的优势获胜。她对我的"极客测试"是问我认不认识阿索卡·塔诺。在保证我会给她寄一张由饰演达斯·维德的演员戴维·鲍罗斯签名的海报后，我得到了进入实验室的通行证（并忍受了相应的安全检查——在美国保持核威慑的核心区域，这样的安检是意料之中的事情）。

乘坐湾区地铁从伯克利到利弗莫尔需要一个半小时。它带着你穿过奥克兰市区，经过棒球场，然后沿着海滨一直前行，接着你再换乘另一条线路，这条线路会把你带到环绕湾区的群山之中，等出来时，你便来到了阳光灿烂的利弗莫尔山谷。这种感觉就像是走进了加利福尼亚版的纳尼亚：眨眼之间，云雾缭绕的城市风光、寒冷的海风以及拥挤的乘客就变成了平静的田园牧歌。在这里，群山沐浴在耀眼的金色阳光下，生活节奏轻松且自在。时任市长约翰·马钱德称其是一个"与众不同且追求极致"的城市："我们这里是加利福尼亚州最古老的葡萄酒产区。也许纳帕谷更出名一些，但它们只售卖流水线成品，我们可是酿造真正的酒。我们有两所国家级实验室，我们有世界上运算速度最快的计算机，我们还有世界上最快的竞技表演：一局骑牛比赛只有8秒，但因为一场比赛总共有22局，所以可以持续三四个小时。我们甚至还有世界上点亮时间最长的灯泡——它自1901年起就持续点亮着。"

他没有开玩笑。这盏灯泡的画面通过网络摄像机同步播出：一天24小时，一周7天，你可以去看看它是否还亮着。但这座城市真正的珍宝是美国劳伦斯利弗莫尔国家实验室。

在1952年刚刚建成时，利弗莫尔还只是伯克利实验室的一个分支。到20世纪50年代末，它已经开始研发北极星洲际弹道导弹了。如今，它是美国反生物恐怖活动、核不扩散、能源和环境安全的研究中心。它占地2.5平方千米，共有5800名工作人员，预算为15亿美元。在核科学研究项目中，235位科学家共享

9000 万美元的预算——其中 80% 直接跟实际应用有关，另外的 20% 则用于更为基础的研究。利弗莫尔把欧内斯特·劳伦斯的"大科学"梦想变成了现实。

利弗莫尔的员工没有一个是专门研究超重元素的：这只是一个让他们保持兴奋的业余项目。肖内西还会在利弗莫尔的国家点火装置上花费部分时间。这是有史以来人类设计的体积最大、能量最高的激光，它有 3 个足球场那么大，使用将近 4 万块镜片把 192 条激光集中到棉签大小的靶子上。最终生成的激光束温度超过 1 亿摄氏度，压强比地球大气高 1000 亿倍。当它启动时，它使用的能量比美国其他地区使用的所有能量还要多。它是地球上最接近死星的东西。难怪肖内西对它如此着迷。

肖内西于 2000 年在伯克利获得博士学位，两年后又以博士后的身份来到利弗莫尔，并参与到杜布纳跟利弗莫尔两支团队的合作项目中。[①] 那时，利弗莫尔团队已经想出了一个完美的答案来回应人们关于尼诺夫丑闻是否会继续发酵，并且影响范围是否将超出伯克利和 GSI 的问题。"我们又把数据逆向核对了一遍，"肖内西解释道，"（俄罗斯人）寻找在裂变中消失的 α 粒子；我们则先寻找裂变，接着再寻找 α 粒子。如果你能找到同一条衰变链，那就会更加让人信服。"在利弗莫尔，南希和马克·斯托耶夫妇组成的化学家和物理学家二人组建立了一个蒙特卡罗概率统计模型。它的名字取自蒙特卡罗赌场（根据传闻，该模拟方法创造人的叔叔常跟亲戚借钱来这里赌博），其基本思路是利用随机变量进行模拟测试。通过在计算机中进行成百上千次乃至数百万次模拟测试，然后再统计模拟试验结果，你就能很快找出你想要的东西。与此同时，俄罗斯的科学家采取了完全相反的策略，他们通过追溯数据来源来寻找 α 衰变的迹象。其结果不单由两个不同的人检查，而是由两所不同的实验室采用完全不同的方法来检查。

当伯克利还没完全从这件事的不良影响中恢复，而 GSI 的研究计划也被迫终止的时候，杜布纳和利弗莫尔团队却接二连三地取得了成功。有了俄美两国的专业知识，以及富含中子且具备双幻核的钙 –48 离子束，发现元素可谓手到擒来。到 2002 年，该团队找到了 114 号、116 号和 118 号元素聚变的确凿证据（原子序

---

① "我们认为，在（尼诺夫的）论文中出现的那些青年研究员对于实验目标或者改变数据可能并没有太大的发言权，"马克·斯托耶回忆道，"就发现一种元素而言，（论文中）很少提及第三或第四作者，因此他们也不应该受到太多责难。"

数为偶数的元素更容易生成）。到 2003 年，这支团队又创造出了 115 号元素 ①，他们甚至还发现了 α 衰变产物 113 号元素的证据。如果没有稳定岛，所有这些元素的半衰期不可能有这么长。然而，这些元素没有一个位于稳定岛。中子数太少了。

有了热聚变技术，杜布纳实验室再次成为探索未知领域的排头兵。然而，超锿元素之争残留的那种氛围又开始死灰复燃，一度文明起来的对话中又开始出现关于冷战的愤愤不平和相互怀疑的情绪。"当我们第一次宣布发现 114 号元素时，周围还是有一些赞许之声的，"南希·斯托耶回忆道，"但等伯克利宣布他们发现了 118 号元素之后，突然之间所有评论都变得非常负面。说反对可能也不太确切，但当时其他人的态度是：'你们在跟苏联人合作，你们不可能是对的。'诚然，我们发现第一个原子的偶然性很高。但我们也只是实话实说而已。"

这种紧张情绪到了一定程度自然就会爆发。2003 年，在纳帕谷举行的一次会议上，尤里·奥加涅相正就 114 号元素发表讲话，此时达琳·霍夫曼突然站起来表达她的不满："这些成果没有一个得到过确认。"（"永远不要让科学家离酒太近。"一位重元素研究员半开玩笑地对我说道。）

达琳·霍夫曼有她的道理。在所有发现元素的过程中，任何实验结果都有可能，或是在风暴般的放射性背景下生成的单一的原子，或是生成各种裂变与四处飞舞的离子。半衰期必然会各不相同，同位素也会在被误认之后加以纠正，而那些想当然的发现也会因研究人员追求正确的结果而逐渐减少。这就是科学是在不断的重复中发展进步的原因。正如理论物理学家维托尔德·纳扎雷维茨在《纽约时报》上说的那样："人们必须得极其谨慎才行……不是因为他做的事情有问题，而是因为测量方法非常复杂。他们正游走在统计数据的边缘。"

"其他人根本不接受 114 号元素，"肖内西回忆道，"他们好像永远都不会接受它。我原本以为它永远得不到承认。我们做了这么多实验，一遍遍地重复，而且还在团队内部计算了激发函数，它前后非常一致。我们不会说'该死！我们还得确认这些东西'，因为我们认为自己所做的是真正的科学。"

---

① 115 号元素出名的方式很奇特。1989 年，一位名叫鲍勃·拉扎尔的不明飞行物理论家在美国拉斯维加斯的一个电视节目中称他在神秘的 51 区工作，还说他在这里为美国政府改造外星飞船。拉扎尔坚称这些不明飞行物的动力是由当时尚未发现的 115 号元素提供的。但这只是一本畅销的科幻小说，并不是什么阴谋。

2009 年 3 月，利弗莫尔的科学家肯·穆迪来盐湖城参加美国化学学会举办的会议，目的是领取核化学和技术部颁发的最高奖项——该奖项以格伦·西博格的名字命名（还能有谁呢？）。当时的部长是马克·斯托耶（他说："这是肯·穆迪唯一一次穿晚礼服。"），肖内西代表穆迪组织活动安排。"接下来惊喜就来了，"肖内西回忆道，"肯·格雷戈里奇走了过来，对我们说道：'这儿有一些新鲜出炉的数据，其他人还没见过。我们刚刚确认了你们发现的 114 号元素。'"

伯克利团队将他们之间的分歧抛到一边，全身心地投入科学研究。尽管他们缺少寻找元素的资源和轰击时间，但确认一种反应要容易得多：他们校正自己的设备，使其能量与发现人宣称的一致，然后展开实验来查看最后的结果。格雷戈里奇团队在研究之余觅得片刻空闲，于是便做了一次杜布纳和利弗莫尔团队的热聚变实验，最后得到了同样的数字。"我都从凳子上摔了下来，"肖内西回忆道，"没人想到会发生这样的事情。你发现了一种元素，几十年以来，第一次有人用其他人的数据确认了它。"冷战和超镄元素之争终于彻底结束了。

但在利弗莫尔和杜布纳，还发生了一件更重要的事情。超重元素科学家们想出了如何在转瞬即逝的元素上展开化学实验的办法……新元素似乎打破了所有规则。

2016 年 10 月 14 日早上 5 点，罗伯特·艾希勒从床上爬了起来，穿上他最厚的夹克，然后走进杜布纳无边的夜色之中，要去准备一场实验。艾希勒个子很高，肩膀宽厚，看起来气势逼人。这位巨人在零度以下的气温中朝着联合核子研究所艰难地走去。艾希勒实际上就是在这个城市长大的——他的父亲是来自民主德国的访问科学家，但这样的经历对他来说也是头一遭。

艾希勒疲惫地穿过武装检查站，然后走进弗廖罗夫核反应实验室。他拾级而上，穿过奥加涅相办公室干净整洁的走廊，来到加速器实验室混凝土铸就的核心区域。他走过一段布满尘土、地砖开裂的过道，过道墙面上有用西里尔字母写的警示语，接着经过不停转动的报警灯泡和嗡嗡作响的实验室设备，就来到了开展实验的地方，那是一个小型金属作业平台——就像一个阳台，悬挂在一口漆黑的竖井上方。

艾希勒是从瑞士保罗·谢尔研究所来到杜布纳的。他的团队由来自瑞士、俄罗斯和日本的科学家构成，他们获得了 1 个月的轰击时间来进行一项使用 114 号元素的实验。离关闭机器还有 3 个小时的时候，系统出现了故障。艾希勒知道他们没有什么损失——他的团队成员都已经收拾好行李准备回家了，所以他们所有的日志都是安全的。他还知道 1 周大约只能生成 1 个 114 号元素的原子；所以，无论如何他都不太可能还有机会了。但对于超重元素研究员来说，1 小时、1 分钟，甚至 1 秒都至关重要。轰击时间是最宝贵的东西，也是所有活力和压力的源头。尤其是在代价这么高的情况下，艾希勒可不打算让个人的舒适葬送任何机会。

对一名化学家来说，艾希勒的实验是前景最诱人的实验之一：他正在寻找元素周期表失灵的证据。

元素周期表是根据性质趋势制定的。如果你顺着一列元素往下看，你会发现元素的性质非常相近，只不过有的更明显，有的则不那么明显而已。以硫为例，它有着刺激性气味，但它跟同族的硒或者碲比起来就是小巫见大巫了。另一方面，氟跟与它同族的氯和溴相比，化学性质要活泼得多。从很大程度上来说，研究化学就是为了搞清楚这些是怎么一回事。

问题是，随着原子核的电荷不断增加，部分电子——原子中控制其化学性质的那部分——的速度会加快并逐渐接近光速。根据爱因斯坦最著名的相对论，这就意味着它们的质量也将发生改变。这种变化被称为"相对论效应"。这就是为什么汞在室温下是液态的，金是金色的，铅酸蓄电池可以发电，而锡酸蓄电池不能发电。至于超重元素，其原子核的电荷非常大，以至于元素周期表本该遵循的那种趋势——通过元素的位置推导它们的性质——或许不再适用了。

在最早发现的那些超重元素中，绝大多数元素的性质跟人们预期的差不多。但当你研究到更靠外的区域时，情况就不一样了。在首次发现 114 号元素之后的 20 年中，研究人员一直在研究它们，试图对它们进行化学实验。由于它们的不稳定性，常规的实验室根本不可能完成实验（还没等你滴入一滴溶液，原子就会发生衰变或者裂变反应）。这就意味着艾希勒要做的事情必须得迅速且简单。当他的实验制造出 114 号元素时，他并没有通过撞击固体的方式来俘获它，而是将其装进一个充满稀有气体的石英灯泡中，然后再通过一根毛细管（上面有特氟隆涂层，这样原子就不会粘在上面）将它导入一个由 16 个镀硒探测器和 16 个镀金探测器的矩阵中。艾希勒的装置伸到了这个危险的"阳台"外面，因为这里是距离轰击靶最近的位置——轰击线路越短，浪费的时间就越少。即便如此，从原子发生融合的那一刻起，到它穿过艾希勒的装备，这中间还需要 2 秒；到那个时候，它很有可能就衰变成镉元素（112 号元素）了。

艾希勒的矩阵具有温度梯度，原子移动的距离越长，温度就会变得越低。镉那一族元素会在不同温度下与金元素形成化合物，或者在自然界中与硒结合。通过观察哪台探测器因 α 衰变发出声响，你就可以判断出在什么温度下镉元素会和硒元素或金元素形成化合物。一旦你了解了这一点，你就可以计算出这种元素的热力学信息。

艾希勒的实验表明某种奇怪的事情正在发生。根据实验结果，他发现探测器会在室温和极寒条件下发出声响。这种情况本身就不太正常。但当你再联想到化学的基本规律时，它就变得更加奇怪了。根据元素周期表上某一族元素的热力学信息，在图表上标注这些数字，你会得到一幅非常整齐的热力学趋势图。艾希勒的数据显示，114 号和 112 号元素都没有出现在它们本该出现的本族元素的曲线图上。尽管目前研究还处于初级阶段（关于超重元素，没有什么事是必然的，除非你能将它重复一遍），但它表明相对论效应已经在发挥作用了。

伯克利的杰克琳·盖茨对艾希勒的发现进行了简洁的总结："我们发现了一种奇怪的情况。114 号元素在室温下会和金元素结合在一起，也会在接近液态氮的温度时和金元素结合一起，但中间的温度就不行了。这是两种完全不同的表现，我认为我们还没有一种完善的、自洽的理论来解释这一情况。"

这正是利弗莫尔的肖内西团队正在研究的问题。尽管 114 号元素是现代化学的极限挑战，但像铲和镭这样的元素（曾经也被认为遥不可及）现在都变得触手可及，即便实验本身依然还很复杂。"做（超重元素的）化学实验是一项极具挑战性的工作，"肖内西曾对《化学世界》说道，"根据我们对元素周期表的预测，有理论称元素实际上会改变化学键。如果真是那样的话，我们对于元素周期表的认识将会发生革命性的改变。"

约翰·德斯珀托普洛斯是肖内西的同事（也是其学徒）。他是一个胡子拉碴的年轻人，一头乌黑的长发向后扎成一束马尾辫。他是研究 114 号元素的研究员之一，也知道它有多奇异。"当你研究 114 号元素时，你会发现它的化学性质开始变得跟它同族的铅元素不一样了，而更像汞元素，可汞却属于完全不同的另一族元素。通过这个化学实验，你或许会改变元素周期表的格局。"

德斯珀托普洛斯主要研究存续时间超过 2 秒的元素。他目前正在研究的元素是铅和锡（一般认为这两种元素与铁同族），以及汞（则不与它们同族），他想找到尽可能快且精确的方法把它们区分开来。现阶段，他正在为金属制造一种叫作"硫杂冠醚"的套索，它实际上是由碳硫环构成的笼状结构。不过，化学家们用到的知识依然还与元素周期表有关：众所周知，硫会和铅或汞这样的金属形成强化学键。一旦他完善了这种技术，下一步就是用它在 114 号元素上做实验。"到了那一步，你就会知道它究竟（和铅一起）属于第 14 族元素，还是（跟汞一起）属于第 12 族元素——这种预测就更奇特了。量子力学依然还是化学。"

化学，是的，但那是可以改变我们看待世界的方式的化学。

2012 年 5 月 30 日，国际纯粹与应用化学联合会承认有充分证据证明 114 号和 116 号元素的存在（并认为其他元素还需要更多证据）。利弗莫尔和联合核子研究所同意平分对它们的命名权。

114 号元素被命名为"铁"（flerovium）。为避免关于弗廖罗夫与库尔恰科夫的关系，以及俄罗斯核弹计划的争议，团队谨慎地强调这个名字是根据弗廖罗夫实验室以及弗廖罗夫本人命名的。最终，弗廖罗夫也跟西博格一样进入了元素周期表。两位 20 世纪元素发现领域的巨人带领自己的团队，也带领着世界走进了原子不稳定性的未知水域，他们将会被后人永远铭记。[①]

感谢肖内西的建议，也感谢利弗莫尔。"为了劳伦斯利弗莫尔国家实验室，也为了这座城市以及所有参与制造新元素的核科学家们，我们选择了'铊'（livermorium）这个名字，"马克·斯托耶回忆道，"我们永远都不可能发现足够多的元素来以所有重要科学家的名字命名。"

当格伦·西博格打电话告诉伯克利市长有一种元素以他的城市命名时，电话那头的人并没有多大兴趣；而当利弗莫尔市长约翰·马钱德听到这个消息时，他认为这是他职业生涯中最辉煌的时刻。马钱德是一名化学家，他从政是为了维修

[①]　尽管之前有人建议过"铁"这个名字，但并没有人实际使用过它，因此这个名字不太可能造成困惑。

当地的供水系统。

马钱德和我一起共进午餐，我们坐在市区一家卖排骨的餐厅外面的桌子上，饮料中的气泡让空气也变得凉爽起来。在这里你不需要穿印有"我爱旧金山"字样的连帽上衣，这里只有金色的阳光和静谧的群山。我们的正对面是一个小公园，木制长凳上画满了当地涂鸦艺术家们的作品。每张长凳的靠背都颂扬了化学的不同主题，其中一个描绘了玻尔的原子模型，另一个展示的是研究员和粒子加速器。

"皮爷咖啡店在利弗莫尔大街 122 号，"马钱德告诉我，"那个广场是 116 号，所以我们把它叫作'铊弗莫尔'广场。我想在这里搞一些公共艺术，这样人们就可以了解到它是一个与众不同的地方。当杜布纳的市长来这里把它命名为铊弗莫尔广场时，他提出了一个很好的想法。也许有一天利弗莫尔或杜布纳不再存在了，但只要人类的知识还在，它们就将依然存在于元素周期表上。"这种纽带一直延伸到了当地的学校。2012 年，这个团队得到 5000 美元的拨款，他们把钱捐给了利弗莫尔高中化学部。肖内西想起了埃尔塞贡多高中那空空如也的储物柜，她可不想让下一个孩子失去在科研领域工作的机会。

杜布纳和利弗莫尔的关系变得密不可分。两市市长进行了互访，并发表了各种公告。元素也开始呈现出颇具现代色彩的庆祝形式。马钱德使用一支"铊弗莫尔"钢笔写字，系着一条"铊弗莫尔"领带，别着一枚"铊弗莫尔"胸针。当美国代表团上一次访问俄罗斯杜布纳时，他们带去了利弗莫尔山谷生产的红酒杯作为礼物。"我们到了弗廖罗夫研究所，"马钱德回忆道，"看到了显示温度的仪表盘，接着看到了测量背景辐射的仪器。你会说：'太好了，托托，我们终于离开堪萨斯了。[①]'接着我和尤里·奥加涅相坐在一起，我们用利弗莫尔红酒杯喝伏特加。"俄罗斯人和美国人决定用他们的酒精饮料为新元素施洗礼：联合核子研究所酿造的自有品牌伏特加，利弗莫尔则确保有足够的"铊弗莫尔"葡萄酒让大家尽兴。当地的高尔夫球俱乐部甚至举办了一场"铊弗莫尔"杯锦标赛。毕竟，它的每个原子可比黄金、白银或青铜贵重得多。

只有通过这样的故事才能让你明白休利特和弗廖罗夫的那次会议有多重要。铁和铊不仅对化学来说很重要，它们还弥合了两个对立的世界。

113 号元素的作用将会更大。它会让一个国家团结起来。

---

① 这句话是电影《绿野仙踪》里的台词，托托是女主角多萝西的宠物狗。——译者注

19

初日之光

1945 年 11 月，占领日本的美军开始在东京湾海域倾倒巨大的金属物体。水手们聚集在舰船的甲板上，看着这些奇异的物品被缓缓推到船边。随后，捆绑这些物品的绳索被逐次解开，它们从船上掉了下去，溅起巨大的水花，随即沉入海底。

回到陆地上，仁科芳雄忧心如焚。那些被扔进大海的大块金属是他的回旋加速器的部件。一个月前，他被批准继续使用它们做医学、化学和冶金方面的研究。但时任美国战争部长罗伯特·帕特森改变了想法。在 5 天内，美国第八集团军的工程师夜以继日地拆掉了仁科芳雄的机器。没过多久，这些工程师又拆毁了位于日本大阪和京都的回旋加速器，他们甚至误解了一名吓坏了的科学家讲的笑话，随即摧毁了一台 β 光谱仪。实际上，美军就是要摧毁日本的每一台回旋加速器。

仁科芳雄是当时世界上最优秀的核物理学家之一。他于 1918 年毕业于东京帝国大学并成为一名电气工程师，随后入职日本理化学研究所（以下简称理化所）。1921 年，他以学生的身份被派去访问欧洲的各大研究机构，他还在那里和尼尔斯·玻尔成了好朋友。等他回到日本时，他成立了自己的实验室并开始研究神秘的原子。

理化所是一个特别的机构：它既是独立的研究实验室，又是日本财阀的企业集团。由于担心日本的科研水平与各国间的差距越拉越大，日本科学家们便在 1917年创立了理化所，根据其缔造者涩泽荣一的说法，理化所的使命是"把日本从模仿大国转变为创造强国……加强对纯粹物理学和化学的研究"。最初，日本政府拒绝支持成立理化所，因此多亏了私人捐赠，它才得以成立。对仁科芳雄来说，理化所为他提供了一个完美的量子力学研究基地，以及一个拥有足够资源来帮助他发现新元素的靠山。

日本科学界自 20 世纪初就想在世界元素发现领域一举成名，有很多次已经十分接近目标了。1908 年，在英国伦敦大学学院威廉·拉姆赛手下工作的小川正孝正在研究一块方钍石样品，这时他的化学分析遇到了某种未知的东西。拉姆赛在几年前曾发现过稀有气体，他鼓励这位年轻的化学家发表自己的发现。小川正孝宣称他发现了 43 号元素，并以其祖国的日语名字把它命名为"nipponium"。等回到日本，小川正孝打算跟进自己的实验——毕竟好的科学都需要重复——却因为缺乏现代设备而不得不放弃。最终，他的声明也被驳回。一些现代研究员怀疑小川正孝发现的是 75 号元素（今天被称为铼），却把它误认成 43 号元素。如果真是如此，这的确是一个很容易犯的错误：两种元素在元素周期表上属于同族元素，化学性质也很相近。

仁科芳雄差点儿也发现了一种新元素。根据欧内斯特·劳伦斯的设计图，仁科芳雄在 1937 年建造了自己的回旋加速器，这是第一台在美国以外的地方建造的该类机器，仁科芳雄利用这台机器朝钍发射速度极快的中子，随后发现了同位素铀 –237。这种同位素会发射 β 射线，衰变成当时尚未发现的 93 号元素。仁科芳雄差点儿就在埃德温·麦克米伦和菲尔·阿贝尔森确认他们的发现之前创造出镎元素（neptunium），然而，就和他前面的小川正孝一样，他无法证明自己的新元素。[①]

1941 年 4 月，当仁科芳雄还在努力证明其发现时，他发现他的资源被转移了。那时，形势已经变得十分清晰：如果日本想在太平洋进一步扩大其野心，那么与美国的战争将不可避免。理化所此时的工作重心是"仁计划"——日本制造原子弹的计划之一。仁科芳雄（代号中的那个"仁"字来源于他的名字）受命负责推进整个项目，并给自己分配了最艰难的任务：浓缩铀。

仁科芳雄担心日本因缺乏自然资源而造不出原子弹。[②]然而，"仁计划"意味着他的回旋加速器可以获得更多资金，因此他决定假意合作。到 1944 年，理化所建成了一台 220 吨的回旋加速器，它和美国伯克利的那台机器仿佛是一对双胞胎。

① 对日本团队来说，镎是他们的乐趣源泉。它本来有可能是仁科芳雄的，但最后它在元素周期表上的符号依然还是"Np"：这个符号原本就是打算用来代表"nipponium"。

② 与盟军一样，负责"仁计划"的日本将军们实际上并不了解原子弹的概念。有一次，仁科芳雄的军事联络员信治少将问他，如果一枚原子弹需要 10 千克铀的话，那为什么就不能用 10 千克常规炸药作为替代呢？

表面上它是用来制造武器的，实际上它只是一种研究工具。仁科芳雄决定保守这个秘密，这很明智。

"仁计划"没过多久就宣告失败了。1945 年 4 月，理化所的主体实验室遭到轰炸，其热扩散设备也被炸毁了。一个月之后，一艘装载着 560 千克铀的德国潜艇（轴心国的最后一搏）在前往日本的途中在大西洋上被截获了。同年 6 月，仁科芳雄告诉他的上级原子弹计划结束了：核武器做不成了。

1945 年 8 月 6 日的清晨改变了仁科芳雄的想法。一枚原子弹落到广岛，把这座城市 12.2 平方千米的面积夷为平地，摧毁了大约 70% 的建筑。约有 8 万人死于爆炸的一瞬间以及随后的风暴性大火，另有 7 万人受伤，其中很多人的衣服都因高温灼烧而跟皮肤粘在了一起。仁科芳雄被召去参加日本政府的一场秘密会议，尽管有严格的战时审查制度，但还是有人在会议上向他展示了一份美国时任总统杜鲁门的文件。面对一群忧心忡忡的官员，仁科芳雄证实了杜鲁门的说法：一枚原子弹的威力"超过了 2 万吨 TNT 炸药"。

这一事件标志着"日本帝国"的终结。在去广岛实地调查损毁情况之前，仁科芳雄给他手下的一名员工留了一张便条："如果杜鲁门说的是真的，参与'仁计划'的那些人现在是时候准备切腹（自尽）了。"很明显，他重新考虑过。

战争过后，仁科芳雄试图保护他的回旋加速器，希望它们可以帮助日本战后的重建。随着机器坠入大海，他知道已回天乏术。"破坏令人悲伤，而且发生的不是时候，"他后来在《原子科学家公报》上撰文写道，"（这台回旋加速器）被剥夺了为科学做贡献的机会。"在橡树岭，有些美国科学家也同意他的说法，称破坏机器的行为"荒唐和愚蠢到了极点，简直就是犯了反人类罪"。日本科学胎死腹中。

日本有史以来第一次成为被占领国，人民食不果腹。仁科芳雄没有放弃他毕生的工作，他给美国人写信，希望他们能帮他再次拿起教鞭教授核物理学。美国人的回复直截了当："全日本的人都在挨饿。如果我是日本人，我会拿起铁锹（去种庄稼）。"

仁科芳雄没有理会这个建议，又重新开始了他的研究。到 1951 年他去世时，日本正逐渐恢复它失去的科学声誉。但它还是缺少一种属于自己的元素。理化所接过了小川正孝和仁科芳雄的遗产。

★ ★ ★

此刻，东京热浪袭人。虽然气温超过了 40 摄氏度，但闹市区的喧嚣却不减分毫，仿佛永无休止。乘客们如沙丁鱼般挤作一团，拼命地给自己扇风以保持凉爽，身着校服的学生痴迷地盯着他们的手机屏幕，打扮成法国女佣、海豚或者游戏角色的女服务员努力招徕着来往的客人去她们的咖啡店。上下左右，到处都是一片嘈杂忙碌的景象。电子广告牌上的动漫人物的身后下起一阵璀璨的流星雨，他们朝你挥着手，试图引起你的注意。地铁就像这座城市的地下动脉，与地上保持着完美的同步，极少出现延迟或取消的情况，站台播放的鸟鸣声则给拥挤的人群带来片刻安宁。这就是现代的日本，炎热也不能让它放缓步调。

在如触须般蔓延开的东京地铁的数个尽头中，有一个终点站是和光市站。一到这里，那种忙碌便被一种更悠闲的郊区步调取代。从地铁站南口出来，你会在地面上看到一块铜质铭牌，上面刻着 H——氢。继续沿着街道往前走，你会看到氦，接着是锂，然后是铍。继续往前走，咔嗒作响的弹珠机游戏厅不见了，取而代之的是寂静的郊区宅院和整洁的公司岗亭。最后，你会发现自己正朝理化所的和光园区走去，仁科加速器研究中心就位于这里。

如今，理化所是日本最大的研究机构，它在制药、农业和神经系统科学方面都享有盛誉。其资金几乎全部由政府提供。从能让身体燃烧脂肪而非碳水化合物的能量饮料，到以琥珀为基底的化妆品，它的产品出现在日本的每一家街头小店。2010 年，仁科中心团队利用加速器朝樱花树的插条发射碳离子。这种变异花被命名为"仁科乙女"，一年盛开两次。在一个观赏樱花会被电视直播的国度，这可是件大事。

我来这里不是为了探讨那些发现，而是想弄明白理化所为什么会在 20 世纪 90 年代加入寻找超重元素的竞赛，以及它如何击败众多对手，最终发现了 113 号元素。该元素被刻在地铁站外那条路上的最后一块铭牌上，标志着你已经来到了理化所的门口。

"看样子你们好像没地方放铭牌了，"当我的向导大西由香里带领我走进装有空调的主楼时，我对她说道，"如果你们再发现一种元素该怎么办呢？"

"我不知道！"她笑道，"我猜我们会把它放在大楼前面，之后就得放到室内了。"

提醒人们寻找元素的东西无处不在:仁科中心的大厅里有一个用乐高积木拼成的已知核素示意图模型,这个铺展开来的三维模型展示了每一种同位素的不稳定性。有了这个模型,你就可以直观地看到稳定岛周围的凹地,近在咫尺的距离撩拨着每一个元素制造者的神经。

无论在美国还是在欧洲,发现新元素的消息很少会出现在晚间新闻的报道中。但在日本,整个国家都在痴迷地关注着元素发现的动态。仁科中心主任延与秀人回想起他们检测到其中一个能够证明他们声明的原子时的情景:"我的女儿正在上高中,我原本要去看她,然后我告诉她我不能去了,因为出了点事情。接着她就说:'哦,你肯定是造出了 113 号元素的原子!'连高中生都知道我们的研究。"

延与秀人看起来很年轻,一头黑发梳得整整齐齐,脸上挂着灿烂的笑容。他不停地笑着,非常乐意跟我谈论他的职业生涯中这个至高无上的成就。当然,我首先得奉上我的礼物。做生意在日本已经仪式化了,它就像是一个由礼节和社会地位精心编织的复杂谜语,甚至鞠躬时弯腰的度数错了都会引起他人的不快。当你递给别人自己的名片时(你得轮流给房间里的每一个人送上名片),你得握着名片的边角等着别人把它接过去;当你接名片时,你得把名字读一遍,然后把它放在一个重要的地方,千万不要把它放进你的裤兜里;如果某人地位比你重要,你必须要把你的名片放在他的下面。当你第一次拜访某家公司时,你最好带上一件礼物。作为一名参观者,我并不需要这么做,不过,遵守当地的习俗会显得礼貌一些。延与秀人笑着接过我的礼物——一顶英国皇家化学会的板球帽,看样子他接受了我的这份心意。

"发现一种元素是日本长久以来的梦想,"延与秀人开口道,"一个从错误中恢复的梦想。"他指的是小川正孝的"nipponium"——这次失败沉重地压在日本人的心头。"还有仁科芳雄,他试图制造一种新元素。他成功了。的确,他没能证明它,但如果你根据现在的知识来判断的话,很明显,他做到了。但他却没有获得命名权!对于日本来说,(发现一种元素)是一项持续了一个世纪的计划。"

承载这个国家希望的人是森田浩介。日本甚至还有一本关于他的漫画书,漫画中的他身材矮胖,头发已经掉光了,戴着一副厚厚的眼镜。森田是一位来自福冈的核物理学家,他还没有写完毕业论文就离开了九州大学(他后来坚称自己没有完成论文所需的才华），随后以研究员的身份加入理化所。他在 1992 年去了杜布纳，并在尤里·奥加涅相的指导下学会了如何制造元素。当日本准备加入寻找元素的竞赛时，他成为该计划的不二人选。延与秀人解释道："30 多年前，森田浩介受命研究（元素发现），他需要 10 年的时间才能迎头赶上。20 年前，我们建造了世界上最大的原子粉碎机。此时我们已经做好了参与竞争的准备。我们在 2003 年开始进行实验，我们准备赢得这场比赛的胜利。"

延与秀人并没有夸大其词。理化所的变频直线加速器跟 GSI 那台巨型机器相比也不落下风。据说这里还有世界上最好的探测器。但他们的团队无法获得钙 −48，并且最初设计这台机器时也不是为了处理放射性靶子。当俄罗斯人和美国人利用热聚变技术阔步向前的时候，日本人只能使用冷聚变技术。

但冷聚变也并非全无益处，这意味着所有原子都将衰变成已知同位素，而这会让发现元素变得愈发困难。由于预测的反应截面非常低，聚变活动会比杜布纳和利弗莫尔团队的还要稀少。但森田团队可以无限期使用加速器。制造元素就像转动一个上面有 100 万个数字的轮盘，只要转动的次数足够多，你想要的数字最终必然会出现。如果冷聚变实验时间足够长，他们一定会有所收获。他们要做的就是祈祷自己的结果比对手的先出来。

他们的希望很渺茫。

日本团队在 2003 年开始用锌 −70 离子轰击铋靶。在 2004 年他们第一次取得了成功：一种衰变时间为 0.34 毫秒的同位素。即便如此，他们似乎输掉了这场比赛：6 个月前，杜布纳和利弗莫尔团队报告称他们从 115 号元素的 α 衰变中发现了 113 号元素。

然而，两个团队的声明并没有被立即接受。（两个团队的）问题是他们在报告中所说的 α 衰变链分解成了未知同位素，这意味着人们无法确认实验结果是否与之前的知识相符。并且，他们的部分数据跟已知数据之间还存在一定的矛盾，这很可能是质子数为奇数的元素产生的能量范围太广造成的。国际化联会元素发现仲裁小组认为两个团队都"大约同期得到"了"非常有希望"的证据。然而，这并不足以说明他们发现了该元素。

"元素的发现与谁毫无悬念地制造了 113 号元素有关，"延与秀人解释道，"这就好比是裁判员：如果一方说'你赢了'，而另一方说'你错了'，我们就会被搞糊涂……杜布纳团队试图直接制造 113 号元素，他们得到了两个结果。一个月后，我们得到了一个结果。他们比我们快，但他们放弃了。"

延与秀人说对了一半。杜布纳和利弗莫尔团队只是改变了工作重心，把注意力放到了化学实验上面，以便让他们的发现更加稳妥——少休息，多收集情报。"在我们看来，我们只用一次实验就发现了两种元素，太划算了！我们还在继续展开关键实验，那不叫放弃。"马克·斯托耶说。

两个团队继续展开工作，到 2005 年时，两个团队都完成了两次直接"撞击"。这依然不足以证明他们制造了这种元素。我们再回到延与秀人做的"裁判"类比上，他们需要另外一击来终结比赛。

这一击在 7 年之后才姗姗来迟。

1927 年，在位于澳大利亚布里斯班市的昆士兰大学，托马斯·帕内尔想给学生们展示有时候某些看起来是固体的东西实际上是黏性液体。他把学生叫到一起，把一块沥青——这种东西之前常被涂抹在轮船底部——加热，接着把它倒入一个密封的漏斗。3 年后，他切开漏斗的颈部，把它搬到教室外面，让沥青从底部流出来。第一滴沥青在 1938 年滴了下来。

目前，这场"沥青滴漏实验"是世界上连续实验时间最长的纪录保持者。它大概每 10 年才会滴下 1 滴沥青，到目前为止一共滴下来 9 滴。这个实验（跟利弗莫尔的那盏电灯一样）通过网络摄像头进行实时监控。自从约翰·梅恩斯通从帕内尔手上接过这个实验以来，他已经一丝不苟地观察了这块沥青将近 50 年，却从来没有目睹过滴落的过程。在 1988 年，他仅因为耽误了几分钟就错过了这个罕见的现象。他心情沉重地告诉全国公共广播电台："我想去喝杯茶或者干点别的事情，等我离开后再回来，看哪，它掉下来了。人会因为这样的事情变得达观一点。"

沥青滴漏实验跟理化所没有什么关系。把沥青加热后放在一边并不是很费钱，你也可以提前一年看出一滴沥青将会掉落。理化所每次朝旋转的铋靶发射 6 万亿个离子，每秒发射一次，连续发射数月，以期看到某种不可预测的活动，而这种活动的持续时间不到千分之一秒。

同 GSI 的简洁风格或杜布纳粗犷的工业风相比，日本理化所的控制中心忙碌而又井然有序，就像一个"赛博朋克"蜂巢。我们从会议室登上楼梯，走进实验室的工作中心，这里没有乐高模型，是一个全天候的科学王国。线路板上插满了电线，监控器堆积成山，脏兮兮的垃圾箱里装满了丢弃的能量饮料瓶。办公椅有些老旧但很舒适。整个办公区充盈着辛勤、坚毅和劳苦的气息。控制台顶部摆着两个色彩艳丽的毛绒玩具，看上去像是两只穿着宇航服的猴子。

"它们是和光市的吉祥物。"一位工作人员说道。我都忘了，城市、消防队、学校……在日本所有东西都有自己的吉祥物。理化所也有吉祥物吗？

我们陷入一阵令人尴尬的沉默。"呃……有，也没有。之前有一个，它是某种，呃，白蚁。"一位工作人员拍了拍和光市的吉祥物，仿佛在安慰它。我马上明白短时间内这些太空猴子是不会被取代的。

我跟随指引来到一块计算机屏幕前，它的桌面上有很多应用程序。屏幕边缘有一个白色方块，用来显示某种放射性活动的踪迹。屏幕中央与之形成了鲜明的对比：一个中间带有红色十字的黑色方块。它看上去就像一款 20 世纪 80 年代的老旧计算机游戏：没有花哨的图片，只用 X 来标记位置。他们调出了 2012 年的一份记录，给我展示他们当时看到的放射性活动是什么样子，我的向导告诉我："这是 113 号元素，这块白色的屏幕，这里，表明发生了一次嵌入活动。"新生成的元素就是在这个时候被弹飞并嵌入探测器中的。"红色十字表示发生了一次类似 α 衰变的活动，"被弹飞的元素发生衰变，"发生 3 次这些现象，你就会得到一种新元素。"

看到那个小小的十字时的感受难以想象，它代表着 113 号元素的一粒原子。这让我想起了之前一款名为《沙漠巴士》的电子游戏，在游戏中玩家需要沿着一条笔直的公路驾驶 8 小时，完成全程可以得到 1 分。这款游戏实在过于无聊，玩家们把它当作耐力比赛，用来给慈善机构募集善款。[①] 大多数科学家表示整夜操作加速器分外难熬：这种严峻的考验让所有人都变得暴躁，甚至慢慢疯癫。在理化所，一支由 50 名科学家组成的团队用了累计 553 天的时间操作加速器，就是为了能看到那个小小的十字在计算机屏幕上出现 3 次。

他们差点儿就失败了。到 2011 年，森田团队的预算已所剩无几，实验也处于关

---

① 《沙漠巴士》最初是魔术师组合潘恩和泰勒创作的一个表演节目。即便如此，《沙漠巴士：希望马拉松》漫长的赛季每年能筹集到超过 50 万美元的善款。

停的边缘。虽然铋和锌都是相当便宜的原料，但团队仍烧掉了 300 万美元电费。此外，其他同样重要并且成功概率更高的实验也需要使用变频直线加速器，这让他们很有压力。森田拒绝放弃。"我不准备放弃，"他后来说道，"因为我相信总有一天，如果我们坚持下去，幸运之神会再次眷顾我们。"森田在闲暇时会去附近的神社或寺庙祈祷，并留下正好 113 日元作为献给神的供品。

不久后，实验受到了一次意外的干扰。2011 年 3 月 11 日，日本发生了大地震，这是日本有史以来五大地震之一，也是历史上损失最大的灾难：将近 1.6 万人丧生，数十万人失去了家园，地震造成的损失高达 2350 亿美元。在福岛，一座核电站发生了 3 次熔毁，这是自切尔诺贝利事故以来最严重的核事故。事故发生后，日本电价一路飙升。理化所的仁科中心却在形势一片大好之际因高得难以想象的电费而不得不彻底关闭。"元素猎人"们看到了一个机会。

"说起来有点儿奇怪，"延与秀人承认道，"地震使我们电力紧缺，所以做太多东西的话压力会很大。因此，我们说：'好的，我们只做一项实验。'这意味着，我们绝大部分时间在寻找元素。在两年的时间里，除了寻找 113 号元素以外，我们缩减了其他所有任务。"

2012 年 8 月，第 3 次活动出现了。"我们发现了 6 次 α 衰变，第 7 次是 β 衰变，"延与秀人回想起那个出现在监控器上的红色十字，于是开口说道，"现在没有任何疑问了——我们发现了 113 号元素。我们把第 3 次活动献给福岛人民。"

经过 9 年扎实的工作得来的成果，让日本团队一夜之间成为超重元素研究领域的传奇。"想象一下，在将近 2 年的时间里每天工作 24 小时，除了这 3 天，其他时间你看不到任何活动，"沃尔特·洛夫兰和戴维·莫利塞在《现代核化学》中写道，"这需要非同寻常的毅力和勇气。"道恩·肖内西的夸奖也极尽溢美之词："日本团队太'硬核'了。对于他们所做的事情我只能疯狂地膜拜。"

2015 年，国际化联会工作组再次碰面。美俄联队和日本团队都强化了他们的论据。研究员在瑞典的隆德市确认了杜布纳团队的结果，而日本团队直接人工合成了铍的新同位素，并证明它与他们所记录的 113 号元素的 α 衰变链有关。

这是一场难分胜负的比赛，元素被判给任何一个团队都是很有可能的。但最终，工作组发现杜布纳和利弗莫尔团队的声明并没有完全满足发现一种元素的所有条件。俄罗斯人愤怒了：毫无疑问是他们先发现这种元素的，他们也花费了 8

年的时间，投入了数千小时。但国际化联会的裁决是不可更改的——113 号元素是由日本理化所发现的。[1]

100 年以来，日本一直梦想在元素周期表上有一个自己的元素。终于，这个梦想实现了。庆祝活动极其盛大，就连当时的日本皇太子德仁都来参加了。德仁称颂了日本皇室与理化所之间经久不衰的关系。他表示自己在上高中时经常抄写元素周期表，接着他说道："增加一种新元素让我深为感动。"在日本，没有比这更高的赞誉了。

利弗莫尔和杜布纳团队曾经用"铊弗莫尔"葡萄酒和"铁廖罗夫"伏特加来庆祝他们成功发现了 114 号和 116 号元素。理化所比他们更进一步。2010 年，仁科中心团队把一块酿酒酵母放进变频直线加速器中使其发生变异——改变它的遗传密码从而创造出一种全新品种。实验结果是"仁科誉亮"（意为"向仁科致敬"）清酒。还能有比喝用自己的离子炮酿造的变异米酒更好的庆祝新元素诞生的方式吗？

给元素命名或许是最能令他们宣泄情绪的时刻。"nipponium"这个名字不能再用了——小川正孝已经用它来命名他误认的"43 号元素"了，国际化联会的规定说得很清楚，元素名字不得重复。但日语中有两个词可以代表被他们称为"日出之国"的祖国：Nippon 和 Nihon。于是 113 号元素就成了"鉨"（nihonium）。

"为什么要制造新元素和同位素？这是个好问题。它们的半衰期很短，也没有实际用途。"理化所的化学家羽场宏光并没有急于回答这个问题。他们团队中有很多人花了 10 年时间来寻找 113 号元素，羽场宏光就是其中之一。是什么东西值得这样的奉献呢？

"元素对于宇宙、对于人体、对于一切都十分重要！"羽场宏光终于开口说道，"如果我们可以理解这些基本粒子，我们就能提出合理的理论。到目前为止，我们认识了 3000 种同位素。但从理论上说，总共有 1 万种同位素，我们只认识了三分之一。"

---

[1] 更糟糕的是，国际化联会的裁决中存在着一些技术性错误。时至今日，杜布纳和利弗莫尔团队依然感觉自己遭到了横抢。"细节很重要，国际化联会那篇草率的报告让人很失望，"马克·斯托耶强调道，"我觉得在这个领域辛勤工作的所有科学家都受到了伤害。"

羽场宏光指的是最新的模型。自从玛丽亚·格佩特－梅耶和汉斯·延森利用核壳模型推开了人类理解原子核的大门后，物理学家一直试图弄清楚元素周期表的边界——还有多少元素没有被发现？一般来说，这是通过核素示意图来展示的，就像理化所的乐高积木模型，或者格伦·西博格和格奥尔基·弗廖罗夫绘制的"不稳定海"。这张图的边界是"滴线"：超过中子滴线，原子核会在形成之前释放出一个中子；超过质子滴线，同样的事情也会发生在质子上。在滴线之间的区域，任何东西在理论上都是有可能的。目前来说，最佳猜测——它只是一种猜测——是我们所说的元素会一直排到 172 号。

理化所努力去填补这些空白。在 2016 年到 2018 年之间，团队发现了 73 种新核素，包括锰和铒的同位素。它们的中子数比之前发现的都要多，而且全都是通过裂变产生的。日本团队并没有极力避免元素发生分裂，相反，他们乐此不疲地用铀去轰击铍靶——最轻的元素之一，以期铀原子能分裂成一些有趣的碎片。

尽管这些同位素看上去毫无意义，但羽场宏光很快指出，历史证明情况并非如此。"锝是第一种人造元素。"他说道，同时想起了埃米利奥·塞格雷是如何从欧内斯特·劳伦斯的残羹冷炙中发现 43 号元素的。最初，它看上去并不是很有趣。"如今，锝对于核医学来说非常重要。每年，日本有 100 万人使用放射性同位元素……磁铁或者手机都要用到镧系元素。在它们刚被发现时，没有人知道它们有那样的用途。每种元素都是相似的，但它们都有自己的用途。钕和镧很相似，但它们有各自的用途……113 号元素（以及其他超重元素）或许也有用途。"

羽场宏光最感兴趣的超重元素之一是镭。就跟罗伯特·艾希勒一样，羽场宏光和他的同事也在进行速射化学实验，以期看到那转瞬即逝的生成物是如何发挥作用的。理化所甚至使用机器人来控制整个过程，以便能在世界上速度最快的化学实验中节省些许宝贵的时间。"这儿有一个例子。"羽场宏光边说边从计算机上调出一个分子结构。镭原子位于一个三维六角星的中央，角上是碳，然后是氧。这是一种被称为六羰基的经典化学结构。"我们制造了镭元素的两种同位素，对它们进行了分离，然后又俘获了它们。接着我们在这里添加一个一氧化碳（CO），这样我们就能看到它是否会发生反应。现在我们知道这种六羰基化合物是存在的。通过加热分子，我们可以将其破坏，然后研究镭原子和碳原子之间的化学键强度，接下来我们可以将它们同理论计算进行比较。"

　　所有这一切都在改写元素周期表。镐本该与钨属于同族元素。但是，如果它的化学性质跟钨完全不像又会怎么样呢？"元素周期表的结构不会发生改变，"羽场宏光强调道，"元素在周期表上的排列方式跟它们的化学性质无关……但要想习惯周期表上这一列元素的化学性质还是挺困难的。"

　　并非所有人都同意这种说法。就像千克的质量一样，科学也有自我纠错的习惯。尽管元素在周期表上的序号是不变的，但其位置是可以调整的：毕竟，在格伦·西博格之前，铀元素在钨的下面，而如今占据这个位置的元素是镐元素。"对于化学家来说，元素周期表的用途在于其周期性。如果发现这些新元素属于不同的族群，它们就应当被挪走，"南希·斯托耶说道，"元素周期表是一种动态的构造。"

　　这种讨论听上去似乎毫无意义，但事实并非如此。搞清楚相对论效应是如何改变元素的，以及它们为何又不再遵循科学家们信奉了几个世纪的规则，我们就能以更加聪明的方式工作，并找到使用业已发现的元素的新方法。还记得人们在 20 世纪 70 年代寻找天然超重元素的情景吗？当时，美国和苏联团队前往滚烫的温泉或者戈壁深处进行科考，希望能找到它们。如今，研究人员知道他们找错了地方：他们是基于对超重元素化学性质的错误假设去寻找的。由于不了解物理现实的规则，我们浪费了很多年的时间。

　　只有发现更多的元素，我们才能搞清楚这些规则到底是什么。

★ ★ ★

　　跟日本民众一样，理化所并不满足于只发现一种元素。其研究员已经开始寻找更多的元素。变频直线加速器正在为新实验进行改装，仁科中心最早的回旋加速器已经开始了搜索。两台机器将会同时寻找 119 号和 120 号元素，直到找到它们为止。由于预计新元素的反应截面要比铱元素的还低好几个数量级，使用冷聚变技术毫无意义。于是理化所团队决定效仿奥加涅相，也开始使用热聚变技术。

　　改装直线加速器是一项巨大的挑战。仅仅做必要的改变就已经花费了 4000 万美元。"并非所有直线加速器的部件都有超导性，"延与秀人解释道，"这会让你更加高效地进入低电荷状态。改装需要两年的时间，这就是我们决定也要使用回旋加速器的原因。这台回旋加速器不如直线加速器，但如果有不错的离子源，我们就能克服这个困难，生成强度合理的离子束来寻找 119 号元素，直到直线加速器完成改造并能发射强度更高的离子束为止。"

这台经过改造的机器会带来新的需求。当他们通过朝铋发射锌从而发现𬭶时，他们的主要支出就是电费——毕竟锌和铋很便宜。与之相反，热聚变需要用到锔靶，而且最好是由橡树岭高通量同位素反应堆制造和运输过来的锔。这项研究每年将耗资 100 万美元。不管这项新实验是要花费几百万美元，还是又得再花 9 年才能取得成功，这些都不重要，因为事实一次次地证明，理化所是不会放弃的。

"我们会一直把这项实验进行下去，"延与秀人说道，"直到我们或别人发现它们为止。"

这个"别人"指的是尤里·奥加涅相。当日本人还在寻找𬭶的时候，他已经把元素周期表的第七排填满了。

20
未知边缘

　　商业航空公司的货舱里装载着各色奇珍异宝。普通的客运航班装有数吨重的货物：从邮件和宠物（每年有数以百万计的动物飞往世界各地），再到较为罕见的物品，比如给餐厅送的鲜活龙虾或成堆的金锭，什么东西都有。2012 年，在从澳大利亚布里斯班飞往墨尔本的澳洲航空公司的一架喷气机上，一条鳄鱼从笼子里逃了出来，在货舱里四处游荡，最后才被搬运行李的人发现。一般来说，如果需要将某样东西尽快送达——不管是用于移植的冷冻心脏，还是育种公马的精液，商业航空公司都是不二之选。

　　机长对什么可以登上飞机拥有最终发言权。他拥有绝对的权威，可以决定是否拒绝一名乘客，或者拒收某件货物，甚至可以决定是否要中止飞行。

　　2009 年，一件不同寻常的包裹被送到纽约肯尼迪机场，并登上美国达美航空公司一架开往俄罗斯莫斯科的飞机。当机长检查载货清单时，他对一件奇怪的货物感到十分惊讶：这块质量相当于一粒芝麻的金属被密封在一个铅盒里面，上面还贴着小心辐射的警告。这是一份 97 号元素锫的样品，这是它第 5 次飞越大西洋。

　　多年以来，尤里·奥加涅相一直试图造出 117 号元素。到那时，已经有确凿的证据能够证明元素周期表第 7 排所有"缺失的"元素——118 号、115 号和 113 号元素的存在。问题是，如果团队继续使用钙 -48 离子束，他们就需要锫靶，但他们没有足够的锫来制作轰击靶。

　　世界上只有两个地方能大批量生产锫：俄罗斯季米特洛夫格勒的原子反应堆研究所，以及美国橡树岭的高通量同位素反应堆。由于锫没有商业价值，因此美国和俄罗斯没有理由直接生产它。相反，它通常被看作其子元素锎的一种副产品。锎可用于启动核反应堆，辨别黄金和测定油井的地质情况。锎与它在周期表上相邻的元素形成了鲜明的对比，在它被首次制造出来之后的 60 年间，锎已经变成地球上最昂贵的金属。今天，锎的报价是 2700 万美元每克。

奥加涅相一次又一次地试图说服季米特洛夫格勒把生产锎之后剩下的锫提供给他，但没有成功。于是，他把目光投向了橡树岭。

2005 年，奥加涅相与位于美国纳什维尔的范德堡大学的乔·汉密尔顿取得了联系。他们两人已经合作将近 20 年了，一起发表过 200 篇论文。汉密尔顿并不在乎冷战，他在 1959 年首次访问苏联，在那里生活的时间超过了 6 个月。他跟橡树岭也有联系。"我们到橡树岭与高通量同位素反应堆的人谈，"汉密尔顿回忆道，"他们说，要想得到锫，唯一合算的办法是借助某家商业公司锎 –252 的订单。"只有一个问题：当时并没有锎 –252 的商业订单。

汉密尔顿并没有放弃。他每隔 3 个月就给橡树岭打电话，连续打了 3 年。他的不屈不挠变成了传奇。"他每个月都会来敲门，问：'有锫了吗？有锫了吗？'"马克·斯托耶回忆道。

2008 年 8 月，汉密尔顿的执着终于得到了回报：橡树岭反应堆安排了一次锎实验。在接下来的一个月中，奥加涅相飞往范德堡，去参加汉密尔顿投身原子物理学研究 50 年的纪念活动。在那里，他们一边吃点心一边寒暄，接着汉密尔顿把这个好消息告诉了他。他们午饭还没吃完，就把橡树岭的副主任詹姆斯·罗伯托请了过来。罗伯托听了他们的元素计划，认为它很有潜力。很快，橡树岭、联合核子研究所、范德堡大学、利弗莫尔实验室（承担了制造锫的部分费用），以及诺克斯维尔的田纳西大学开始一起合作。

2008 年 12 月，橡树岭的高通量同位素反应堆进行了一次锎实验，生成了 22 毫克锫（尽管约有 30% 轰击靶衰变成了锎 –249）。他们一刻也不敢耽搁：样品的半衰期是 327 天，冷却样品需要 90 天，提纯样品需要 90 天。接下来就是做好运输准备。首先，把它干燥成固体（硝酸锫），然后装进一个玻璃瓶，接着再用化学湿巾（用来减震）把这个瓶子包裹起来置于铅锭之中——一种携带容器，体积大约相当于一个咖啡瓶。最后，再把这块铅锭密封起来放进一个圆桶，然后再把这个圆桶也密封起来，这样才算打包完毕。"这是运输部开的证明，"橡树岭的朱莉·埃佐德告诉我，"这样一来它就跟联邦快递的普通包裹没什么两样了。"

至少，它本该像个普通包裹。"在这种特殊情况下，由于它要被送往莫斯科，所以它得先被送到纽约的肯尼迪机场，接着再飞往莫斯科。（团队）花了好几个月的时间来准备所需的文件。由于这些文件没有被送到飞机上，因此，它被送了回来。我们解决了这个问题，又把它送了回去……海关那边又出了问题，于是它又再次被送了回来。因为在跟半衰期赛跑，所以我们非常担心，不知道还需要跑多少趟才能把它送到大洋彼岸。"

第 5 次飞行运气不错——在经过了 25 000 英里的飞行之后，锫终于来到了季米特洛夫格勒，靶盘在这里准备好之后就被送往联合核子研究所。即便到了这时，还有一位俄罗斯海关官员试图打开这个包裹并检查里面的东西。幸运的是，当时在场的杜布纳团队成员说服了这位官员，使他相信真的不需要查看里面的东西。

运送瓶子的美国达美航空公司的飞行员，以及想要检查它们的俄罗斯海关官员很可能并不知道他们帮助书写了元素发现史迄今为止的最终章。在朝锫靶发射钙 -48 离子束 150 天之后，杜布纳和利弗莫尔团队于 2010 年 4 月制造出了 6 个117 号元素的原子。在 2012 年，他们又重复了一次该实验。2014 年，GSI 确认了他们的数据。117 号元素被发现了。虽然它的半衰期只有 50 毫秒，但依然要比把稳定岛视为虚构概念的预测时间长得多。这种新元素的 α 衰变链也与在寻找 115号元素时得到的结果相吻合，这再次确认了该实验的有效性。

当团队在 2012 年再次重复这个实验时，他们发现了一个惊喜。锫靶的一小部分在发生 β 衰变后变成了锎。除生成更多 117 号元素的原子外，他们还击中了锫靶上的锎，因而又得到了 118 号元素的一个原子。它的半衰期虽然不足 1 毫秒，却进一步证明了利弗莫尔和杜布纳团队（在橡树岭给予的一点帮助下）成为创造物质宇宙不同组成成分的新大师。

2015 年 12 月，国际化联会和国际物联会的联合工作组宣布 113 号元素是由日本理化所发现的，与此同时，他们还宣布由杜布纳领头的团队发现了 115 号、117号和 118 号元素，并认定 118 号元素是由杜布纳和利弗莫尔团队共同发现的。[①]

尤里·奥加涅相带领的这个团队汇集了全世界 6 所机构的 72 位科学家，他们发现了 5 种元素。元素周期表第 7 排在残缺了一个多世纪后终于被填满了。

---

① 如果这些元素是按照数字顺序被发现的，那就太好了，可惜它们不是。总的来说，发现顺序是：114 号、116 号、115 号、113 号、118 号和 117 号。如果 120 号元素先于 119 号元素被发现，千万别大惊小怪。

2016 年 3 月 23 日，团队成员举行了一次电话会议来商讨新元素的名字。首先是 117 号元素：它被命名为"石田"（tennessine），用来表彰橡树岭和整个田纳西州所做的贡献。接下来是 115 号元素：以杜布纳所在的莫斯科州被命名为"镆"（moscovium）。

利弗莫尔有葡萄酒，杜布纳有伏特加，理化所有清酒。当橡树岭发现一种新元素时，首席物理学家克日什托夫·里卡耶夫斯基跑到林奇堡市的杰克·丹尼酿酒厂订购了一些田纳西威士忌。如果问埃佐德、里卡耶夫斯基或橡树岭的任何一位科学家，他们职业生涯中最骄傲的成就是什么，他们会告诉你是发现一种新元素。骄傲的不光只有他们。"我有一个 8 岁的女儿，"当这些名字被宣布时，埃佐德告诉《法拉古特报》，"对我而言，能够说我是发现新元素的一分子就已经很好了。"无论是为空间探测器提供动力还是帮助探测车登陆火星，都不能与成为一种新元素的发现者和命名者相提并论。

名字真的很重要吗？西格德·霍夫曼的回答或许依然是最好的："一方面，我想这是因为每个人都觉得自己有资格发表意见，另一方面也是因为这些名字具有专属性，人们在其中投入了很多情感。毕竟，它是很多研究者的生活重心。"

118 号元素即将成为一个人的生活重心，这一点他从来没有想到过。在"石田"被命名后，人们把尤里·奥加涅相从房间里请了出来。接着，经所有科学家同意，杜布纳和利弗莫尔团队决定让奥加涅相跟随格伦·西博格的脚步。118 号元素将被命名为"氯"（oganesson）。

当奥加涅相想到这个荣誉时，他不禁深深地吐了一口气。他激动地睁大眼睛，双眸上闪烁着薄薄的泪花。"我很难描述自己的感受，因为这是我的同事提议的。在我们合成了所有元素后，大家参与进这项工作中来，最后得到这个结论。对我来说这当然是一项荣誉，但我想说，这一荣誉属于我的朋友和同事。我们还有很多东西没做呢，甚至关于这种元素。这还不是故事的结局。"

有些人的梦想要更大一些。就像日本人一样，奥加涅相的梦想还没有实现。他准备去寻找 119 号和 120 号元素。这一次，他得到了更多的帮助。

★ ★ ★

人们很容易产生这样一种印象：发现元素就是在实验室里制造元素。这完全是一种错觉。有些元素的确是在伯克利、杜布纳、GSI 和理化所制造的，但假如没有团队协作或者人员与观点的交流，元素周期表将依然以铀元素为结尾。

如今，超重元素世界不再仅以发现来定义。法国、日本、美国、英国、瑞典和波兰也有很多实验室，杰出的科学家们在这些实验室里展开出色的工作，为一个更宏大的目标做出贡献。这也是我要去澳大利亚参观堪培拉的一台加速器的部分原因，这可是我的超重元素之旅中最长的一段路程。在澳大利亚，一个团队正尝试寻找尚未被发现的元素——119 号、120 号，以及之后的元素。但我完全没有预料到澳大利亚的天气：澳大利亚国立大学遭遇了洪水。

堪培拉是一座人造城市，当悉尼和墨尔本正在为谁更适合做首都争论不休时，它成了妥协的结果。堪培拉位于树木葱茏的群山之中，被一个人工湖一分为二。跟伯克利或杜布纳的繁华景象相比，堪培拉平整的草地和过于整齐划一的街道让它显得缺少人情味。然而，对澳大利亚政府来说不幸的是，即便是这样一座精心规划的城市依然要遭受天气的摆布。一天夜里，正当我在努力摆脱 24 小时的飞行带来的时差时，一场大雨不期而至，几小时内，沙利文溪水量暴涨，澳大利亚国立大学变成一片泽国。一切都关闭了，就连红背蜘蛛都匆忙爬到地势更高的地方。但实验时间太宝贵了，工作绝不能因为洪水这样的小事而停止。澳大利亚国立大学的加速器开足了马力，这也就意味着，我可以去参观了。

尽管学校里只剩下为数不多的员工，但这个系的几乎每一位成员都来跟我见面。澳大利亚国立大学团队组织严密，年轻人和老人一起在校园边上的一栋小型办公楼里办公，此处距离他们的粒子加速器只有一箭之地。同事之间的关系十分融洽——当 3 位教授想给他们的技术人员更多机会时，他们就自掏腰包成立了一项基金，好让员工们去国外参加会议。这种轻松的氛围也延伸到了休息室。参观者在这里可以看到两台冰箱，上面写满了过往访客的签名。"那是我们装啤酒的冰箱，"一位团队成员告诉我，好像这是世界上再自然不过的事情，"当你离开时，你可以试着给冰箱里装满啤酒。如果你做到了，你就可以签上自己的名字。"欢迎来到澳大利亚人的科学世界。①

这种轻松友好的感觉还在你前往加速器的路上延续。控制中心是一个单间，

---

① 虽然冰箱上写满了名字，但这两台冰箱通常是用来放午餐的。在运行粒子加速器的时候他们是不喝酒的——尽管以前在冰箱旁边安装着一台查看离子束的监控器……

里面摆放着老旧的沙发和一部旧式加速器控制台，它在 1968 年首次投入使用。即便如此，你很快就会意识到运营、资助和安置哪怕很小一台重元素设备都复杂到令人咂舌。离子加速器——粒子大炮的第一股推力——垂直安放在一座塔楼上，下方是一个 33 米长的气缸，里面装着 20 吨六氟化硫气体，目的是阻止 14 兆电子伏特的电荷与管道壁产生电弧。离子束以每小时 35 000 千米的速度射出，接着在磁铁的作用下发生偏转，进入一个水平面（利用洛伦兹力，回旋加速器的离子束也是这样发生偏转的），接着，离子束要么被直接导出用于实验，要么——如果它们还需要额外的助力——进入超导直线加速器，在这里，它会在 GSI 发现的那种离子束脉冲的作用下加快速度。不过，这台加速器的形状略有不同：由于空间狭小，澳大利亚国立大学团队不得不将它盘绕起来，扭曲的束流线几乎占据了加速器大厅的每一寸空间，最后才指向它的轰击靶。它有点儿像"贪吃蛇"游戏：你不得不在管道间辗转腾挪才能抵达实验室的另一头。

"有人说它受到了诅咒。"当我们走到直线加速器上方时，重离子加速器研究所的主任戴维·欣德说道。他正和实验物理学家南达·达斯古普塔一起带领我进行参观。"这台加速器最初来自达累斯伯里（英国的核物理实验室），在此之前它在牛津大学，后来他们的资金出现问题。我们能得到它非常幸运，但所有得到过它的人都'栽过跟头'（没了资金）。它待过两所不同的实验室，但从来没有被真正地使用过。不管怎样，离子束从那座塔楼发射出来，发生偏转后进入一个水平面，再绕过一个弯道——这一点相当困难，进入方式非常特别，就跟耍杂技一样，然后它就到了这里……"

在一间更大的实验室中，化学家和物理学家无须一直动手操作设备，他们只需要留意束流线就行了。由于没有资金让技术人员全天候地运转加速器，欣德、达斯古普塔和他们的学生只得自己动手调整离子束、磁铁和离子源。据达斯古普塔说，好处是你可以自己捣鼓，做一些细微的调整以便让设备在运行时保持完美的状态。"如果你看到什么不对劲的地方，你可以直接调整它，"她热情地说道，"上个星期我在茶室，有人说：'哦，如果测量一下这个就好了，你什么时候可以做？'我告诉他们：'明天！'"

澳大利亚国立大学的行事准则是低成本、高精度。达斯古普塔递给我一个金属方框，方框里面有一张 1 平方厘米的圆形方格纸。把它举到屋子里的荧光灯下，我可以看到上面被烧出了一个针孔大小的窟窿。"这就是离子束光点的面积。"她说道。再往前走了一点，我们便来到了束流线末端的实验设备旁边，它还包括一个用来俘获离子束的法拉第筒，它的直径只有 4.5 毫米。聚变探测器由澳大利亚国立大学设计，使用了上千根 20 微米的钨丝，上面涂有超高品质的纯金。它们是从挪威运过来的，原本是为欧洲核子研究组织制作的。堪培拉团队又要自己动手制造设备，不过欣德并不在意。"我是玩飞机模型长大的，"他一边说一边扬了扬眉毛，"我以前常常制造第二次世界大战时期的飞机和坦克模型。当有人说我做不出某种型号的东西时，我就会说：'我当然可以。'"如果你能在一架喷火式战斗机模型的驾驶舱上安装一面后视镜，那你就能造出一台聚变探测器。

这台设备不如一流实验室的机器那般强大，其工具也不具备测定皮靶恩所需的惊人敏感度。但澳大利亚国立大学并不需要这些。与大型实验室相比，它或许规模较小，资金也很有限，但它依然能击败比它强大的对手。目前，这台设备在研究拟裂变领域处于世界领先位置——拟裂变就为原子核普遍无法融合的原因提供了非常关键的线索。"我们在研究聚变方面比较有名，"达斯古普塔说道，"我们还研究隧穿效应，它远低于聚变势垒。"这对恒星的聚变至关重要，在恒星上，压力提供的能量和温度不足以突破库仑势垒。这种手段被称为量子隧穿效应：当你研究到亚原子这个层级时，物质会变得十分奇特，它们的行为就像波浪，这样粒子就能从中间穿过去。[1]

尽管澳大利亚国立大学的实验无法制造出新的超重元素——束流强度不够，而且该校也没有能够处理高放射性轰击靶的高达数百万美元的基础设施，但它为科学家提供了找到超重元素的地方和方式的线索。澳大利亚团队利用加速束流找到了生成超重元素的最佳方式：需要多大的能量，以及会发生怎样的反应。我想起了杰克琳·盖茨说过的磁铁偏离准线 6% 的事情，澳大利亚国立大学的研究意味着，"元素猎人"们现在对应该尝试哪种束流和轰击靶，以及该去哪里寻找新元素有了更深的理解。"这跟《威利在哪里？》[2] 这本漫画书很像，"达斯古普塔解释

---

[1] 量子隧穿效应是理解原子的关键，它深入研究了量子物理学这个奇特的领域，由于该效应太过复杂，这里就不展开讲了。

[2] 《威利在哪里？》是一套由英国插画家马丁·汉德福特创作的儿童图书。这本书的目标就是在一张人山人海的图片中找出一个特定的人物：威利。——译者注

道，"威利隐藏在一群海盗中间。我们得除去海盗，找到威利并把他放进探测器里。"

多亏了欣德和达斯古普塔的工作，我们才理解了原子核有多么稳定或不稳定，以及世界为什么能聚合在一起。他们的工作还为其他问题提供了线索，比如，从拥有自己的规则和作用力的亚原子量子世界到我们更适应和熟悉的经典物理学，我们的世界是如何改变的？

更重要的是，他们在这个元素版《威利在哪里?》的游戏中给予了帮助。当寻找新元素时，科学家们需要一切能得到的帮助。

2013 年，情景喜剧《生活大爆炸》中的人物谢尔顿·库珀想出了一种合成 120 号元素的方法。不到 10 分钟后（不含广告时间），一支团队利用回旋加速器确认了他的发现。随后，谢尔顿在剧中的女友艾米·菲拉·福勒指出他错了，误差有整整 1 万倍。"我不是个天才，我是个骗子，"谢尔顿哭哭啼啼地说道，"我连骗子都不如，我成生物学家了。"先把谢尔顿的抗议放在一边，在发现元素方面，《生活大爆炸》这部戏还是比现实要好一点的。

有趣的是（至少在核物理学家的眼中）谢尔顿在白板上写的计算公式。其中每一条似乎都是制造 120 号元素的合理方法，而且每一条都在现实中被尝试过。（除了谢尔顿使用钔取得的所谓"突破"——钔 51 天的半衰期意味着其存在时间不够长，无法成为优良的靶材。）到目前为止，新元素并没有被发现。

寻找 120 号元素，甚至 119 号元素最大的问题在于没有立竿见影的方法。尽管钙 −48 是一种非常好的丰中子束流，但制造 119 号元素要用到锫元素做的靶子，而这种元素现阶段的产量每次只有几纳克。"原则上说，这并非没有可能，"橡树岭的詹姆斯·罗伯托强调道，"如果我们能让反应堆以一种非常特殊的模式运行，并在其中加入 1 克锔元素——这些都是价值数百万美元的设想——我们就可以制造出大约 40 微克锫元素。这些锫元素可以做成一个 0.1 平方厘米的靶子，面积跟束流大致相当。我们面临的挑战是，即便我们把这个项目整合好了，还需要制造出一个能够承受束流在同一位置连续轰击数月（而不被烧光）的靶子。"

这一过程耗资巨大且充满不确定性。日本理化所现阶段正用钒来轰击锔，而杜布纳和利弗莫尔团队目前在用钛 –50 束流（多出 6 个中子）去轰击锫，这种方法也很有希望。但这两种方法都不如钙 –48 束流好，因为它多出了 8 个中子。唯一的问题是哪个团队的方法会先成功。

两个团队的靶材都是橡树岭制造的，但没人知道哪个团队会先发现周期表第八排中的超重元素。"我们还没遇到什么问题，"罗伯托说道，"但取得突破还遥遥无期。"

制造新元素的并非只有橡树岭的反应堆、理化所或谢尔顿·库珀的白板。2011 年，西格德·霍夫曼的 GSI 团队用铬来轰击锔，希望能找到 120 号元素。大约在 5 月 18 日凌晨 4 点 20 分，他们看见了……但他们现在也不知道那是什么。"我们看到了某个东西，"霍夫曼吞吞吐吐地说，"一条衰变链的某一部分与杜布纳团队在 2000 年左右发现的数据相吻合。但后来这些数据没有再被提起过。到目前为止，它还没有得到确认。"一如既往，寻找元素并非只有一条成功路径，证明它们才是最难的部分。

还有其他一些观点。罗伯托建议把反应颠倒过来，用较轻的元素（比如铁）来做靶子，然后用钚离子来轰击它。尽管束流强度会非常低，让发现元素变得异常艰难，但这种方法是可行的。此外，这一方法还有一个极大的缺点：用加速器发射钚会让它受到长达 1000 年的放射性污染。"这不是科幻小说，"里卡耶夫斯基断言，"你只需要一台适当的、即将关停的加速器就行了……这是一项完美的实验。"另一个选择是让两个重核相互撞击，比如用镉来射击铀，希望它们在弹开时会有部分质子和中子顺带发生转移。这种技术被称为多核子转移。同样，这依然是一种不错的理论，甚至当你使用中子数足够多的同位素时，它还会为你架设一座通往稳定岛的桥梁。令人遗憾的是，它有一个很大的缺点：反应过程中产生的裂变噪声会让你无法看到（更重要的是，无法证明）你制造出了一种新元素。这也是澳大利亚国立大学等机构的工作为何如此重要的另一个原因。

如今，"元素猎人"们似乎找到了一条前进的道路。所有人都认为 119 号和 120 号元素会在接下来的 5 年中被发现。但除此之外，没人知道会发生什么。这也引出了最后一个问题，元素周期表还有多久就将土崩瓦解？或者它是否已经开始瓦解了呢？

21
超重之外

    2017 年，新西兰的梅西大学和美国的密歇根州立大学发表了一篇论文，它标志着我们所熟知的化学的终结。

    这篇论文称 118 号元素，也就是氮，没有电子层。

    氮所在的那族元素全都是稀有气体，比如氦气、氖气和氩气。化学专业的学生都知道，这些气体的电子层是饱和的，这意味着它们一般不会跟其他物质发生反应。但新西兰和美国的团队利用最先进的模拟技术，比较了惰性气体预想中的典型外观，接着又比较了将相对论效应考虑在内的模型。随着原子核变得越来越重，相对论效应也变得愈发明显。等模拟到氮时，原本假设的电子层却更像"电子汤"。它被称为费米气体，是以最早设想它存在的人的名字命名的。直到今天，恩里科·费米天才的想法依然被证明是对的。

    如果这是真的，氮的特性就意味着元素周期表在预测化学性质的方面不再具备价值，它那整齐的排列和模式被打破了。电子容易发生极化，这意味着氮的性质是活泼的。它会很容易跟其他元素和分子形成化合物。在室温下，它甚至都不是气体，而极有可能是固体。令人遗憾的是，迄今为止人们只制造了大约 5 个氮原子，而且它极不稳定，存在时间不足 1 毫秒。数量太少，时间又太短，人们根本无法检验这个理论。

    这篇论文的作者之一是维托尔德·纳扎雷维茨，他是全世界最顶尖的物理学家之一。纳扎雷维茨在他的祖国波兰取得了博士学位，然后来到美国密歇根州立大学，成为稀有同位素束流装置的首席科学家。等该装置在 2021 年投入使用时，人们希望它能生成丰中子放射性束流，这种束流能帮助研究人员找到接近稳定岛的方法。

    纳扎雷维茨称氮的奇特属性仅仅是个开始。元素周期表很有可能最终会土崩瓦解。"我们只能利用目前最好的模型来推测原子的性质。"纳扎雷维茨解释道。它们和之前那些模型一样，称元素周期表将以 100 号元素结束，还说原子核就像一滴水，有壳层和幻数。模型会根据现有的最好证据发生改变，每迭代一次就会变得更加准确和精密，即便它会让我们远离舒适区。"我们可以推测，"纳扎雷维茨补充道，"人们应当允许理论学家对一些非常奇异的事情进行推测。"

正是这些推测改变了一切。利用原子核表面效应、量子力学和库仑斥力，纳扎雷维茨和他的同事正在描绘原子核在试图抓住其中子时发生的形变。关于最重的原子会如何变形存在着很多说法——原子核或被拉伸，或发生折叠，甚至还会扭曲成甜甜圈的形状，中间形成一个孔洞。根据最新的模型，当你来到 140 号元素附近时，情况将变得非常奇怪。"原子越重，（它们就变得）越不稳定，"纳扎雷维茨说道，"库仑斥力可能让你不得不应对奇特的拓扑结构。质子密度可能会形成一个小孔，甚至一个空洞。我们还不清楚。核素——质子和中子的聚集形态——会存在，但它们可能不含电子。"

这一论断令人震惊。新元素的定义竟然建立在原子核吸引电子所需的时间上。与得到新元素恰恰相反，你会突然发现元素周期表的某一部分是……一片空白？

"那些区域什么都没有！"纳扎雷维茨说道，"那里会出现空隙，（周期表上）将出现空白。元素基本上是为化学家而生的。没有电子就没有化学。你会得到原子核，但不会得到原子。这是化学的终结。这种化学或许会消亡，但突然之间，某种格外稳定的东西也许又会出现。假如它存在的时间比较长，并且还能吸引电子……嘿！化学又重生了！居然没有人敢这么去想，这简直不可思议。但它或许就在那里！"

先别急着担心：元素周期表哪儿也不会去。就寻找元素来说，这些模型只是超前的推测，或许并不适用，目前来说，它们只是理论。加利福尼亚大学洛杉矶分校的化学家、科学哲学家埃里克·塞利认为元素周期表目前是安全的。"它现在还有参考价值，"他说，"我不太愿意做出改变。相对论效应会让事物发生改变，但就元素周期表的组织结构来说，我不认为我们应该对它做出大的改动。它只是一种粗略的估算罢了。"

正如塞利指出的那样，元素周期表的构成基础不只是一种元素的性质。当代化学家的主要参考依据是马德隆规则，该规则按照能级来预测电子将会进入哪一个围绕原子的亚层。这个规则也有例外，但它仍不失为我们在推断整个元素周期表的组织方式时采用的最普遍的方法。

就 119 号和 120 号元素来说，它们的位置显而易见：在元素周期表第一族和第二族的底部再新增加一行就行了。问题在于 121 号元素和它后面的元素：它们上面那几排是镧系元素和锕系元素开始的地方，那些元素在周期表底部单独组成一个系列。如果你遵循元素排列的标准模式，121 号元素将位于锕系元素的下方——"超锕系元素"。周期表将遵循它一直以来都遵循的模式。

但这并非唯一的选择。芬兰赫尔辛基大学的佩卡·皮科是研究元素周期表将在哪里终结的主要理论家之一。他的模型是让 121 号元素在主表之外另起一行，甚至都没跟镧系元素和锕系元素挨在一起。这会涉及一种全新的电子层类型——非常紧凑，位于原子内部的深处。在皮科看来，139 号和 140 号元素将是主表的一部分，而 141 号及其之后的元素将在锕系元素的下方形成新的一排。"那将会是一团乱麻，"皮科承认道，"但从化学的角度来说，这将带来一张可能的周期表。"

所有这些模型的问题在于，没人真正知道将会发生什么。我们不知道元素周期表会在什么地方结束，我们也不清楚它该如何排列，我们甚至都不确定现有的周期表是否正确。就目前来看，最好的模型称世界上一共有 172 种元素，有的模型称有 173 种，还有一些称没有那么多。有些物理学家不明白我们为什么要停下来。你去问 3 位理论家，就会得到 3 种不同的理论。

"172 号元素是化学家的猜测，"马克·斯托耶指出，"一旦你研究到如 172 号元素那么大的原子时，最深处的电子相对论效应非常强烈。它们的质量会增加，因而将变得更重，电子轨道将会急剧收缩，于是这些电子其实在绝大部分时间内还处于原子核的内部。一想到这些，你就会觉得很神奇——电子居然在原子核里面来回转圈。"

斯托耶是对的，这与地球围绕太阳旋转有几分相像。就连世界上运算速度最快的计算机，比如橡树岭的 Summit，都解决不了这个问题。"我们只能推测出质量较轻的原子核的效果，"斯托耶继续说，"在碳（6 号元素）之后我们就心有余而力不足。任何比它大的东西都变得非常棘手，即便有最大的超级计算机也于事无补。这让超重元素极具吸引力！"

目前，争论依然停留在理论层面上。从安托万·拉瓦锡的元素名单，或者德米特里·门捷列夫和亨利·莫斯莱制作的表格开始，我们已经走过了很长一段路。正如南希·斯托耶指出的那样，元素周期表是一种动态的构造。它不断被制作和推翻。我们以为元素周期表是相对静止的，因为它就贴在墙壁上，但实际上它是一种可锻造的工具：这是一本通往化学宇宙的指南，而指南将会不断更新。

"如果纳扎雷维茨是对的会怎么样呢？"我问塞利。如果元素周期表上果真有一块区域，而我们熟知的元素并不存在于那里，那会怎么样呢？

"说实话吗？"一想到化学家和物理学家之间可能出现的争论，他不禁叹了口气，"那会天下大乱的。"

★ ★ ★

这种理论性的工作不仅是一种思维实验，它还解释了宇宙的基本定律，而这些定律反过来又会帮助我们在天体物理学、计算机技术、纳米机器、能源和医药领域取得突破。但想要真正了解它们，我们唯一的途径是抵达那里，制造出这些元素。这就是尤里·奥加涅相和其他"元素猎人"要研究的领域。

这就是我重回杜布纳的原因。我最后一次回到联合核子研究所。奥加涅相并不打算停止寻找元素，就像西博格、弗廖罗夫和吉奥索一样，某种东西驱使着他在耄耋之年继续探寻元素周期表的边界。奥加涅相的搜寻形式多种多样。他依然还在通过搜集陨石的方式来查找超重元素的踪迹，希望能在橄榄石晶体中找到某种比铀更重的元素留下的冲击印记。"它们就像会飞的实验室，"他若有所思地说道，"就寻找超重元素来说，它们很完美。"现在，由于对超重元素有了更深的了解，他能更好地预判它们在自然界可能存在（或可能存在过）的地方。事实证明，在温泉中寻找超重元素完全错了——如果它们在地球上有迹可循，最有可能的地方就是两极，它们以宇宙射线的形式从天而降，然后又被冰雪封存起来。但奥加涅相真正的武器离他的办公室不远，就在杜布纳被白雪覆盖的街道尽头。

"钛 -50 比钙 -48 多 2 个质子，但中子数是一样的，"谢尔盖·德米特里耶夫一边概述俄罗斯的计划一边向我解释道，"复合原子核的稳定性会更低，反应截面也至少会降低一个数量级。当我们（目前）生产 118 号元素时，我们大概每月能制造出 1 个原子核。如果它降低一个数量级的话，那我们每 10 个月才能制造出 1 个原子核。我们还没富裕到在一台回旋加速器上花那么多时间的程度。"这正是日本理化所选择升级设备来寻找 119 号和 120 号元素的原因。联合核子研究所决定建造一台全新的回旋加速器。我们走进上次我在谢尔盖·德米特里耶夫办公室的监控器中看到的房间。我们站在这个房间里，看着工人用丙酮冲洗机器部件，我对它将来的样子有了大概的了解——DC-280 回旋加速器。俄罗斯人称其为超重元素工厂。等它上线时，它将成为世界上最强大的寻找元素的机器。

奥加涅相走到它旁边，把手放在金属外壳上，然后满怀深情地拍了拍它。他的这件新机器来之不易：部件来自俄罗斯、美国、捷克、保加利亚、罗马尼亚和斯洛文尼亚。制造磁铁的钢材来自乌克兰，当时乌克兰东部正在经历冲突，这些重达 2000 吨的钢材只得被装在火车后面进行运输，穿过冲突地带，才最终来到联合核子研究所。尼古拉·阿科西诺夫告诉我，他记得当他给乌克兰的工厂打电话询问进展时，还能听到电话那头的炮火声。今天他觉得这件事很好笑，但当时他和这家工厂的员工却根本笑不出来。

"它就像潘多拉的魔盒，"奥加涅相说，"一台新设备、一台新加速器，它比现有的（机器）强大 10 倍，强度高 10 倍以上。另一项技术成就是能量变化。我的意思是……我就是为了寻找超重元素才设计的它。"

就和任何新科研设备一样，这台回旋加速器首先要接受调试，用已知核素和衰变链来检验它能否正常工作。接下来，它会逐步提高产量。"第一步是达到原产量的 10 倍，"奥加涅相站在高压软管上说道，"接下来是 100 倍。因此，如果（我们制造的元素）是 114 号或 115 号，我们目前每天能生成 1 个原子，而这台机器每天能生产 100 个原子。这不算多，但分量仍然可观。我们可以真正地检验它们的性质了。有了这台新设备，我们可以做得更多！"

这台新机器正是俄罗斯人对他们的钛-50 离子束如此有底气的原因。即便同钙-48 相比，它的反应截面降低了，但发现新元素的可能性仍可以增加 10 倍。据说，它是世界上最有希望制造 119 号和 120 号元素的机器。它能做的不止这些，如果（或者当）超重元素工厂开始运转，元素的生产规模将使人们能展开真正的化学实验。一种只能以原子的形式存在，且不到千分之一秒就会消失的元素真的能被称为你的发现吗？超重元素工厂将会结束这些争论。

在接下来的 10 年中，人们将会研究一组全新的元素。没人知道我们会发现什么。或许超重元素会在世界上找到它们的一席之地，或许会有助于我们的理解。不管怎样，它们将不再是"元素周期表下面那个奇怪的方框"了。

我转过头看着奥加涅相。尽管他有这么多发现，尽管超重元素在解密宇宙方面取得了进步，但我心里依然还有一个最大的疑问：在研究超重元素 60 年之后，是什么力量驱使他继续前进呢？

奥加涅相耸了耸肩膀："如果你有一台可以做这个的设备，为什么不继续呢？"

后记

英国皇家学会位于伦敦市中心，距离白金汉宫仅咫尺之遥。它是世界上最负盛名的科研机构之一。它的章程是一本令人敬畏的名单，上面包含了自其1660年成立以来每一位会员的签名：艾萨克·牛顿、迈克尔·法拉第、斯蒂芬·霍金，等等。原子和元素的发现者也让它熠熠生辉。仔细翻阅，你会看到欧内斯特·卢瑟福、恩里科·费米、莉泽·迈特纳和格伦·西博格的签名。（直到1945年，皇家学会才开始接纳女性会员，因此玛丽·居里不在其中。）接待大厅位于楼上，历代杰出人物齐聚于此，向他们那个时代的伟人致敬。

2018年3月13日晚，这里济济一堂，大家都是来向尤里·奥加涅相致敬的。[①] 超重元素界却是山雨欲来风满楼，这一次事关杜布纳和利弗莫尔团队是否有充足的证据证明他们发现了117号元素。没有人真的怀疑他们发现了䦼，争论的焦点在于元素发现的含义。即便如此，昔日之争再次涌上心头。当俄罗斯团队在会议上遭到质疑时，他们全体起身离场了。

但现在还不是抗议的时候，此时他们应该休整、反思和庆祝。

"元素猎人"们的创造改变了我们的世界，他们的名字变成了传说。

埃德温·麦克米伦继续领导伯克利实验室直到1974年。从1984年开始，他多次中风，最终在1991年因糖尿病并发症去世，享年83岁。你可以在华盛顿特区的美国国家历史博物馆看到他获得的诺贝尔奖章。

菲尔·阿贝尔森对海军产生了兴趣，他在1946年发表了一篇支持发展核潜艇的报告。如今核潜艇已经成为各国海军的标准配置。他于2004年去世。

艾伯特·吉奥索一直都是顶尖的元素发现人。他不愿退居二线享受退休生活，便继续在伯克利实验室工作到暮年。作为硕果仅存的一位首批"元素猎人"，他于2010年去世，享年95岁。他的妻子威尔玛在1995年去世，正是她和海伦·西博

---

① 作为英俄科教年活动的一个环节，奥加涅相被英国皇家化学会授予荣誉会员身份。

格一起让吉奥索加入了伯克利团队。

肯尼斯·斯特里特重新回到伯克利，后来成为这所实验室的副主任，他于2006年去世。

格利高里·肖邦去了美国佛罗里达州立大学任教，为了纪念他，该校的化学教授职位以他的名字命名。他于2015年逝世。

伯纳德·哈维在伯克利的职业生涯长远且成功，他于2016年去世。

詹姆斯·哈里斯在1988年退休。他不知疲倦地为有色人种科学家发声，还努力捍卫贫困社区获得教育的权利。他养育了5名子女，于2000年去世。

肯·休利特在杜布纳和利弗莫尔开始合作没多久后就以个人原因退休了。他于2010年去世。

很多元素制造者如今依然健在。马蒂·努尔米亚和马蒂·莱伊诺还在芬兰于韦斯屈莱大学教书，卡里和皮尔科·埃斯科拉夫妇也生活在这里。

GSI的彼得·安布鲁斯特在法国享受着快乐的退休生活。

格特弗里德·明岑贝格和西格德·霍夫曼基本上退休了，但两人还会经常参加超重元素的会议。

道恩·肖内西还在利弗莫尔，依然全心全意地为科研领域的女性和遥远的星系发声。2018年，她成为美国化学会的成员。南希和马克·斯托耶也在那里，他们二人是化学家和物理学家可以和平共处的活生生的例子。

詹姆斯·罗伯托和凯文·史密斯已经从橡树岭退休，但团队的其他成员还在利用他们制造的加速器不断创造小小的奇迹。

俄罗斯和日本团队依然还在寻找新元素。他们寻觅着，他们希望着，他们梦想着。

维克托·尼诺夫，就是那个据说在118号元素的发现过程中进行数据造假的科学家，再也没有回到超重元素领域，与他之前的朋友也没有任何联络。他现在生活在美国加利福尼亚。

不少接触过超重元素的人在离开该领域后取得了巨大的成功，其中三人获得了诺贝尔奖。

埃米利奥·塞格雷利用伯克利的质子加速器发现了反质子——质子的反物质。他于1989年去世。

路易斯·阿尔瓦雷茨因其对基本粒子物理学的贡献获得了诺贝尔奖，他被公认为当代最伟大的科学家之一。在晚年，他提出了阿尔瓦雷茨假说：恐龙是因为小行星撞击地球而灭绝的。他于 1988 年去世。

梅尔文·卡尔文最终将关注点转移到植物生物学上。他把化学知识应用到光合作用中，绘制出了卡尔文循环——对地球上的生命极其重要的反应。他于 1997 年离世。

为元素制造者搭桥铺路的科学家也从未被遗忘。

玛丽 - 安妮·波尔兹·拉瓦锡在法国大革命中幸存了下来，后来嫁给了英国物理学家拉姆福德伯爵。她一直保留着第一任丈夫的姓氏，以此作为对他的忠诚的标志。她于 1836 年去世。

欧内斯特·卢瑟福被公认为有史以来最伟大的科学家之一，他于 1937 年去世，安葬于英国威斯敏斯特大教堂。

和卢瑟福一起发现嬗变的弗雷德里克·索迪的结局却不那么光彩。尽管他凭借对同位素的研究获得了诺贝尔奖，但他在 20 世纪 20 年代提出了很多极富争议的关于经济和反犹太人的观点。他于 1956 年去世。

詹姆斯·查德威克因其对曼哈顿计划的贡献而受封爵士，后来成为英国剑桥大学冈维尔与凯斯学院的院长。他于 1974 年去世。

奥托·哈恩成为当时新建立的联邦德国最具影响力的人物之一，他被许多人视为科学界正直的楷模。他发现的原子裂变导致了核武器的出现，一想到这些他就备受煎熬，于是他也和班布里奇以及西博格一样成为核裁军的主要倡导者。

莉泽·迈特纳被美国国家新闻俱乐部提名为 1946 年的年度女性，她或许是玛丽·居里之后最有影响力的女性科学家。她跟哈恩是一辈子的朋友，两人都于 1968 年去世。

劳拉·费米继续为她的丈夫撰写传记。尽管记述这位"物理教皇"的书已经数不胜数，但她的作品却是最详尽、最好的。她于 1977 年去世，身后留下两个孩子。

海伦·西博格和格伦·西博格养育了 7 名子女，她作为儿童福利的倡导者而被今天的人们铭记。她和丈夫花了很多时间去户外徒步旅行，开辟的徒步线路遍及整个加利福尼亚。今天，你可以在"美国探索游径"中跟随西博格夫妇的脚步。

她于 2006 年去世。

肯尼斯·班布里奇在曼哈顿计划结束后回到哈佛大学，后来成为该校物理系的主任。他在原子能方面的经历让他把余生都奉献给了核裁军。他于 1996 年去世，享年 91 岁。

玛丽亚·格佩特 - 梅耶于 1972 年逝世。她的核壳模型如今依然是大部分超重元素研究的关键。金星上的格佩特 - 梅耶撞击坑就是为了纪念她而命名的。

吉米·罗宾逊的女儿贝基·米勒在佛罗里达致力于对美国原子计划老兵的支持。罗宾逊家族对科学的贡献通过她得到了传承：米勒的女儿学的是化学专业。

肯·格雷戈里奇于 2018 年从伯克利退休，但杰克琳·盖茨继续从事对回旋加速器的研究。

沃尔特·洛夫兰继续参与美国俄勒冈州的社区工作。

保罗·卡罗尔在美国卡内基·梅隆大学授课，他现在是国际化联会与国际物联会联合工作组的重要成员，这个工作组可以对元素的发现时间做出裁定。

戴维·欣德和南达·达斯古普塔仍然在澳大利亚国立大学向极限推进。（是的，马克·斯托耶真的在他离开前给冰箱塞满了啤酒。）

海因茨·盖格勒和罗伯特·艾希勒都在瑞士继续他们的研究。

达琳·霍夫曼如今 90 多岁了，住在加利福尼亚。她受到了化学界的一致崇敬。2017 年，《化学化工新闻》投票选举她为 13 位本该获得诺贝尔奖的女性化学家之一。她从来没有发现过一种元素，但考虑到其同事对她的感情，她或许发现了更多的东西。

在发现元素的 70 年的历史中，上面提到的那些名字只是沧海一粟。全世界无数研究员、理论家、实验家、技术员、教授和学生经年累月地投入对超重元素的研究中。中国和法国也涌现出了一批新的研究者，他们渴望拥有一种属于自己的元素。他们的贡献不会被忘记。

在接下来的 5 年中，超重元素界的总体目标很简单。首先，研究者们要发现 119 号和 120 号元素。这是杜布纳和理化所之间的竞赛，没有人知道谁会胜出。在我游历期间，新元素的潜在发现者告诉了我好几个为它们准备的名字，这些名字暂时要先保密。

下一个目标是进一步接近稳定岛。如果我们能实现这一目标，超重元素就将不再是实验室里一种飘忽不定、转瞬即逝的物质，而是我们世界的一种基本成分。没人知道这究竟有多重要。

最后，元素制造者们想要大规模生产超重元素。这将使人们能够展开规模更大、风险也更大，同时也不受时间过多影响的化学实验。有了它们，我们将更加了解世界。或许氯是最后一种依然适用元素周期表的元素，或许它不是，我们只有在研究之后才会知道。

当然这里也存在着危险。超重元素界的科学家逐渐老去，没有足够的新人来将这份工作继续进行下去。研究基金也在缩减。一些重要的设备，比如橡树岭的高通量同位素反应堆，正在受到威胁——它的使用寿命即将结束，但美国政府目前还没有替换它的计划。所有人都相信我们将在接下来的 5 年中发现两种新元素，但对于发现它们后面的 5 种元素，人们就没有那么乐观了。

我们再回到英国皇家学会。我瞥了一眼奥加涅相。他现在快 90 岁了，依然是超重元素领域首屈一指的人物——就好像物理学家中的摇滚明星，他填补的元素周期表第七排的空白比任何人都多。尽管诺贝尔奖的审议过程是秘密进行的，但我知道他已经被提名很多次了。以他的名字命名的元素或许会转瞬即逝，但他所留下的将永垂不朽。

我在这段旅程开始的时候就说过，大多数科学家并不认为元素周期表中最后 26 种元素有多重要。甚至还有人质疑：这些超重元素和单个的原子如此不稳定，不到 1 秒就会消失，它们也算是“真正”的元素吗？它们没有什么用处。你无法把一种超重元素握在手心。当你读到这里时，它们中很多元素甚至并不存在于宇宙之中，它们就像化学“独角兽”。

但我们知道，这些“独角兽”是存在的。在科学和人类精神交汇的地方，有某种东西驱使着人们去探索未知事物。我们就是通过这种方式来回答那些我们甚至还没想到的问题的。寻找超重元素就是这种对知识的渴求的绝佳范例。我们之所以要去寻找超重元素，就是因为我们需要认识和理解世界。

对此我很乐观。超重元素界经历了 20 世纪最猛烈的暴风雨，这些人还在继续完成这幅世界的拼图。他们团结在一起，从未如此强大。

这不是这篇超重元素故事的结尾。

它更像故事的开篇。

致谢

　　写这本书是我做过的最艰难的工作。在整个写作过程中，我唯一的目标就是真实地、公平地、准确地把这个精彩的故事记录下来，同时也尽可能地让它有趣一些。我在调查过程中经历的那些奇遇是我此生最难忘的记忆。这是如痴似狂的两年，既有激动人心的高潮，也有苦不堪言的低谷。你今天看到的这本《超重：重塑元素周期表》要感谢以下这些人。

　　首先，我要感谢我的审稿人。马克和南希·斯托耶夫妇把这本书的初稿从头至尾读了一遍，为我提供了很多有用的建议和温馨的鼓励；希拉·查普曼也是如此（妈妈，我爱你！）；詹妮弗·牛顿给我的写作过程添加了额外的动力；"超级科学女孩"内莎·卡尔森完全有理由不去读它，但她还是读了；希拉里·斯科拉告诉我不要涉足陌生领域，这很明智；还有艾利森·霍洛韦，他是我的英雄。上面提到的人都阅读过很多章的内容，他们温和地纠正了我犯的愚蠢错误——如果还有错误，那就只能怪我自己了。我要特别提到延与秀人、朱莉·埃佐德、杰克琳·盖茨、西格德·霍夫曼、保罗·卡罗尔、马蒂·莱伊诺、格特弗里德·明岑贝格、马蒂·努尔米亚、尤里·奥加涅相和詹姆斯·罗伯托，感谢他们的善良、耐心和智慧；还有贝基·米勒，她对其父亲吉米·罗宾逊的故事进行了事实核查。我还要感谢 Bloomsbury Sigma 出版社让我来写这样一个规模宏大的故事，同时也要感谢他们一路以来提供的建议和支持。

　　我得到的支持形式各异，程度不一。感谢我的朋友和家人忍受我一有机会就谈论同一个话题，他们的忍受可谓既优雅又幽默。英国皇家化学会的《化学世界》团队非常优秀：亚当·布朗塞尔、菲利普·布劳德维奇、杰米·杜兰尼、卡特里娜·克莱默、斯科特·奥林顿、克里斯托弗·平克、菲利普·罗宾逊、艾玛·斯托耶、瑞贝卡·特拉格、本·瓦尔斯勒、帕特里克·沃尔特以及尼尔·威瑟斯。我真不知道他们是如何忍受我的。同样我还要提到艾利克斯和詹·科比特、马尔科·加莱亚、艾利克斯·帕内尔和亚当·罗伯茨，感谢他们经常被我普及科学史——不管他们乐意与否。

如果当初那些研究机构不给我机会，这本书就难以顺利面世。为此，我必须得感谢澳大利亚国立大学、德国亥姆霍兹重离子研究中心、俄罗斯杜布纳联合核子研究所、美国劳伦斯伯克利国家实验室、劳伦斯利弗莫尔国家实验室、橡树岭国家实验室、日本理化学研究所和瑞典斯德哥尔摩大学的团队，以及其他机构的在职或退休的科学家——他们牺牲自己的时间接受我的采访，或面对面，或通过电话，或兼而有之。美国阿贡国家实验室和洛斯阿拉莫斯国家实验室的新闻办公室也为本书提供了至关重要的信息。

我希望在旅途中缔结的友谊会持续一生。我永远不会忘记跟亚历山大·马杜马罗夫前往杜布纳时走过的漫漫长路，与拉斯·欧斯道姆一道"突袭"吉尔曼楼，和阿拉娜·斯利文斯基一块险遭绑架，或者同香农·史密斯一起寻找贴纸。斯图尔特·坎特里尔帮忙安排了在斯堪的纳维亚的行程，爱丽丝·威廉姆森为我提供机会公开检验我的逸闻趣事，詹姆斯·霍洛韦为我提供了关于 DC 漫画和怪异小说的专业知识。

最后，我要感谢加美拉。你这只笨乌龟差点儿毁掉了这本书的初稿，但你依然还是我的小兄弟。

人名对照表

A

阿尔伯特·爱因斯坦 Albert Einstein

阿尔弗雷德·诺贝尔 Alfred Nobel

阿尔文·施瓦茨 Alvin Schwartz

阿莫农·马里诺夫 AmnonMarinov

阿瑟·康普顿 Arthur Compton

阿瑟·瓦尔 Arthur Wahl

阿索卡·塔诺 Ahsoka Tano

艾伯特·吉奥索 Albert Ghiorso

埃德温·麦克米伦 Edwin McMillan

埃里克·塞利 Eric Scerri

埃米利奥·塞格雷 Emilio Segrè

艾米·菲拉·福勒 Amy Farrah Fowler

艾萨克·牛顿 Isaac Newton

艾森豪威尔 Eisenhower

爱德华·泰勒 Edward Teller

爱德华多·阿马尔迪 Edoardo Amaldi

安德烈·波皮科 Andrey Popeko

安德斯·卡尔伯格 Anders Källberg

安－玛格丽特 Ann-Margret

安托万·拉瓦锡 Antoine Lavoisier

奥德修斯 Odysseus

奥托·弗里施 Otto Frisch

奥托·哈恩 Otto Hahn

B

保罗·法克勒 Paul Fackler

保罗·戈瑟尔斯 Paul Guthals

保罗·卡罗尔 Paul Karol

鲍勃·哈根 Bob Hagan

贝基·米勒 Becky Miller

比莉·哈乐黛 Billie Holiday

彼得·安布鲁斯特 Peter Armbruster

波特·贝利 Porter Bailey

伯纳德·哈维 Bernard Harvey

布雷特·桑顿 Brett Thornton

D

达琳·霍夫曼 Darleane Hoff man

达斯·维德 Darth Vader

大西由香里 Yukari Onishi

戴维·莫利塞 David Morrissey

戴维·鲍罗斯 David Prowse

戴维·鲍威 David Bowie

戴维·克洛科特 Davy Crockett

戴维·麦考姆 David McCullum

戴维·欣德 David Hinde

丹尼斯·威尔金森 Denys Wilkinson

道恩·肖内西 Dawn Shaughnessy

德米特里·门捷列夫 Dmitri Mendeleev

迪克·切韦顿 Dick Cheverton

杜鲁门 Truman

E

恩里科·费米 Enrico Fermi

金特·赫尔曼 Günter Herrmann

F

菲尔·阿贝尔森 Phil Abelson

弗朗辛·劳伦斯 Francine Lawrence

弗雷德里克·约里奥-居里 Frédéric Joliot-Curie

弗雷德里克·索迪 Frederick Soddy

弗里茨·斯特拉斯曼 Fritz Strassmann

G

格奥尔基·尼古拉耶维奇·弗廖罗夫 Georgy Nikolayevich Flerov

格利高里·肖邦 Gregory Choppin

格伦·米勒 Glenn Miller

格伦·西奥多·西博格 Glenn Theodore Seaborg

格特弗里德·明岑贝格 Gottfried Münzenberg

H

哈兰·山德士 Harland Sanders

哈里·达利安 Harry Daghlian

哈里·多南菲尔德 Harry Donenfeld

海伦·西博格 Helen Seaborg

海因茨·盖格勒 Heinz Gäggeler

汉弗莱·戴维 Humphry Davy

汉斯·施佩希特 Hans Specht

汉斯·延森 Hans Jensen

何塞·阿隆索 Jose Alonso

亨利·马蒂斯 Henri Matisse

亨利·莫斯莱 Henry Moseley

J

吉米·罗宾逊 Jimmy Robinson

杰克·丹尼尔 Jack Daniel

杰克·希夫 Jack Schiff

杰克琳·盖茨 Jacklyn Gates

K

卡里·埃斯科拉 Kari Eskola

卡罗尔·阿隆索 Carol Alonso

凯文·史密斯 Kevin Smith

克拉克·肯特 Clark Kent

克拉丽斯·菲尔普斯 Clarice Phelps

克里斯托弗·哥伦布 Christopher Columbus

克日什托夫·里卡耶夫斯基 Krzysztof Rykaczewski

肯·格雷戈里奇 Ken Gregorich

肯·穆迪 Ken Moody

肯·休利特 Ken Hulet

肯尼斯·班布里奇 Kenneth Bainbridge

肯尼斯·林肯 Kenneth Lincoln

肯尼斯·斯特里特 Kenneth Street

L

拉尔夫·詹姆斯 Ralph James

拉夫连季·贝利亚 Lavrentiy Beria

拉姆福德伯爵 Count Rumford

莱昂·汤姆·摩根 Leon Tom Morgan

莱米 Lemmy

莱纳斯·鲍林 Linus Pauling

莱斯利·格罗夫斯 Leslie Groves

劳拉·费米 Laura Fermi

劳伦斯·约翰斯顿 Lawrence Johnston

李·哈维·奥斯瓦尔德 Lee Harvey Oswald

里卡耶夫斯基 Rykaczewski

理查德·费曼 Richard Feynman

理查德·尼克松 Richard Nixon

莉泽·迈特纳 Lise Meitner

列昂尼德·勃列日涅夫 Leonid Brezhnev

列奥纳多·达·芬奇 Leonardo da Vinci

林登·约翰逊 Lyndon Johnson

林恩·索比 Lynn Soby

路易斯·阿尔瓦雷茨 Luis Alvarez
路易斯·斯洛廷 Louis Slotin
露丝·波尔 Rose Boll
罗贝塔·弗莱克 Roberta Flack
罗伯特·艾希勒 Robert Eichler
罗伯特·奥本海默 Robert Oppenheimer
罗伯特·伯恩斯·伍德沃德 Robert Burns Woodward
罗伯特·帕特森 Robert Patterson
罗伯特·斯莫兰丘克 Robert Smolańczuk
罗恩·拉菲德 Ron Lougheed
罗斯福 Roosevelt

M

马蒂·莱伊诺 Matti Leino
马蒂·努尔米亚 Matti Nurmia
马尔科姆·布朗 Malcolm Browne
马克·吐温 Mark Twain
马克·斯托耶 Mark Stoyer
马文·霍夫曼 Marvin Hoff man
玛格丽特·佩里 Marguerite Perey
玛丽·居里 Marie Curie
玛丽－安妮·波尔兹·拉瓦锡 Marie-Anne Paulze Lavoisier
玛丽亚·格佩特－梅耶 Maria Goeppert Mayer
迈克·尼奇克 Mike Nitschke
迈克尔·法拉第 Michael Faraday
迈克尔·布洛克 Michael Block
曼内·西格巴恩 Manne Siegbahn
梅尔文·卡尔文 Melvin Calvin

N

南达·达斯古普塔 Nanda Dasgupta
南希·斯托耶 Nancy Stoyer
南希·威尔逊 Nancy Wilson

内利·内勒 Nellie Naylor
尼尔斯·玻尔 Niels Bohr
尼古拉·阿科西诺夫 Nikolay Aksenov
尼古拉斯·哥白尼 Nicolaus Copernicus
尼基塔·赫鲁晓夫 Nikita Khrushchev
诺曼·霍尔登 Norman Holden

O

欧内斯特·劳伦斯 Ernest Lawrence
欧内斯特·卢瑟福 Ernest Rutherford

P

佩卡·皮科 Pekka Pyykkö
皮埃尔·居里 Pierre Curie
皮尔科·埃斯科拉 Pirkko Eskola

Q

乔·汉密尔顿 Joe Hamilton
乔治·斯穆特 George Smoot

R

仁科芳雄 Yoshio Nishina

S

涩泽荣一 Eiichi Shibusawa
森田浩介 Kōsuke Morita
史蒂夫·旺达 Stevie Wonder
斯蒂芬·霍金 Stephen Hawking
斯塔尼斯拉夫·乌拉姆 Stanislaw Ulam
斯坦利·G. 汤普森 Stanley G. Thompson
苏·哈吉斯 Sue Hargis

T

汤姆·克鲁斯 Tom Cruise
唐·彼得森 Don Peterson
托马斯·法瑞尔 Thomas Farrell
托马斯·帕内尔 Thomas Parnell
托尼·史塔克 Tony Stark

W

瓦西里·康定斯基 Wassily Kandinsky
威尔玛·吉奥索 Wilma Ghiorso
威廉·康拉德·伦琴 Wilhelm Conrad Röntgen
威廉·拉姆赛 William Ramsay
维吉尔·梅洛尼 Virgil Meroney
维克·维奥拉 Vic Viola
维克托·尼诺夫 Victor Ninov
维托尔德·纳扎雷维茨 Witold Nazarewicz
沃尔特·亨宁 Walter Henning
沃尔特·洛夫兰 Walter Loveland

X

西格德·霍夫曼 Sigurd Hofmann
西蒙·梅奥 Simon Mayo
小川正孝 Masataka Ogawa
小罗伯特·唐尼 Robert Downey Jr.
小萨米·戴维斯 Sammy Davis Jr.
谢尔顿·库珀 Sheldon Cooper
谢尔盖·德米特里耶夫 Sergey Dmitriev
谢尔盖·卡夫塔诺夫 Sergei Kaftanov
谢尔盖·斯克里帕尔 Sergei Skripal

Y

亚·马利 Ya. Maly
延与秀人 Hideto En'yo

扬·亨德里克·舍恩 Jan Hendrik Schön
伊达·诺达克 Ida Noddack
伊恩·弗雷泽·凯尔密斯特 Ian Fraser Kilmister
伊戈尔·库尔恰托夫 Igor Kurchatov
伊雷娜·约里奥-居里 Irène Joliot-Curie
伊莉娜 Irina
伊沃·茨瓦拉 Ivo Zvara
尤金·维格纳 Eugene Wigner
尤里·奥加涅相 Yuri Oganessian
尤里·加加林 Yuri Gagarin
尤利娅 Yulia
羽场宏光 Hiromitsu Haba
约翰·F.肯尼迪 John F. Kennedy
约翰·马钱德 John Marchand
约翰·阿奇博尔德·惠勒 John Archibald Wheeler
约翰·德斯珀托普洛斯 John Despotopulos
约翰·盖多林 Johan Gadolin
约翰·怀尔德 John Wild
约翰·列侬 John Lennon
约翰·梅恩斯通 John Mainstone
约翰·威廉姆斯 John Williams
约翰尼·里弗斯 Johnny Rivers
约翰尼斯·菲比格 Johannes Fibiger
约瑟夫·肯尼迪 Joseph Kennedy
约瑟夫·维萨里奥诺维奇·斯大林 Iosif Vissarionovich Stalin

Z

詹姆斯·邦德 James Bond
詹姆斯·查德威克 James Chadwick
詹姆斯·哈里斯 James Harris
詹姆斯·科南特 James Conant
詹姆斯·罗伯托 James Roberto
詹妮弗·杜德娜 Jennifer Doudna
朱莉·埃佐德 Julie Ezold

参考文献

Alvarez, L. Alvarez: Adventures of a Physicist. New York: Basic Books, 1987.

Armbruster, P. & Münzenberg, G. An Experimental Paradigm Opening the World of Superheavy Elements. European Physical Journal H, 2012, 37: 237–309. DOI: 10.1140/epjh/e2012－20046－7.

Atterling, H. et al. Element 100 Produced by Means of Cyclotron-Accelerated Oxygen Ions. Physical Review, 1954, 95: 585–586. DOI: 10.1103/PhysRev.95.585.2.

Bainbridge, K. A Foul and Awesome Display. Bulletin of the Atomic Scientists, 1975, 31(5): 40–46. DOI: 10.1080/00963402.1975.11458241.

Barber, R. et al. Discovery of the Transfermium Elements. Part II: Introduction to Discovery Profiles. Part III: Discovery Profiles of the Transfermium Elements. Pure and Applied Chemistry, 1993, 65: 1757–1814. DOI: 10.1351/pac199365081757.

Carlson, P. (ed.) Fysik I Frescati 1937–1987 . Stockholm: Gotab, 1989.

Carnall, W. & Fried, S. Proc. Symp. Commemorating the 25th Anniversary of Elements 97 and 98, LBL-Report 4366. Berkeley: Lawrence Berkeley Laboratory, 1976.

Chapman, K. What It Takes to Make a New Element. Chemistry World, 2016.

Chiera, N. et al. Attempt to Investigate the Adsorption of Cn and Fl on Se surfaces. Research Gate. 2017. DOI: 10.13140/RG.2.2.13335.57766.

Choppin, G. Mendelevium. Chemical & Engineering News, 2003.

Cochran, T., Norris, R. & Bukharin O. Making the Russian Bomb: From Stalin to Yeltsin. Boulder: Westview Press Discovery of Mendelivium [sic] (1955 [film]). San Francisco: KQED, 1995.

Edelstein, N. (ed.) Actinides in Perspective: Proceedings of the Actinides-1981 Conference. Oxford: Pergamon, 1982.

Fermi, L. Atoms in the Family: My Life with Enrico Fermi. Chicago: University of Chicago Press, 1954.

Fields, P. et al. Production of the New Element 102. Physical Review, 1957, 107: 1460–1462. DOI: 10.1103/PhysRev.107.1460.

Flerov, G. & Petrjak, K. Spontaneous Fission of Uranium. Physical Review, 1940, 58: 89. DOI: 10.1103/PhysRev.58.89.2.

Garden, N. & Dailey, C. High-Level Spill at the HILAC. Berkeley: University of California, 1959.

Ghiorso, A. to Fermi, L. Private correspondence, April, 1955.

Ghiorso, A. et al. Attempts to Confirm the Existence of the 10-Minute Isotope of 102. Physical Review Letters, 1958. 1: 18–21. DOI: 10.1103/PhysRevLett.1.17.

Ghiorso, A. et al. Responses on 'Discovery of the Transfermium Elements' by Lawrence Berkeley Laboratory, California; Joint Institute for Nuclear Research, Dubna; and Gesellschaft fur Schwerionenforschung, Darmstadt Followed by Reply to Responses by the Transfermium Working Group. Pure and Applied Chemistry, 1993, 65: 1815–1824. DOI: 10.1351/pac199365081815/.

Gilchriese, M. et al. Report from the Committee on the Formal Investigation of Alleged Scientific Misconduct by LBNL Staff Scientist Dr Victor Ninov. Lawrence Berkeley National Laboratory, March 27, 2002.

Goeppert Mayer, M. On Closed Shells in Nuclei. II. Physical Review, 1949, 75: 1969. DOI: 10.1103/PhysRev.75.1969.

Goro, F. Plutonium Laboratory. Life, 1946 July 8: 69–83.

Harvey, B. et al. Further Production of Transcurium Nuclides by Neutron Irradiation. Physical Review, 1954, 93: 1129. DOI: 10.1103/PhysRev.93.1129.

Haxel, O., Jensen, J. & Suess, H. On the 'Magic Numbers' in Nuclear Structure. Physical Review, 1949, 75: 1766. DOI: 10.1103/PhysRev.75.1766.2.

Hinde, D. Fusion and Quasifission in Superheavy Element Synthesis. Nuclear Physics News, 2018, 28: 15–22.

Hoffman, D. et al. Detection of Plutonium-244 in Nature. Nature, 1971, 234: 132–134. DOI: 10.1038/234132a0.

Hoffman, D., Ghiorso, A. & Seaborg, G. The Transuranium People: The Inside Story. London: Imperial College Press, 2000.

Hofmann, S. On Beyond Uranium: Journey to the End of the Periodic Table. London: Taylor & Francis, 2002.

Hofmann, S. & Münzenberg, G. The Discovery of the Heaviest Elements. Review of Modern Physics, 2000, 72: 733. DOI: 10.1103/RevModPhys.72.733.

Holden, N. & Coplen, T. The Periodic Table of Elements. Chemistry International, 2004, 26 (1): 8–9.

Holloway, D. Stalin and the Bomb: The Soviet Union and Atomic Energy 1939–1956. New Haven: Yale University Press, 1994.

Ikeda, N. The Discoveries of Uranium 237 and Symmetric Fission-From the Archival Papers of Nishina and Kimura. Proceedings of the Japan Academy, Series B, Physical and Biological Sciences, 2011, 87: 371–376.

Ito, K. Values of 'Pure Science': Nishina Yoshino's Wartime Discourse between Nationalism and Physics, 1940–1945. Historical Studies in the Physical and Biological Sciences, 2002, 33: 61–86. DOI: 10.1525/hsps.2002.33.1.61.

Jeannin, Y. & Holden, N. The Nomenclature of the Heavy Elements. Nature, 1985, 313: 744. DOI: 10.1038/313744b0.

Jerabek, P. et al. Electron and Nucleon Localization Functions of Oganesson: Approaching the Thomas-Fermi Limit. Physical ReviewLetters, 2018, 120: 053001. DOI: 10.1103/PhysRevLett.120.053001.

Johnson, G. At Lawrence Berkeley, Physicists Say a Colleague Took Them for a Ride, 2002. New York Times, October, 2015.

Joint Institute for Nuclear Research. Academician Yuri Tsolakovich Oganessian: 75th Anniversary. Dubna: JINR, 2008.

Joint Institute for Nuclear Research. FLNR History: G. N. Flerov, 2018.

Karol, P. On Naming the Transfermium Elements, White Paper, 1996.

Karol, P. et al. Discovery of the Elements with Atomic Numbers Z=113, 115 and 117 (IUPAC Technical Report). Pure and Applied Chemistry, 2016a, 88: 139–153. DOI: 10.1515/pac−2015−0502.

Karol, P. et al. Discovery of the Element with Atomic Number Z=118 Completing the 7th Row of the Periodic Table (IUPAC Technical Report). Pure and Applied Chemistry, 2016b, 88: 155–160. DOI: 10.1515/pac−2015−0501.

Khariton, Y. et al. The Khariton Version. Bulletin of the Atomic Scientists, 1993, 49 (4), 20–32. DOI: 10.1080/00963402.1993.11456341.

Koppenhol W. et al. The Four New Elements are Named. Pure and Applied Chemistry, 2016, 88: 401.

Kragh, H. From Transuranic to Superheavy Elements: A Story of Dispute and Creation. Switzerland: Springer International Publishing, 2018.

Kramer, K. Game Over for Original Kilogram as Metric System Overhaul Looms. Chemistry World, 2017.

Lachner, J. et al. Attempt to Detect Primordial 244Pu on Earth. Physical Review C, 2012, 85: 015801. DOI: 10.1103/PhysRevC.85.015801.

Lansdale, J. Superman and the Atom Bomb. Harper's Magazine, April, 1948: 355.

Lee, I-Y et al. Independent Study of the Synthesization of Element 118 at the LBNL 88-Inch Cyclotron. Lawrence Berkeley National Laboratory, January 25, 2001.

Loveland, W., Morrissey, D. & Seaborg, G. Modern Nuclear Chemistry 2nd Edition. Hoboken: Wiley, 2017.

Magueijo, J. A Brilliant Darkness: The Extraordinary Life and Mysterious Disappearance of Enrico Fermi. New York: Basic Books, 2009.

Maly, Ya. On the Possibility of Producing Unexcited Compound Nuclei of the Heavy Transuranic Elements. Soviet Physics-Doklady, 1965, 10: 1153–1156.

McMillan, E. & Abelson, P., Radioactive Element 93. Physical Review, 1940, 57: 1185. DOI:

10.1103/PhysRev.57.1185.2.

Medvedev, Z. Stalin and the Atomic Bomb, in K. Coates, ed., The Short Millennium. Nottingham: Spokesman Books, 1999, 50–65.

Meitner, L. & Frisch O. Disintegration of Uranium by Neutrons: A New Type of Nuclear Reaction. Nature, 1939, 143: 239. DOI: 10.1038/143239a0.

Nazarewicz, W. The Limits of Nuclear Mass and Charge. Nature Physics, 2018, 14: 537–541. DOI: 10.1038/s41567－018－0163－3.

Ninov, V. et al. Observation of Superheavy Nuclei Produced in the Reaction of 86Kr with 208Pb. Physical Review Letters, 1999, 83: 1104–1107. DOI: 10.1103/PhysRevLett.83.1104 [Retracted].

Nishina, Y. A Japanese Scientist Describes the Destruction of his Cyclotrons. Bulletin of the Atomic Scientists, 1947, 3: 145–167. DOI: 10.1080/00963402.1947.11455874.

Nobel Prize. The Nobel Prize in Physics. 1938.

Öhrström, L. & Holden, N. The Three‐Letter Element Symbols. Chemistry International, 2016, 38: 4–8. DOI: 10.1515/ci－2016－0204.

Periodic Videos. Seaborgium, Periodic Table of Videos. 2013.

Periodic Videos. The Element Creator, Periodic Table of Videos. 2017.

Periodic Videos. The Office of Georgy Flyorov, Periodic Table of Videos. 2018.

Principe, L. A Fresh Look at Alchemy. Chemistry World. 2013.

Pyykkö, P. Is the Periodic Table All Right ('PT OK')? EPJ Web of Conferences, 2016, 131: 01001. DOI: 10.1051/epjconf/201613101001.

Rhodes, R. The Making of the Atomic Bomb. London: Simon & Schuster, 1987.

Robinson, J. Speech to Lion's Club. Memphis, US, 17 October, 1944.

Sargeson, A. et al. Names and Symbols of Transfermium Elements. Pure and Applied Chemistry, 1994, 66: 2419–2421.

Schädel, M. & Shaughnessy, D. (eds). The Chemistry of Superheavy Elements. Heidelberg: Springer, 2014.

Schwartz, A. & Boring, W. Superman: The Golden Age Dailies, 1944 – 1947. New York: IDW, 2018.

Seaborg G. The Impact of Nuclear Chemistry. Chemical & Engineering News, 1946, 24: 1192: 375–381.

Seaborg, G. Nobel Banquet Speech. 1951.

Seaborg, G. Stanley Thompson‐a Chemist's Chemist. Chemtech, 1978, 8: 408.

Seaborg, G. Nuclear Fission and the Transuranium Elements. Berkeley: Lawrence Berkeley Laboratory, 1989.

Seaborg, G. A Scientist Speaks Out: A Personal Perspective on Science, Society and Change. Singapore: World Scientific, 1996.

Seaborg, G. & Corliss, W. Man and Atom. New York: EP Dutton & Co, 1971.

Seaborg, G. & Seaborg, E. Adventures in the Atomic Age: From Watts to Washington. New York: Farrar, Straus and Giroux, 2001.

Seaborg, G. (ed.) Proc. Symp. Commemorating the 25th Anniversary of Elements 99 and 100, LBL-Report 7701. Berkeley: Lawrence Berkeley Laboratory, 1979.

Segrè, E. An Unsuccessful Search for Transuranic Elements. Physical Review, 1939, 55: 1104. DOI: 10.1103/PhysRev.55.1104.

Slater, J. Putting Soul into Science. Ebony, May, 1973: 144–150.

Snow, C. The Physicists. Boston: Little, Brown, 1981.

Superman Strip Gives Office of Censorship Atomic Headache. Independent News, September–October, 1945.

Sutton, M. Transmutations and Isotopes. Chemistry World, 2006.

The Breath of the Dragon. Newsletter for America's Atomic Veterans, ed. E. Ritter, October, 2013: 3–11.

Thompson, S. et al. The New Element Californium (Atomic Number 98). Physical Review, 1950, 80: 790–796. DOI: 10.1103/PhysRev.80.790.

Thompson, S., Ghiorso, A. & Seaborg, G. The New Element Berkelium (Atomic Number 97). Physical Review, 1950, 80: 781–789. DOI: 10.1103/PhysRev.80.781.

Thornton, B. & Burdette, S. Nobelium Non-Believers. Nature Chemistry, 2014, 6: 652. DOI: 10.1038/nchem.1979.

Thornton, B. & Burdette, S. Frantically Forging Fermium. Nature Chemistry, 2017, 9(7): 724. DOI: 10.1038/nchem.2806.

Thornton, B. & Burdette, S. Neutron stardust and the elements of Earth. Nature Chemistry, 2019, 11(1):4. DOI: 10.1038/s41557-018-0190-9.

US Air Force. History of Air Force Atomic Cloud Sampling. Washington DC: US Air Force, 1963.

Wapstra, A. Criteria That Must Be Satisfied for the Discovery of a New Chemical Element to Be Recognized. Pure and Applied Chemistry,1991, 63: 879–886. DOI: 10.1351/pac199163060879.

版 权 声 明

站在巨人的肩上
Standing on the Shoulders of Giants

站在巨人的肩上

Standing on the Shoulders of Giants